矿山顶板灾害研究论文集

何富连　马念杰　张守宝　主编

U0315997

北　京
冶　金　工　业　出　版　社
2017

内 容 提 要

本书是受国家自然科学基金重点项目"矿山顶板灾害预警(编号51234005)"资助召开的第二次矿山顶板灾害全国性学术会议的论文集。主要内容涉及到与矿山顶板灾害相关的矿山岩石与岩体力学、采场支架-围岩关系及控制、巷道矿山压力及控制等理论与实践研究成果,具体包括矿山顶板灾害的发生影响因素、顶板灾害的发生机理、工程灾变条件、采场与巷道围岩控制以及顶板灾害预警方法与系统等方面的内容。

本书可供煤矿开采及相关行业生产、科研、设计人员阅读,也可供高等院校相关专业师生参考。

图书在版编目(CIP)数据

矿山顶板灾害研究论文集/何富连,马念杰,张守宝主编.
—北京:冶金工业出版社,2017.6
ISBN 978-7-5024-7511-6

Ⅰ.①矿… Ⅱ.①何… ②马… ③张… Ⅲ.①矿山—顶板事故—文集 Ⅳ.①TD773-53

中国版本图书馆 CIP 数据核字(2017)第 115477 号

出 版 人　谭学余
地　　　址　北京市东城区嵩祝院北巷 39 号　邮编　100009　电话　(010)64027926
网　　　址　www.cnmip.com.cn　电子信箱　yjcbs@cnmip.com.cn
责任编辑　李培禄　美术编辑　彭子赫　版式设计　孙跃红
责任校对　王永欣　责任印制　牛晓波
ISBN 978-7-5024-7511-6
冶金工业出版社出版发行;各地新华书店经销;固安华明印业有限公司印刷
2017 年 6 月第 1 版,2017 年 6 月第 1 次印刷
787mm×1092mm　1/16;14.5 印张;340 千字;223 页
60.00 元
冶金工业出版社　投稿电话　(010)64027932　投稿信箱　tougao@cnmip.com.cn
冶金工业出版社营销中心　电话　(010)64044283　传真　(010)64027893
冶金书店　地址　北京市东四西大街 46 号(100010)　电话　(010)65289081(兼传真)
冶金工业出版社天猫旗舰店　yjgycbs.tmall.com
(本书如有印装质量问题,本社营销中心负责退换)

编 委 会

前　言

　　我国是世界上最大的井工煤炭生产国，在煤炭生产过程中，无论是巷道掘进还是工作面开采，煤系地层的顶板控制问题都是必须面临和解决的关键。顶板灾害的发生与地层地质条件、企业生产条件、科技保障条件和科学管理条件紧密相关，而且灾害发生的类型也因为顶板的地点不同、类型不同以及控制技术的不同而表现出明显的差异，因此，深入研究和分析不同条件下的矿山顶板灾害发生机理和机制，探寻评价矿山顶板灾害发生的评价指标和体系，并进一步实现顶板灾害的预测预警对于我国矿山顶板灾害的有效控制可发挥重要作用。

　　矿山顶板灾害的相关研究一直是矿山科技工作者的主要攻关对象之一，涉及的知识涵盖了地质学、采矿学、力学和数学等多个学科，采用的研究方法包含理论分析、数值计算、相似模拟和现场实测等多种手段，相关研究尺度也从微观到细观到宏观，对灾害特征的认识和发生机理的掌握也越来越全面。第一次矿山顶板灾害预警全国性会议于 2016 年 8 月成功举办，有来自全国高校、科研院所和矿山企事业 40 多家单位的 150 多人参会。第二次矿山顶板灾害预警全国性会议的目的是在第一次会议搭建的矿山顶板灾害学术圈的平台基础上，进一步加强此方面的学术进展和交流，会议内容涉及到与矿山顶板灾害相关的岩石与岩体力学、采场支架-围岩关系、巷道矿山压力及控制等方面的理论与实践研究，通过本次会议的举办来活跃矿山顶板灾害研究的学术氛围，提高矿山顶板灾害研究的水平，为推动我国矿山顶板灾害研究贡献力量。

　　本次会议经过筛选和评审，共收录相关科技论文 39 篇，内容涉及到矿山顶板灾害的各个方面的研究，反映了相关单位在矿山顶板灾害研究方面的新进展。

　　论文集出版得到了国家自然科学基金重点项目"矿山顶板灾害预警（编号51234005）"的资助。在会议组织过程中还受到中国矿业大学（北京）副校长王家臣教授等专家的亲切指导；会议组织秘书处张拥军、刘洪涛、谢生荣、赵志强等对会议的筹办献计献策；论文集出版和会议举办过程中王宇、李政、袁友桃、杨杨、郝鹏飞等同学也做了大量具体工作，在此一并表示感谢。

编　者
2017 年 6 月

目　　录

低频探地雷达井下隐伏构造灾害源 CT 探测

张凯[1,2]，李思远[3]，崔凡[3]，王丽冰[4]，耿晓航[3]

（1. 煤炭开采水资源保护与利用国家重点实验室，北京　100011；
2. 神华集团有限责任公司科技发展部，北京　100011；
3. 中国矿业大学（北京）煤炭资源与安全开采国家重点实验室，北京　100083；
4. 中国矿业大学（北京）地球科学与测绘工程学院，北京　100083）

摘　要：为探测井下隐伏构造灾害源并圈定其影响范围，保障煤矿安全生产，通过理论分析并对比多种井下物探方法，阐述了应用低频防爆探地雷达开展 CT 透射式井下隐伏构造灾害源探测的可行性与优势。在神东布尔台煤矿 42201 工作面跳采回撤通道至切眼区域，应用中心频率为 12.5MHz 的雷达天线进行实际探测，结果表明：12.5MHz 天线有效 CT 透射探测深度可达 300m，可识别断距在 1.2m 以上的断层。该方法弥补了常规反射式探地雷达井下探测深度和精度的不足，对促进井下隐伏构造灾害源探测起到了一定推动作用。

关键词：隐伏构造灾害源；低频探地雷达；CT 透射；井下探测

以小断层为主的矿井隐伏构造灾害源，可导致煤矿出现透水、冒顶等事故，影响采煤进程。提前探明其空间分布特征，是避免此类事故发生的有效手段[1]。与地面半空间探测相比，井下探测属于全空间范畴，探地雷达以其高精度、高效率、施工简便的技术优势相较于其他地球物理勘探方法在井工探测领域具有更强的适用性。但在井下探测过程中，探地雷达激发的高频脉冲电磁波在煤层介质传播中衰减严重，反射回波信号很弱，导致探测深度受限，这也是井下探地雷达技术面临的最大问题。

本次研究针对矿井介质全空间分布及矿井灾害源体积小、构造复杂的特点，在保障探测精度的前提下，采用 12.5MHz 分体式天线及透射式雷达数据采集方式进行探测，大幅度增加了探地雷达的探测深度，对井下隐伏灾害源的判识及圈定起到了重要意义。

1　矿井探地雷达理论基础

1.1　电磁场的波动特征

探地雷达是利用电磁场的波动特征进行目标探测的，通过地下介质间的电性差异判断异常体，圈定异常范围。根据电磁波传播理论，高频电磁波在介质中的传播满足麦克斯韦方程组，即

$$\nabla \times \boldsymbol{E} = -\frac{\partial \boldsymbol{B}}{\partial t} \tag{1}$$

基金项目：国家自然基金重点项目（51234005），国家重大仪器开发专项（2012YQ030126），国家重点研发计划项目（2016YFC0501100），中国工程院重点咨询研究项目（2015-XZ-23）。

作者简介：张凯（1980—），男，江西新余人，神华集团有限责任公司科技发展部，高级工程师。电话：010-58131796，邮箱：zhangk@ shenhua. cc。

$$\nabla \times H = J + \frac{\partial D}{\partial t} \qquad (2)$$

$$\nabla \cdot B = 0 \qquad (3)$$

$$\nabla \cdot D = \rho \qquad (4)$$

式中，ρ 为电荷密度，C/m³；J 为电流密度，A/m²；E 为电场强度，V/m；D 为电位移，C/m²；B 为磁感应强度，T；H 为磁场强度，A/m[2]。

当随时间变化时，麦克斯韦方程组描述了互耦的电场和磁场的变化关系。根据能量损耗和能量存储的相对强度大小，波场呈现出凋落和波动特性。当探测环境具有类波场响应时，探地雷达探测是有效的。而井下探测环境具有类波场响应，这为探地雷达应用到井下探测提供了理论依据。

针对麦克斯韦方程组，当消去电场或磁场分量，将其重新改写时，电磁场的波动特性变得明显。这里运用电场表述，重新写为

$$\nabla \times \nabla \times E + \mu\sigma \cdot \frac{\partial E}{\partial t} + \mu\varepsilon \cdot \frac{\partial^2 E}{\partial t^2} = 0$$

$$(5)$$

式中，E 为电场强度；μ 为介质磁导率，H/m；σ 为介质的电导率，S/m。由于矿井地质结构中岩土介质均为低电损耗介质（$\sigma \ll \omega\varepsilon$），能量耗散（$\mu\sigma$）与能量存储（$\mu\varepsilon$）相比较小，这也为探地雷达的井下探测提供了理论支撑[3]。矿井地质结构中岩土介质的电磁参数如表 1 所示。

表 1　矿井地质结构中岩土介质的电磁参数

介质名称	电导率/S·m⁻¹	相对介电常数	波速/m·ns⁻¹
纯水	0.0001~0.03	81	0.033
土壤	0.00014~0.05	3~40	0.09~0.13
干煤	0.001~0.01	3.5	0.16
湿煤	0.001~0.1	8	0.106
灰岩	0.0016~0.1	4~8	0.09~0.15
砂岩	0.001~0.01	5~30	0.055~0.134

1.2　电磁波衰减特性

探地雷达发射的高频脉冲电磁波可以通过傅里叶变换进行分解，将电磁脉冲分解成一系列不同频率的谐波，而这些谐波的传播一般都可以近似为平面波的传播形式。此时，探地雷达的理论基础是平面谐波在介质中的传播规律。

对于一个简谐平面波，取其时谐因子为 $e^{j\omega t}$，令其在一个相对磁导率为 1 的导电介质中传播，则传播方向上的衰减系数为

$$\alpha = \omega\sqrt{\mu\varepsilon}\left\{ \frac{1}{2}\left[\sqrt{1 + \left(\frac{\sigma}{\omega\varepsilon}\right)^2} - 1 \right] \right\}^{\frac{1}{2}}$$

式中，ω 为角频率，rad/s；ε 为介质相对介电常数；μ 为磁导率；σ 为电导率。探地雷达信号的衰减受频率影响很大。根据衰减系数公式来看，信号衰减系数与天线中心频率成正比，衰减随频率的变化关系也为应用低频探地雷达天线增加探测深度提供了理论依据[4-6]。

与此同时，通过 CT 透射数据采集方式，接收单程走时，相较于常规反射探测接收双程走时来说，探测距离增大了一倍，有效地提升了探地雷达在井下的探测深度。

1.3　多种勘探方法对比分析

当前用于井下探测的物探方法主要分为弹性波探测和电磁类探测。以弹性波探测为代表，主要有井下地震勘探和井下 TSP

超前探测[7~9]；电磁类勘探方法主要有直流电法、瞬变电磁和探地雷达[10~12]。其中，地震勘探技术完备，广泛用于煤矿采区的合理布置、综采工作面开采地质条件的评价等方面，但无法对井下进行全空间探测，受地形因素影响较大且成本较高；井下 TSP 技术，适用范围较广，可以在各种地质岩性条件下使用，但其对复杂构造区域探测时，精度不够，探不出断层产状、产状和岩体波速参量等关键信息；直流电法勘探技术较为成熟，对高、低阻地质异常有良好的反映，但若要增大探测深度需通过增大电极距实现，该技术同样受地形制约且人工成本较高；瞬变电磁方法，施工效率高，可穿透高阻屏蔽层，勘探深度较大，而其会在浅部出现勘探盲区，且受井下铁磁介质影响较大；探地雷达勘探技术精度高，抗干扰性强，探测效率高，但探测深度受限。多种地球物理勘探方法对比如表 2 所示。

表 2　多种地球物理勘探方法对比

勘探方法	优　　点	缺　　点
地震勘探	技术完备、大面积采集信息	探测效率低、成本高
直流电法	浅层的地质异常体分辨能力强、高低阻异常体反应明显	受浅部高阻屏蔽影响较大、地形影响较大
井下 TSP	适用范围较广、成本低	精度低、成果解释困难
瞬变电磁	分辨率高、施工效率高、勘探深度较大	抗干扰能力差、有浅部勘探盲区
探地雷达	精度高、抗干扰性强、地形影响小	探测深度受限

综合以上分析，将探地雷达技术应用到井下探测是切实可行的，且有着其他物探方法不可替代的优势。在保障探测精度的基础上，通过降低天线中心频率，减小衰减系数，增大探测深度，能满足井下探测需求，使其在井工探测领域适用性更强。

2　应用实例

2.1　CT 透射探测原理

CT 透射法测量是将发射与接收天线分别放置在被探测区域两侧进行对穿探测，接收单程走时信息，相较于常规反射探测接收双程走时来说，探测距离增大了一倍，同时，因发射和接收天线所置的相对位置可控，又可获得准确的透射距离，从而精确计算出波速和介质的相对介电常数，继而反演成像。通过低频天线与透射采集方式相结合，有效地提升了探地雷达在井下的探测深度，满足井下隐伏构造灾害源探测需求。

2.2　测区概况及探测方案

探测区域选择神东布尔台煤矿 42201 工作面跳采回撤通道至切眼区域。对回撤通道的 A、B 侧帮进行对穿探测。回采工作面位于 42 煤二盘区大巷东南，为 42 煤二盘区首采工作面，以 28°51′12″方位回采，四邻均为未开采区。42 上 201-1 工作面回采 42 上煤，煤厚范围 4.8~7.0m，平均煤厚 5.7m；42 上 201-2 工作面煤厚范围 5.1~7.3m，平均煤厚 6.24m，中等热稳定性。探测区域如图 1 所示。

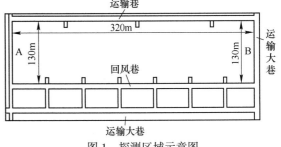

图 1　探测区域示意图

现场采用 12.5MHz 分体式天线进行 CT 透射探测，在 A、B 侧帮高度约 1.5m 位置处各布置一条测线，A 测线为发射天线所在位置，B 测线为接收天线所在位置，A、B 侧帮长度均为 130m，间距 320m。里程定位采用白色自喷漆喷涂里程编号方式，从测线起点 0m 开始喷涂，每 10m 编号递增 1，A 测线上测点编号 $A_0 \sim A_{13}$，B 测线上测点编号 $B_0 \sim B_{13}$。进行 CT 透射探测时，发射天线由支架固定在 A 侧帮测点上，沿预先标定的测点逐次移动。接收天线沿 B 测线匀速移动接收，在标记点上打标，方便后期对异常体进行定位。探测示意如图 2 所示。

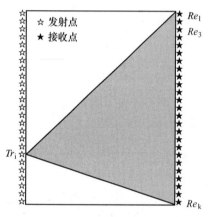

图 2　CT 透射探测观测系统示意图

2.3　CT 透射雷达数据处理

CT 透射雷达数据处理的方式和流程与常规反射探测数据处理有很大不同，常规探地雷达数据处理的目标是压制干扰，通过背景去噪、一维滤波、小波变换等处理方式以最大可能的分辨率在探地雷达剖面上显示反射波，进而提取反射波的各种属性参数，判定地下异常体结构。

而 CT 透射雷达数据处理需要对初至进行逐点追踪、滑动平均、最后进行标记厚度导出，输出完整的走时信息，继而根据走时信息进行层析反演成像。CT 数据处理流程如图 3 所示。

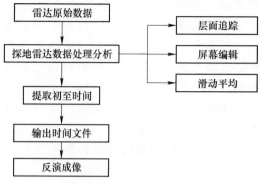

图 3　CT 数据处理流程

2.4　反演成果解释

在雷达数据处理后，引入射线追踪算法和 ART 算法进行走时层析反演成像，将输出的走时信息通过算法进行迭代修正，最终结果以速度等值线图的形式表示出来，确定异常区域，完成对反演结果的综合解译。

2.4.1　直射线追踪算法

射线追踪方法作为一种快速有效的波场近似算法，不仅对于地震波理论研究有重要意义，而且也已直接应用于地震波反演及偏移成像过程。而高频电磁波可用一定频率的雷克子波近似模拟。在进行射线追踪之前，离散化整个观测区域，假设将每个网格内的介质视为均匀各向同性介质，可将求取整个观测区域的波速分布转化为求取各个网格的介质波速。在进行直射线追踪的过程中，对所有射线逐条进行计算[13~15]。

2.4.2　ART 算法原理

ART（代数重建法）算法，是在给定慢度解向量初值的基础上，逐条计算每一个网格的射线对其慢度修正值的一类迭代算法。对于每一个网格，逐条遍历经过该网格的射线，修正该网格慢度值，并根据当前慢度反演结果计算新的走时，检验是否达到迭代停止条件。实现 ART 算法程序时，给定基本信息后设定算法迭代次数以及初始速度，当给定速度越接近实际值时，迭代所需要的时间越小。

常规迭代算法的终止条件一般可设为最大均方根误差、最大迭代次数。将迭代算法具体到 ART 算法时，可选择相对走时残差变化值、慢度解向量中任意元素两次迭代变化值、最大迭代次数等作为迭代终止条件。本次研究以任意两次迭代变化值大小作为迭代终止条件，即后一代的解与前一代的解变化不大时算法终止[16,17]。

2.4.3 成果解释

将走时数据输入算法程序，经迭代反演后输出新的走时数据，最终绘制测区速度等值线图，如图 4 所示。

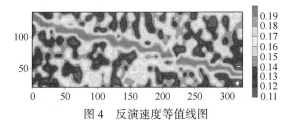

图 4 反演速度等值线图

结果显示，在布尔台煤矿 42201 工作面跳采回撤通道至切眼区域内，A、B 侧帮之间 320m 范围内存在连续性较强的带状高速异常区，结合现场情况推断为断层破碎区域。后经实际地质资料揭示：探测区域内存在 DF57 断层，断距 1.2~7.0m。探测解释结果与实际地质资料揭示情况基本吻合。同时可确定 12.5MHz 低频雷达天线 CT 透射有效信号可达 320m 的探测深度。

3 结语

综合多种地球物理勘探方法，选定适用性最佳的矿井探地雷达技术对井下隐伏灾害源进行探测识别，通过选择低频探地雷达天线进行 CT 透射探测，大幅度增大

了雷达的探测深度，且实现了跨工作面探测。

经井下实际探测，证实了 12.5MHz 分体式透射雷达天线有效探测深度为 300m，且探测结果与实际地质资料基本吻合，探测精度得到保证。未来工作的重点将放在通过改造天线，继续增大探地雷达的探测深度，以及在原有探测深度的基础上进一步增大探测精度，为隐伏灾害源的精准定位及风险判识提供理论和硬件支撑，指导煤矿安全生产。

参 考 文 献

[1] 孙继平.煤矿安全生产理念研究 [J].煤炭学报，2011，36（2）：313~316.

[2] 杨峰，等.地质雷达探测原理与方法研究 [M].北京：科学出版社，2010.

[3] Harry M. Jol. 探地雷达理论与应用 [M].北京：电子工业出版社，2011.

[4] 刘广亮.煤岩介质电磁波衰减特性的频率域研究 [D].山东：山东科技大学，2006.

[5] 陈清礼，肖希，蒋晓斌，等.电磁波衰减系数特性分析 [J].石油天然气学报，2014，36（8）：43~45.

[6] Kang J, Kim D, Choi J B, et al. High-performance near-field electromagnetic wave attenuation in ultra-thin and transparent graphene films [J]. 2D Materials, 2017, 8 (4).

[7] 王康，廉洁，张万鹏，等.极不稳定煤层槽波地震勘探技术 [J].煤矿安全，2015，46（9）：86~89.

[8] 程建远，李淅龙，张广忠，等.煤矿井下地震勘探技术应用现状与发展展望 [J].油气藏评价与开发，2009，32（2）：96~100.

[9] 李贵炳.TSP 技术在煤矿水害预警预报中的应用探讨 [J].中国矿业，2009，18（6）：93~95.

[10] 李术才，李凯，翟明华，等.矿井地面-井下电性源瞬变电磁探测响应规律分析 [J].煤炭学报，2016，41（8）：2024~2032.

[11] 徐爱，刘长会，张强，等.矿井综合物探技

术在巷道前方导水构造探测中的应用 [J].
煤炭科技, 2016 (2): 37~38.

[12] 梁庆华, 吴燕清, 宋劲, 等. 探地雷达在煤
巷掘进中超前探测试验研究 [J]. 煤炭科学
技术, 2014, 42 (5): 91~94.

[13] Vidale J E. Finite-difference calculation of trav-
eltimes in three dimensions [J]. Geophysics,
1990, 55 (5): 521~526.

[14] Cardarelli E, Cerreto A. Ray tracing in elliptical
anisotropic media using the linear traveltime in-
terpolation (LTI) method applied to traveltime

seismic tomography [J]. Geophysical Prospec-
ting, 2002, 50 (1): 55~72.

[15] Sai-min Z, Zhu-sheng Z, Ling-jun C, et al.
Seismic ray-tracing method of applying parabolic
interpolation to traveltime [J]. Progress in Geo-
physics, 2007, 22 (1): 43~48.

[16] 王飞. 跨孔雷达走时层析成像反演方法的研
究 [D]. 吉林: 吉林大学, 2014.

[17] 杜翠. 矿井复杂构造雷达波走时层析成像反
演算法研究 [D]. 北京: 中国矿业大学 (北
京), 2014.

矿井探地雷达技术在顶板煤厚探测中的应用

崔凡[1]，耿晓航[1]，张凯[2,3]，陈柏平[1]，李思远[1]

(1. 中国矿业大学（北京）煤炭资源与安全开采国家重点实验室，北京 100083；
2. 煤炭开采水资源保护与利用国家重点实验室，北京 100011；
3. 神华集团有限责任公司科技发展部，北京 100011)

摘　要：根据探地雷达原理，分析了该物探方法在煤矿井下顶板煤层厚度探测的理论可行性。利用防爆探地雷达及150MHz主频天线在安太堡井工矿3号井90102工作面，沿切眼顶部设计了一条顺巷道走向方向的雷达测线，沿测线对顶板煤层厚度实施了连续探测，绘制出巷道顶板煤厚分布剖面图，并通过局部钻探验证。该应用对计算顶板煤炭资源量，指导放顶煤开采设计，保证安全生产具有重要意义。

关键词：探地雷达；煤厚探测；井下物探

为提高煤炭的产量，保证开采安全，达到资源高效回收的目标，需要准确了解煤炭资源的赋存分布情况。在放顶煤开采工艺中，若能预知顶板煤层厚度及其变化情况，就能准确计算煤炭储量，有效减少顶煤损失。同时，由于煤厚变化往往伴随构造出现，也可对顶板构造情况进行间接判断，提升生产安全。目前，对于顶板煤厚的探测，主要还是采用人工煤电钻打孔的方式，根据钻进阻力和反沫来确定钻进位置，间接估测煤厚[1~3]。该方法效率低、精度低，更难以对整体煤厚的变化情况开展调查。采用矿井地球物理方法也可以探测煤层厚度。目前，可以针对井下煤厚探测的物探方法，大多都是基于弹性波探测原理，其代表性仪器设备有煤厚探测仪、面波仪、矿井地震仪等。由于其工作频率一般在0.5~4000Hz范围，理论探测精度并不能满足井下煤厚探测需要。

并且这些方法受限于井下施工条件，均只适宜沿巷道底板开展，并不适用于放顶煤开采工艺前对顶板煤厚井下探测[4~7]。因此，寻找一种有效的技术手段对顶板煤厚精准探测具有一定意义。

防爆探地雷达作为一种新型矿井物探技术，操作简便，抗干扰能力强，适应井下工作环境。并且具有其他矿井物探测方法不具备的高精度探测特点，其分辨率最高可达分米至厘米级[8~10]。同时还具有安全、无损、高效和可连续探测的优势，若对其设备和探测方式加以改进，足以满足对煤矿顶板煤厚连续变化的高精度探测。

1　基本原理

1.1　探地雷达基本原理

矿井探地雷达方法与常规探地雷达探

基金项目：国家自然基金重点项目（51234005），国家重大仪器开发专项（2012YQ030126），国家重点研发计划项目（2016YFC0501100），中国工程院重点咨询研究项目（2015-XZ-23）。

作者简介：崔凡（1984—），男，安徽淮南人，煤炭资源与安全开采国家重点实验室，副教授。电话：010-62331031，邮箱：cuifan@cumtb.edu.cn。

测原理一致，都是通过天线向地下发射高频脉冲电磁波，并接收在地下不同介质交界面处形成的反射回波达到对地下介质勘探的目的[9]。不同介质的介电常数差异越大，根据反射系数原理，在界面处反射的电磁波能量越大[10~14]。因此，当电磁波信号遇到煤层与围岩的交界面时，雷达信号会发生反射响应。通过将雷达天线发射面紧贴巷道顶板开展连续数据采集，对精确记录反射回波的特征信息，并进行数据处理，可以构建煤层与围岩的剖面扫描图像，达到探测顶板煤层厚度的目的，如图1所示。

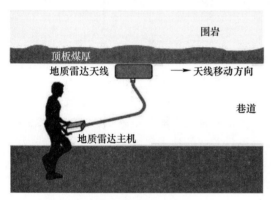

图 1　探地雷达探测顶板煤厚示意图

1.2　探地雷达系统及处理

本次探测使用了中国矿业大学（北京）自主研发的 ZTR-12 矿用本质安全型探地雷达系统。该系统由一体化主机、高频信号连接线、150MHz 主频天线和辅助设备等几部分共同组成。

ZTR-12 型探地雷达主机采用显示系统与控制单元的一体化的密封防水设计，天线采用屏蔽式密封设计，全系统均达到本质安全型认证，可在井下方便、安全地开展探测工作。

探地雷达数据处理包括预处理（标记和桩号校正等）和处理分析，以压制规则和随机干扰，提高资料信噪比，以尽可能

高的分辨率在探地雷达剖面上突出反射波，突出有效异信号（包括电磁波速度、振幅和波形等），提高解释精度。针对井下顶板煤厚探测中，干扰背景强、数据质量差的特点，经过试验探测并对比分析，采用如图2所示的资料处理技术流程。

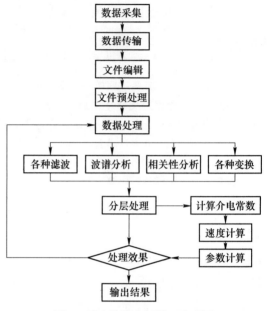

图 2　雷达数据分析处理流程图

2　探地雷达煤厚探测的理论依据

2.1　煤与围岩的电性差异

由于煤的形成条件，导致煤层的顶、底板多为泥岩、砂岩、灰岩等与煤具有明显电性差异的岩层，从而形成电性差异界面[12~15]，几种常见煤系地层岩石的电性参数如表1所示。根据电磁波传播理论，在相对介电常数 ε_r 不同的两种介质的界面会产生反射，反射的强度由上下两层介质的介电常数和电导率相对差异而定，两者差异越大，反射信号越强，且两层介质间的分界面越易分辨。服从反射定律，如式（1）所示。而雷达波的穿透深度主要取决于地下介质的导电性和雷达天线的中心频率。电导率越高，穿透深度越小；中心频

率越高，穿透深度越小。

$$R = \frac{\sqrt{\varepsilon_2} - \sqrt{\varepsilon_1}}{\sqrt{\varepsilon_2} + \sqrt{\varepsilon_1}} \qquad (1)$$

式中，ε_1 为介质 1 的相对介电常数；ε_2 为介质 2 的相对介电常数；R 为反射系数。

探地雷达探测煤厚的原则即确定煤层的顶底界面位置，因为煤层与其围岩的相对介电常数 ε_r 不同，可以引起反射波，所以根据反射回波的旅行时间计算煤层厚度是可行的。

表 1　煤系地层常见岩石电性参数

介质	电导率 $\delta/S \cdot m^{-1}$	介电常数 ε_r（相对值无量纲）	电磁波速度 $v/m \cdot ns^{-1}$
空气	1	1	0.3
泥岩	$10^{-1} \sim 1$	$8 \sim 11$	0.07
页岩	$0.5 \sim 2$	$5 \sim 15$	0.09
砂岩（干）	$10^{-7} \sim 10^{-3}$	$4 \sim 6$	0.15
砂岩（湿）	$10^{-4} \sim 10^{-2}$	6	0.06
灰岩（干）	10^{-9}	$5 \sim 7$	0.12
灰岩（湿）	2.5×10^{-2}	8	0.1
褐煤	$10^{-2} \sim 10^{-1}$	2.7	0.19
气煤	$6 \times 10^{-2} \sim 10^{-1}$	2.8	0.15
肥煤	$10^{-3} \sim 10^{-2}$	3.0	0.15
焦煤	$5 \times 10^{-2} \sim 10^{-1}$	2.3	0.17
瘦煤	$2 \times 10^{-3} \sim 10^{-2}$	3.1	0.15
无烟煤	$10^{-2} \sim 10^{-1}$	3.6	0.18

2.2　煤厚计算

在煤层及其围岩具备可产生雷达反射波的基础上，根据雷达波在介质中的旅行时间和波速，可计算出煤层厚度。由于电磁波在均一且各向同性的理想介质中的传播速度是一定的，但实际探测中，则是各类介质综合作用条件下的波速 $\bar{v}$。因此可根据综合波速 $\bar{v}$ 和雷达数据中记录的煤层上层面反射波与下层面反射波的时间差 Δt，即可根据式（2）计算出煤层厚度 H

$$H = \frac{\Delta t \cdot \bar{v}}{2} \qquad (2)$$

式中，H 为煤层厚度；$\bar{v}$ 为电磁波在介质中的综合传播速度，其大小由式（3）表示

$$\bar{v} = \frac{C}{\sqrt{\varepsilon}} \qquad (3)$$

式中，C 为电磁波在真空中的传播速度，约为 $3 \times 10^8 m/s$；$\bar{\varepsilon}$ 为介质综合相对介电常数，取决于各岩层构成物质的介电常数，根据现场实际情况，准确构建该参数，是煤层厚度准确探测的重要条件。

2.3　矿井雷达井下抗干扰分析

探地雷达在井下工作，属于全空间探测环境，巷道内的支架、钢筋网等金属体都会对探测形成干扰。所选取的 150MHz 一体式屏蔽天线，可有效屏蔽来自天线后方及周围的干扰信号。而天线探测方向的线性干扰金属体一般沿巷道方向展布，多属于巷道整体环境的一部分，分布具有规律性，比较容易识别，如金属支护、锚杆、锚网等[7]。对于这样的干扰因素，可以通过对所采集数据进行叠加、滤波处理进行部分抑制和消除。并且，由于 150MHz 雷达天线体积小、重量轻，适宜矿井工作条件，故可以满足煤厚探测的需求。

3　探测实例

3.1　基本概况

安太堡井工矿位于山西省朔州市平鲁区井坪镇东北部，东南方向距朔州城区中心直距约 28km，西南距井坪镇约 6km，地处朔州市平鲁区向阳堡乡、榆岭乡境内。矿井位于宁武煤田朔州矿区西北部，宁武向斜的西北端。

本区为华北型石炭-二叠纪煤系，井田含煤地层为二叠系下统山西组、石炭系上统太原群和中统本溪组，全区主要采用全

厚放顶开采方式，主要可采煤层为 4 号、9 号和 11 号煤层。

本次探测目标为安太堡井工矿 90102 工作面切眼顶板以上 20m 范围内的煤厚分布情况。该区域煤为 9 号煤层，煤岩类型主要以半亮型煤为主，煤层结构复杂，含夹矸 2~4 层，多为高岭质泥岩、炭质泥岩。根据以往钻探资料和矿井设计，该区平均煤厚为 12m。故根据钻探调查的巷道顶板 20m 范围内的煤厚、围岩厚度和分布比例，可估算出该区域电导率值和相对介电常数值分别为 10^{-1}~1 S/m，8~11。该电导率值条件下，150MHz 天线可以满足整体煤层厚度的探深。综合介电常数值则可以作为煤厚计算的条件，以保障煤厚的精确计算。

3.2　现场探测

3.2.1　测线布置

安太堡井工矿 3 号井 90102 工作面切眼，全长 240m，液压支架共 161 台，每一液压支架防护板宽度约为 1.49m，采用液压支架作为雷达数据采集的控制里程点，自主运输巷起，向回风巷方向编号为 1-161 号，如图 3 所示。由于工作面条件所限，只能在宽度和安全性均满足的顶板支护区域逐段进行雷达数据采集，因此只能逐段采集，具体测线布置分段情况如表 2 所示。

表 2　测线分布表

序号	测线位置	探测里程/m （距离第一支架）
1	22~24 号液压支架	31.3~35.8
2	30~31 号液压支架	43.2~46.2
3	67~68 号液压支架	99.8~101.3
4	77~79 号液压支架	113.2~117.7
5	94~95 号液压支架	138.6~141.6
6	114~116 号液压支架	168.4~172.8
7	126~127 号液压支架	186.2~189.2
8	135~137 号液压支架	199.7~204.1
9	141~143 号液压支架	208.6~213.0
10	159~160 号液压支架	235.4~238.4

3.2.2　设计天线支架

探测工作面顶板距离巷道底板平均为 3m，而探测工作开展时，必须将天线紧贴顶板与被测介质充分耦合。因此必须研制一种结构简单、坚固安全的天线支架，以满足探测需求。

为了增强天线贴顶探测的稳定性并尽量减轻重量，采用掏空高强度纤维板固定天线，并使用空心钢管作为手持支撑杆，支撑杆与天线连接的底座采用可前后、左右转动一定角度的钢材焊接。底座和纤维板采用尼龙安全带扣死，保障仪器不会滑落，改造后的天线支架如图 4 所示。

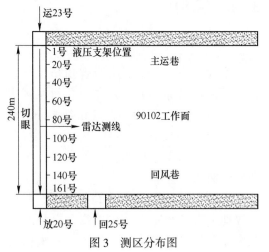

图 3　测区分布图

图 4　天线支架

3.2.3　采集参数设定

探测仪器选用中国矿业大学（北京）自主研发的 ZTR-12 本质安全型探地雷达，天线中心频率为 150MHz。

探地雷达采样时窗 W（单位：ns）为其探测的时间范围，是决定最大探深 d_{max} 的关键参数，采样时窗主要取决于最大探测深度与介质中的电磁波综合速度 $\bar{v}$，可由式（4）估算

$$W = 1.3 \times \frac{d_{max}\sqrt{\bar{\varepsilon}}}{C} \qquad (4)$$

式中，C 为雷达波在真空中的传播速度，m/ns；$\bar{\varepsilon}$ 为介质的综合相对介电常数。因此，时间窗口设置为 360ns，可满足最大 20 m 左右探深的需求。根据尼奎斯特采样定律，采样点数设置为 1024，同时叠加次数为 5 次。

3.3　探测结果分析

从探测结果看（如图 5 所示），在深度 9~12m 范围有较为清晰的反射界面，判识为煤层顶板与上覆岩层的界面。从探测结果可以看出，全测线煤层厚度略有起伏，平均偏差在 1.5m 范围内。从处理后的探地雷达成果剖面（如图 6 所示）还可以发现，在 115 号支架附近，煤厚略有增加，且 114 号支架附近煤层内部极度松散，初步判定是采掘巷道过程中对顶部煤层的扰动所致，在 135 号支架附近围岩破碎程度和范围更

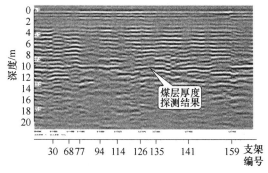

图 5　探地雷达剖面

大。而最终得到 90102 工作面切眼顶板煤层厚度变化情况（如图 7 所示），煤层厚度基本没有大的变化，平均厚度为 10.56m。

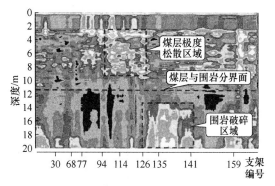

图 6　煤层及围岩解释结果

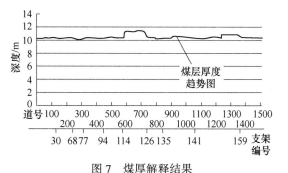

图 7　煤厚解释结果

3.4　探测结果验证

顶板煤厚探测结果由钻探进行了验证，从 1 号液压支架起，以 20 个液压支架间隔为一个钻探测点。现场雷达、钻探对比结果如表 3 所示，可以看出，雷达和钻探的相对误差基本控制在 10% 以内，在 Z80 号和 Z160 号处略有增加，绝对误差基本控制在 1m 以内，完全能够满足放顶煤煤厚探测的要求。

表 3　安太堡井工矿 3 号井 90102 综放面切眼顶板煤厚探测验证对比表

序号	钻孔位置	钻探煤厚/m	雷达煤厚/m	绝对误差/m	相对误差/%
1	Z1 号	10.84	10.21	−0.63	5.81
2	Z20 号	10.76	10.42	−0.34	3.15

应用 [J]. 重庆大学学报, 2016 (4): 32~40.

续表3

序号	钻孔位置	钻探煤厚/m	雷达煤厚/m	绝对误差/m	相对误差/%
3	Z40 号	9.66	10.18	+0.52	5.38
4	Z60 号	11.35	10.37	-0.98	8.63
5	Z80 号	11.42	10.34	-1.08	9.45
6	Z100 号	11.39	10.48	-0.91	7.99
7	Z120 号	11.31	11.64	+0.33	2.91
8	Z140 号	10.05	10.33	+0.28	2.78
9	Z160 号	11.53	10.46	-1.07	9.28

4　结论

矿井探地雷达探测顶板煤厚技术在安太堡井工矿的应用试验表明:

(1) 探地雷达能克服放顶煤工作面的施工条件限制, 可开展对顶板煤厚的连续扫描探测。通过对天线支架的优化设计, 使探地雷达在井下更具适应性。

(2) 在开展雷达探测时, 首先应对该区进行煤层及其顶板围岩的物性特征进行调查, 优化雷达参数设置, 并结合已有地质资料, 实现对顶板煤厚的准确探测。

(3) 防爆探地雷达在进行顶板煤厚的探测过程中, 克服了顶部金属网、锚索等强干扰源, 获取了较准确的雷达数据成果剖面, 且最终探测结果与实际结果对比发现, 误差在10%以内。

参 考 文 献

[1] 朱国维, 王怀秀, 刘盛东. 声波探测综放面顶煤厚度的试验研究 [J]. 煤炭科学技术, 1997 (12): 17~20.

[2] 于景邨, 刘志新, 岳建华, 刘树才. 煤矿深部开采中的地球物理技术现状及展望 [J]. 地球物理学进展, 2007 (2): 586~592.

[3] 宋劲. 探地雷达矿井下探测技术研究 [D]. 北京: 煤炭科学研究总院, 2005.

[4] 尹小波, 张彬, 邓继平, 涂征宇, 刘超云. 介电参数数值实验在探地雷达试验检测中的应用 [J]. 重庆大学学报, 2016 (4): 32~40.

[5] 程久龙, 李飞, 彭苏萍, 孙晓云. 矿井巷道地球物理方法超前探测研究进展与展望 [J]. 煤炭学报, 2014 (8): 1742~1750.

[6] 许献磊, 杨峰, 夏云海, 王郁森. 矿井超深探测地质雷达天线的开发及应用 [J]. 煤炭科学技术, 2016 (4): 124~129.

[7] 宋劲, 王磊. 探地雷达探测采煤工作面隐伏钻杆研究 [J]. 煤炭学报, 2014 (3): 537~542.

[8] 梁庆华, 吴燕清, 宋劲, 黄晖, 朱昌淮, 孙兴平. 探地雷达在煤巷掘进中超前探测试验研究 [J]. 煤炭科学技术, 2014 (5): 91~94.

[9] 梁庆华. 矿井探地雷达井下快速超前探测与数据分析 [J]. 物探化探计算技术, 2011 (5): 464, 531~535.

[10] 戴前伟, 吕绍林, 肖彬. 地质雷达的应用条件探讨 [J]. 物探与化探, 2000 (2): 157~160.

[11] 王振. 探地雷达在采煤工作面上保护层检测中的应用 [D]. 西安: 西安科技大学, 2016.

[12] 石刚, 屈战辉, 唐汉平, 叶红星, 蒋向军. 探地雷达技术在煤矿采空区探测中的应用 [J]. 煤田地质与勘探, 2012 (5): 82~85.

[13] 伍永平, 翟锦, 解盘石, 吴学明, 卓青松. 基于地质雷达探测技术的巷道围岩松动圈测定 [J]. 煤炭科学技术, 2013 (3): 32~34, 38.

[14] Feng Yang, Cui Du, Meng Peng, Ze Quan Feng, Yang Yang Sun, En Lai Li. Research of Computed Tomography Inversion Algorithm for Coal Face Based on Ground Penetrating Radar [J]. Advanced Materials Research, 2013, 2584 (765).

[15] Sheng Jun Miao, Chao Long, Guan Lin Huang, Han Chen. The Parameter Identification of the Steep Seam Goafs Structural Characteristics of the Coal and Rock Based on GPR [J]. Applied Mechanics and Materials, 2013, 2644 (390).

不同煤柱宽度下沿空掘巷围岩应力状态与破坏特征

丁楠，李小裕，蒋力帅

（山东科技大学矿业与安全工程学院，山东青岛 266000）

摘　要：以赵固二矿二 1 煤 11030 运输巷沿空掘巷时的围岩和应力环境为研究对象，从巷道掘进前煤柱应力分布、掘巷期间围岩应力状态和围岩拉伸破坏发育特征三个方面，通过建立 FLAC3D 模型研究窄煤柱宽度对沿空巷道掘进期间矿压显现规律和围岩稳定性的影响。结果证明：煤柱宽度越小，掘巷时围岩条件越差，表现为煤岩体在应力重新分布过程中对应力变化敏感、易变形破坏、承载能力差等力学特性；巷道围岩应力重新分布后，集中应力向煤壁深部平移，煤柱宽度对应力极限平衡区宽度几乎没有影响，均为 14.2m，但对垂直应力峰值影响显著；基于数值模拟研究及分析，综合考虑矿山压力与支护、采空区隔离与通风安全、资源采出率与社会经济效益等方面，建议选用受力状态较好、破坏程度较低的宽度为 5m 的煤柱，为类似条件下的沿空巷道布置与煤柱尺寸优化提供依据。

关键词：围岩应力；沿空掘巷；拉伸破坏；煤柱宽度

1　引言

随着我国煤炭开采技术的提高，目前许多煤矿在工作面回采巷道采用窄煤柱沿空掘巷的方式[1,2]。但是窄煤柱沿空掘巷会扰乱原有侧向支撑压力的分布，加之受到本工作面的超前支撑压力的影响，有效发挥自身稳定性和支撑性很难得到保证，其巷道围岩变形具有复杂性和特殊性。因此，留窄煤柱合理宽度的确定成为采矿界许多学者关注的焦点之一。

目前，国内外对沿空掘巷煤柱留设宽度、巷道设置合理位置及围岩应力变化[3-5]进行了较多的研究。奚家米、毛久海等[6]分别对巷道开挖前后，不同煤柱宽度下围岩应力、变形进行了模拟研究，确定了合理的窄煤柱合理宽度和巷道断面参数，并预计了沿空掘巷围岩变形量；余忠、林涂敏等[7]根据大采高沿空掘巷的力学环境建立了窄煤柱的弹塑性力学模型，运用求解非线性大变形问题有限差分法（FLAC2D4.0）程序，初步得到巷布置的合理位置；李磊、柏建彪等[8]采用理论分析法建立沿空掘巷的结构力学模型，推出"内应力场"宽度表达式，确定合理的掘巷位置和巷道断面参数，并预计了沿空巷道围岩变形量。柏建彪等[9,10]通过综放工作面采场应力分析，运用锚杆支护围岩强度强化理论，提出了综放工作面沿空掘巷围岩控制机理，阐述了综放工作面掘巷围岩

基金项目：国家自然科学基金面上项目（51374139，51574155）；深部岩土力学与地下工程国家重点实验室开放基金（SKLGDUEK1725）。

作者简介：丁楠（1992—），男，内蒙古呼和浩特人，硕士研究生。电话：13210010561，E-mail：757672497@qq.com。

控制机理，并成功应用于工程实践。对于不同煤柱宽度下沿空掘巷围岩应力状态与破坏特征的综合研究，以往学者并未进行深入的研究。

基于此，本文以赵固二矿大采高工作面工程条件为背景，建立不同煤柱宽度的三维数值模型，通过沿空掘巷影响的动态仿真模拟，研究大采高沿空掘巷围岩应力状态与力学特征、掘巷影响期间围岩变形与稳定性的动态演化规律，分析煤柱尺寸效应及影响机理。并基于数值模拟分析实验，进行煤柱宽度优化，为类似工程条件下沿空巷道和工作面布置提供依据。

2　工程概况

赵固二矿二1煤层11030工作面如图1所示，运输巷为本文工程背景，主采煤层为二1煤，煤层倾角0°～11°，平均厚度6.16m，煤层结构简单，层位稳定，煤质单一、变化小，全区可采，属近水平稳定厚煤层。二1煤层直接顶岩性以泥岩、砂质泥岩为主，占赋煤面积的70%，基本顶以粉砂岩、细粒砂岩为主。底板以砂质泥岩为主，到L9灰岩顶面之间的岩层组合厚度较薄。工作面地层11030工作面长度180m，采用走向长壁一次采全高采煤法，属于典型的大采高工作面，采用全部垮落法管理顶板。11030运输巷试验采用大采高沿空掘巷布置方式，与11011工作面采空区之间留

设宽度8m的煤柱。11030运输巷沿煤层顶板掘进，巷道断面为矩形，掘进宽度×高度为4800mm×3300mm。

3　掘巷前煤柱内应力分布规律

11010工作面回采完成后，在邻近围岩中经过应力重新分布形成上区段采动应力场，构成了11030运输巷沿空掘进时的围岩和应力环境。根据对称性原则，以11010和11030工作面倾向中线为模型边界，建立不同煤柱宽度（3m、5m、8m、11m）的三维数值模型，模型如图2所示。模型沿工作面走向长350m，其中工作面走向长度为250m，前后各留50m边界；工作面倾向二分之一的长度为90m；高120m，本构模型采用拉伸劣化模型[11]。侧向煤柱内应力分布和不同窄煤柱宽度下11030运输巷掘进位置如图3所示。通过观察留设不同宽度的煤柱时巷道掘进前围岩应力状态可知，隔离采空区的煤柱宽度越大，沿空掘巷时围岩内部应力越高。但由于煤柱内的应力降低区是煤岩体受采动影响发生屈服破坏后松动卸压而形成的，因此煤柱宽度越小，掘巷时围岩条件越差，表现为煤岩体在应力重新分布过程中对应力变化敏感、易变形破坏、承载能力差等力学特性。同时，由于巷道跨度大（4.8m），造成巷道顶底

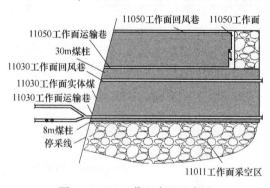

图1　11030工作面布置示意图

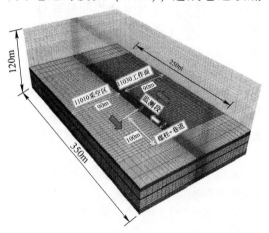

图2　沿空窄煤柱数值计算模型平面图

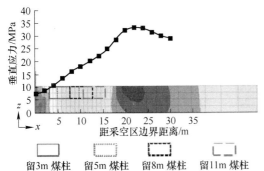

图 3　煤柱应力分布和不同窄煤柱宽度沿空掘巷位置

4　沿空掘巷围岩应力状态

　　留设不同宽度窄煤柱沿空掘巷后围岩垂直应力分布如图 4 所示。巷道掘进成巷后，窄煤柱内垂直应力随煤柱宽度的增加而升高，煤柱宽度为 3m 时，窄煤柱内最大垂直应力仅为 2.2MPa；煤柱宽度为 11m 时，煤柱内最大应力为 9.1MPa，煤柱承载能力相比 3m 煤柱显著提高，但最大垂直应力仅为原岩应力（16.25MPa）的 56%，煤柱内部均发生了塑性破坏，无弹性核。

　　板两侧以及两帮煤岩体的围岩力学性质和应力状态均有明显差异。

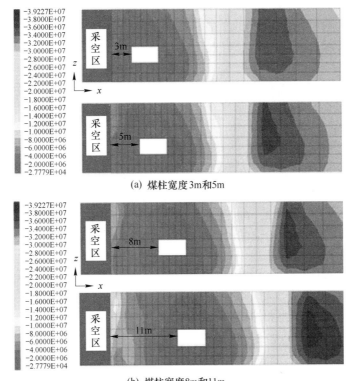

图 4　不同煤柱宽度沿空掘巷围岩应力分布

　　巷道围岩应力重新分布后，集中应力向煤壁深部平移，煤柱宽度对应力极限平衡区宽度几乎没有影响，均为 14.2m，但对垂直应力峰值影响显著。煤柱宽度为 3m 时，煤壁深部垂直应力峰值为 35.9MPa，为原岩应力的 2.2 倍；煤柱宽度为 11m 时，煤壁深部垂直应力峰值升高至 39.2MPa，达到原岩应力的 2.4 倍。这是由于留设宽度 11m 煤柱掘巷前巷道所处部位应力高于留设 3m 煤柱，巷道开挖后应力向实体煤壁深部转移和集中程度高。巷道浅部围岩（距离围岩表面不超过 2m）内应力分布几乎不受煤柱尺寸影响。

5　沿空掘巷围岩拉伸破坏发育特征

巷道开挖后，原始三向应力状态被打破，由于煤岩抗拉强度远低于抗压强度，节理裂隙等弱结构面几乎没有抗拉强度，使得巷道表面和浅部围岩极易发生拉伸破裂，向巷道空间内收敛变形。因此，巷道围岩塑性区中浅部拉伸破坏区的扩展范围可以作为衡量巷道围岩稳定性、分析围岩破坏机理的有效指标，同时可以区分巷道开挖前上区段采动影响导致的塑性破坏区与沿空掘巷影响导致的塑性破坏区。

通过 FLAC3D 内置 FISH 语言编写程序，将沿空掘巷浅部围岩（距离围岩表面不超过 2m）中的拉伸破坏单元进行标记并统计，得到不同煤柱宽度条件下沿空巷道某一段沿轴向和竖直截面上的拉伸破坏区分布如图 5 所示。

对比图 5 中不同煤柱宽度时沿空掘巷围岩拉伸破坏区分布可以看出，在不同煤柱宽度条件下，围岩破坏的共同特点是拉伸破坏区在巷道两帮和底板的分布更广，扩展更深。这是由于 11030 运输巷沿顶板掘进，顶板岩层为泥岩和砂质泥岩，而两帮和底板均为软弱煤体，更容易发生变形破坏。

将 FISH 语言程序统计得到拉伸破坏单元数与巷道浅部围岩单元总数做比，得到浅部围岩拉伸破坏比见表 1，并结合图 5 分析不同煤柱宽度时巷道围岩破坏特征。当煤柱宽度为 3m 时，煤柱由最靠近采空区、受采动影响最剧烈的煤岩体组成，巷道煤柱帮发生了大量的拉伸破坏，由于掘巷前围岩力学性质差，拉伸破坏范围在煤柱一侧向顶底板深处延伸，整条巷道中 41.7% 的浅部围岩发生了拉伸破坏；当煤柱宽度为 5m 时，掘巷前岩体力学性质有所改善，煤柱内拉伸破坏区不再向顶底板深处发展，

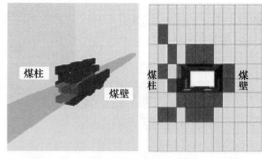

(a) 3m煤柱

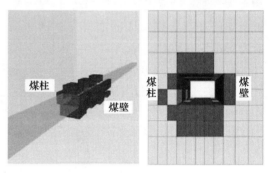

(b) 5m煤柱

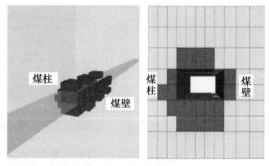

(c) 8m煤柱

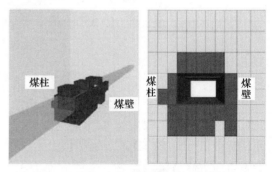

(d) 11m煤柱

图 5　不同煤柱宽度沿空掘巷拉伸破坏区分布

主要集中在巷帮表面部分区域，顶板中拉伸破坏比 3m 煤柱稍有增大且呈现不对称破坏，拉伸破坏区在顶底板的煤柱侧分布更广，整条巷道中 37.1% 的浅部围岩发生了拉伸破坏；当煤柱宽度为 8m 时，掘巷前围岩应力已经高于原岩应力，巷道开挖后两帮表面均全部发生拉伸破坏，煤柱帮的破坏深度更大，顶底板的破坏程度同样增大并依旧呈现不对称特征，整条巷道中 40.9% 的浅部围岩发生了拉伸破坏；当煤柱宽度为 11m 时，掘进前的围岩力学性质较好，但围岩应力高，巷道两帮和地板表面均发生拉伸破坏且破坏发展至深部，顶板整体破坏加剧，不对称破坏特征消失，整条巷道中 44.3% 的浅部围岩发生了拉伸破坏。

表1　不同煤柱宽度沿空掘巷围岩拉伸破坏比

煤柱宽度/m	巷道浅部围岩单元数/个	拉伸破坏单元数/个	拉伸破坏比/%
3	2200	917	41.7
5	2200	817	37.1
8	2200	900	40.9
11	2200	975	44.3

通过上述沿空掘巷围岩拉伸破坏区分析可见，沿空掘巷浅部围岩产生了大量的拉伸破裂，岩体拉伸劣化模型反映了沿空巷道围岩的力学状态及破坏性质。基于数值模拟研究及现场试验分析，综合考虑矿山压力与支护、采空区隔离与通风安全、资源采出率与社会经济效益等方面，确定大采高沿空巷道合理煤柱宽度为 5m。此时，巷道浅部围岩发生拉伸破坏量最小，煤柱帮破坏深度较小，能够满足 11030 工作面的回采要求。

6 结论

（1）受上工作面采动影响，沿空隔离煤柱宽度越大，沿空掘巷时围岩内部应力越高，煤柱宽度越小，掘巷时围岩条件越差，同时，由于巷道跨度大（4.8m），造成巷道顶底板两侧以及两帮煤岩体的围岩力学性质和应力状态均有明显差异。

（2）巷道掘进成巷后，窄煤柱内垂直应力随煤柱宽度的增加而升高，煤柱宽度为 3m 时，窄煤柱内最大垂直应力仅为 2.2MPa；煤柱宽度为 11m 时，煤柱内最大应力为 9.1MPa，煤柱承载能力相比 3m 煤柱显著提高，但最大垂直应力仅为原岩应力（16.25MPa）的 56%，煤柱内部均发生了塑性破坏，无弹性核，煤柱宽度对应力极限平衡区宽度几乎没有影响，均为 14.2m，但对垂直应力峰值影响显著。

（3）沿空掘巷浅部围岩产生了大量的拉伸破裂，当煤柱宽度为 5m 时，巷道浅部围岩发生拉伸破坏量最小，煤柱帮破坏深度较小，可为类似条件下的沿空巷道布置与煤柱尺寸优化提供依据。

参 考 文 献

[1] 彭林军. 特厚煤层沿空掘巷围岩变形失稳机理及其控制对策 [D]. 北京：中国矿业大学（北京），2012：135.

[2] 温克珩. 深井综放面沿空掘巷窄煤柱破坏规律及其控制机理研究 [D]. 西安：西安科技大学，2009：126.

[3] 王猛，柏建彪，王襄禹，等. 迎采动面沿空掘巷围岩变形规律及控制技术 [J]. 采矿与安全工程学报，2012，29（2）：197~202.

[4] 柏建彪，王卫军，侯朝炯，等. 综放沿空掘巷围岩控制机理及支护技术研究 [J]. 煤炭学报，2000（5）：478~481.

[5] 侯朝炯，李学华. 综放沿空掘巷围岩大、小结构的稳定性原理 [J]. 煤炭学报，2001（1）：1~7.

[6] 奚家米，毛久海，杨更社，等. 回采巷道合理煤柱宽度确定方法研究与应用 [J]. 采矿与安全工程学报，2008（4）：400~403.

［7］余忠林，涂敏．大采高工作面沿空掘巷合理位置模拟与应用［J］．采矿与安全工程学报，2006，23（2）：197~200.

［8］李磊，柏建彪，王襄禹．综放沿空掘巷合理位置及控制技术［J］．煤炭学报，2012，37（9）：1564~1569.

［9］柏建彪．综放沿空掘巷围岩稳定性原理及控制技术研究［D］．北京：中国矿业大学（北京），2002.

［10］柏建彪，侯朝炯，黄汉富．沿空掘巷窄煤柱稳定性数值模拟研究［J］．岩石力学与工程学报，2004（20）：3475~3479.

［11］Jiang Lishuai，Sainoki Atsushi，Mitri Hani S，et al. Influence of fracture-induced weakening on coal mine gateroad stability［J］．International Journal of Rock Mechanics and Mining Sciences，2016，88：307~317.

基于随机介质理论的综放开采初始放煤顶煤运移规律研究

刘鑫[1]，杨登峰[2]，张拥军[3]，朱帝杰[1]

(1. 中国矿业大学（北京）力学与建筑工程学院，北京 100083；
2. 青岛理工大学理学院，山东青岛 266033；
3. 青岛理工大学土木工程学院，山东青岛 266033)

摘 要：顶煤运移规律是综放开采理论研究的重要内容，初始放煤阶段作为整体放煤过程的起始阶段，其运移规律和形态特征对后续移架放煤效果影响很大。以支架顶梁作为分界面将初始放煤过程分成两个阶段并应用随机介质理论建立综放开采初始放煤顶煤阶段性运移方程，包括颗粒移动概率方程、颗粒移动速度方程、颗粒移动迹线方程，利用放出量与阶段性煤矸分界线的动态关系最终建立初始煤矸分界线方程，通过相似模拟实验验证理论方程的正确性。

关键词：顶煤放出规律；散体介质流；随机介质理论；煤矸分界线

1 引言

综放开采是我国开采厚煤层的主要技术之一，放顶煤开采的核心是顶煤破碎与放出的理论及实施技术，对于顶煤的放出规律，目前常用的描述理论是来自金属矿的放矿椭球体理论，但是由于放煤时存在有液压支架的尾梁摆动以及支架周期性移动的干扰，使得在低位放顶煤过程中与金属矿出现了较为明显的差异。顶煤放出的散体介质流理论[1,2]的实质是在由散体顶煤与散体顶板组成的复合散体介质中，支架放煤口成为介质颗粒流动和释放介质颗粒间相互作用力的自由边界，支架上部和后部的散体会以阻力最小的路径逐渐向放煤口流动，散体颗粒介质内形成了牵引流动的运动场，以顶煤流动放出的最终形态估计放出煤量。该理论的提出主要基于实验室位移试验和数值模拟方法而未能建立顶煤运移规律的理论方程。散体介质流理论认为放顶煤过程是煤层在断裂成散体后的散体移动放出过程[3~7]。由于矿岩散体颗粒移动具有随机性，因而可以将其视为含有随机性因素的介质结构，而若以随机介质理论[8~12]来描述这类结构，能够避开散体复杂的本构关系。

论文研究重点即是基于随机介质理论建立综放开采初始放煤顶煤运移规律以及煤矸分界线等放煤特性方程，这对于提高放顶煤的采出率、了解顶煤放出规律、确定较为合理的放煤参数与规律起到积极推动作用。本文应用随机介质理论对综放开采初始阶段顶煤放出规律进行了探究和拓展。

基金项目：国家重点基础研究发展规划"973"项目（2013CB227903）；国家自然科学基金资助项目（51674151）；国家自然科学基金重点项目（51004045）。

作者简介：刘鑫（1991—），男，山东潍坊人，硕士。电话：13041227539，E-mail：lxc9293@sina. com。

2 随机介质理论基础

理想散体移动模型如图 1 所示。

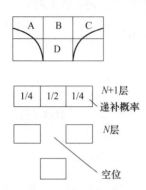

图 1 理想散体移动模型

用直角坐标系将散体堆划分成网状格，将每一方格内的散体视为一个独立的移动单元——移动颗粒；该颗粒移出方格后形成的空位，由其上相邻方格里的颗粒随机递补。在理想条件下，移动颗粒的递补模型用数学归纳法和德莫畦夫-拉普拉斯极限定理求得，当方格尺寸足够小时，颗粒移动概率密度服从正态分布，其均值为零，方差 $\sigma^2 = z/2$，即

$$p(x, z) = \frac{1}{\sqrt{\pi z}} \exp\left(-\frac{x^2}{z}\right) \qquad (1)$$

实际矿岩堆体结构如图 2 所示，块体 d 下移后其空位究竟是由块体 b 填补还是由块体 c 填补，这在很大程度上取决于块体 b、c 受到它们背后块体的挠动情况。对实际散体来说，方差值除与层面高（z）有关之外，还与散体流动特性有关，与 z 的关系

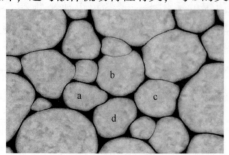

图 2 煤体结构示意图

表示为

$$\sigma^2 = \frac{1}{2}\beta z^\alpha \qquad (2)$$

式中，α、β 为散体流动参数，其值取决于散体的松散性质与放出条件。

将式（2）代入式（1）得

$$p(x, z) = \frac{1}{\sqrt{\pi \beta z^\alpha}} \exp\left(-\frac{x^2}{\beta z^\alpha}\right) \qquad (3)$$

3 初始放煤顶煤运移规律模型

顶煤放出受到上部顶板以及支架尾梁的影响，利用散体顶煤相似实验以及 PFC 数值模拟软件模拟得到的初始煤矸分界线如图 3、图 4 所示。

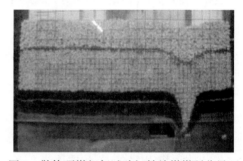

图 3 散体顶煤相似试验初始放煤煤矸分界面

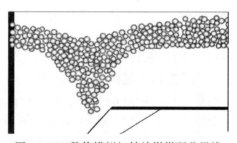

图 4 PFC 数值模拟初始放煤煤矸分界线

由以上两图可以看出煤矸分界线即放煤漏斗呈现阶段性，放煤支架顶梁以上部分呈现较为标准的漏斗形，而在支架高度处放煤漏斗向远离支架方向倾斜。由上述实验与模拟数据分析得到在放煤过程中水平层位上颗粒按颗粒移动迹线能找到下沉曲线点与原始层位点对应的关系，分解出层位颗粒点的铅直位移，得出铅直下降速

度分布曲线。根据颗粒分布曲线的形态以及放出体形态最低点与放出口轴线间的相对位置关系可将整个放出过程在高度方向上分成两个阶段。第一阶段放出漏斗末端未到达支架顶梁分界线，放出过程未受到支架尾梁影响，曲线形态视为无限边界条件，曲线服从正态分布。第二阶段，漏斗末端到达分界面曲线受到放煤支架的影响，同时顶煤颗粒与支架掩护梁之间的摩擦因数小于顶煤颗粒之间的摩擦系数，顶煤与支架之间摩擦因数一般为 $0.4 \sim 0.5$，而放煤颗粒之间的摩擦因数大致在 $0.6 \sim 0.7$[3]，所以放煤曲线形态可视为正态曲线的一部分，其曲线最低点向支架方位倾斜。根据顶煤在支架顶梁分界面上下方的移动形态特征，将这两个区段称为无影响区、支架尾梁影响区，如图 5 所示。

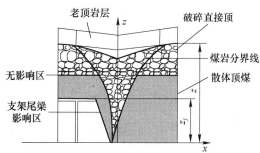

图 5　初始煤岩分界线示意图

3.1　初次放煤移动概率密度方程

放出体沿支架方向的剖面形态只在尾梁附近受到影响形成掩护梁斜切面，在宏观上依然属于椭球体形态，支架尾梁的存在仅影响散体流动参数值的大小，并不影响散体移动的统计规律。所以散体移动概率密度方程依然适用。根据理论推导可写成

$$p(x,\ z) \begin{cases} \dfrac{1}{\pi A\beta z^{\alpha}}\exp\left(-\dfrac{x^2}{\beta z^{\alpha}}\right) & z > z_j \\ \dfrac{1}{\pi A\beta_1 z^{\alpha_1}}\exp\left[-\dfrac{(x-Q(z))^2}{\beta_1 z^{\alpha_1}}\right] & z \leqslant z_j \end{cases}$$

$$(4)$$

式中，A 为顶板影响系数，一般取值在 $0.5 \sim 1.3$ 之间；α、β、α_1、β_1 为散体流动参数，在两个区段内散体流动空间条件不同，流动参数也不同；$Q(z) = G\tan(z_j^{k\alpha} - z^{k\alpha})$ 为尾梁影响系数，其值大小取决于尾梁对散体的阻尼程度，取值在 0.1 左右；θ 为支架尾梁倾角，该偏移量受支架尾梁的影响，其值既与高度有关，也与散体流动性质支架尾梁的影响有关；z_j 为支架顶梁高度。

3.2　颗粒移动速度方程

放煤过程是大量颗粒宏观移动的过程，在移动带内每一位置颗粒的下移速度与该点移动概率成正比。假定某一单位时间内，从放出口放出散体 q，则移动带内任一点上散体颗粒的铅直下降速度为

$$v_z = \begin{cases} -\dfrac{q}{\pi A\beta z^{\alpha}}\exp\left(-\dfrac{x^2}{\beta z^{\alpha}}\right) & z > z_j \\ -\dfrac{qe^{-\phi}}{\pi A\beta\beta_1 z^{\omega}}\exp\left(-\dfrac{x^2}{\beta z^{\alpha}}\right) & z \leqslant z_j \end{cases}$$

$$(5)$$

式中，负号表示速度方向与坐标增量方向相反。$p(x,\ z)$ 参见式（4）。

移动带内任一位置上，散体移动速度应满足无源场连续流动方程

$$\mathrm{div}v = \frac{\partial v_z}{\partial z} + \frac{\partial v_r}{\partial r} + \frac{v_r}{r} = 0$$

据此解得水平移动速度 v_x

$$v_z = \begin{cases} -\dfrac{q}{2\pi\beta z^{\alpha+1}}\exp\left(-\dfrac{x^2}{\beta z^{\alpha}}\right) & z > z_j \\ -\dfrac{qe^{-\phi}}{\pi A\beta\beta_1 z^{\omega+1}} & z \leqslant z_j \end{cases}$$

$$(6)$$

3.3　颗粒移动迹线

放煤过程中，由物理学可知，在颗粒移动迹线上，任意一点的切线，与颗粒在该点的移动速度方向共线，即有

$$\mathrm{d}x/\mathrm{d}z = v_x/v_z \qquad (7)$$

代入式（5）、式（6）得

$$
\begin{cases}
\dfrac{\mathrm{d}x}{\mathrm{d}z} = \dfrac{\alpha x}{2z} & z > z_j \\[3mm]
\dfrac{\mathrm{d}x}{\mathrm{d}z} = \dfrac{\alpha_1 x}{2z} & z \leqslant z_j
\end{cases} \tag{8}
$$

积分得到颗粒的移动迹线方程

$$
\begin{cases}
\dfrac{x^2}{z^\alpha} = \dfrac{x_0^2}{z_0^\alpha} & z > z_j \\[3mm]
\dfrac{x^2}{z^{\alpha_1}} = \dfrac{x_0^2}{z_0^{\alpha_1}} & z \leqslant z_j
\end{cases} \tag{9}
$$

式中，分别为颗粒移动前后的位置坐标值。一般由式（9）可以看出区段中，颗粒移动迹线接近于直线；而在区段中，颗粒移动迹线介于抛物线与直线之间。颗粒移动迹线示意图如图6所示。

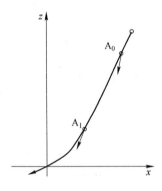

图6　移动迹线与移动方向关系

4　初始煤矸分界线

假定当煤矸分界线在高度位置上的最前端到达放出口时，此时遵从"见矸关门"的原则将放出口关闭，此时的形态即为初始煤矸分界线形态。设 z_0 层位上存在某点 $B_0(x_0, z_0)$ 上的颗粒，当放煤口放出散体量为 Q 时，该点下移到了点 $B(x, z)$ 的位置。颗粒点在下移过程中的位置变更应该满足

$$
\frac{\mathrm{d}z}{\mathrm{d}t} = v_z
$$

将式（5）、式（9）代入，积分整理可得

$Q = qt =$

$$
\begin{cases}
-\dfrac{\beta\pi}{\alpha+1}(z_0^{\alpha+1} - z^{\alpha+1})\exp\left(-\dfrac{x^2}{\beta z^\alpha}\right) & z > z_j \\[4mm]
-\dfrac{\sqrt{\beta\beta_1}\,\pi}{\omega+1}(z_0^{\omega+1} - z^{\omega+1})\exp\left[-\dfrac{(x-Q(z))^2}{\beta_1 z^{\alpha_1}}\right] & z \leqslant z_j
\end{cases}
$$

$$\tag{10}$$

再利用式（8）关系代入，可得到阶段性煤矸分界线方程

$$
\begin{cases}
\dfrac{x^2}{\beta z^\alpha} = \ln\dfrac{(\alpha+1)Q}{\beta\pi(z_0^{\alpha+1}-z^{\alpha+1})} & z > z_j \\[4mm]
\dfrac{(x-Q(z))^2}{\beta_1 z^{\alpha_1}} = \ln\dfrac{(\omega+1)Q}{\sqrt{\beta\beta_1}\,\pi(z_0^{\omega+1}-z^{\omega+1})} & z \leqslant z_j
\end{cases}
$$

$$\tag{11}$$

在放出量不断增加的过程中，煤矸分界线最低点高度不断降低。第一阶段煤矸分界线到达支架顶梁分界面，第一阶段过程完结；放出量继续增大，放煤进入第二阶段，令式（11）中式二 $x = Q(z)$，得到煤矸分界线最低点高度，当 $Q = \dfrac{\sqrt{\beta\beta_1}\,\pi z_0^{\omega+1}}{\omega+1}$ 时，$z_{\min} = 0$，此时煤矸分界线前端到达放煤口，完成整个初始放煤过程。以支架顶梁作为分界面将初始煤矸分界面分成阶段性两部分，上部呈现标准漏斗形，下部呈现倾斜漏斗形，方向向背离支架方向倾斜。根据煤层高度分成三组，煤层高度分别取为6m、9m、12m，放煤支架高度取为3m，即采放比分别为1:1、1:2、1:3。使用数学软件 Maple 画出图像，煤矸分界线曲线如图7所示。

由图7所示，在放煤支架顶梁以上煤岩分界线呈现标准漏斗状，放煤支架对于这一层次的影响可以忽略不计，其影响因素主要是上部顶板，而在放煤顶梁下方煤岩分界线呈现倾斜漏斗状，方向向背离支架方向倾斜，该部分受到支架的影响较为显著。

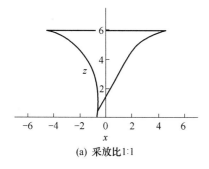

(a) 采放比1:1

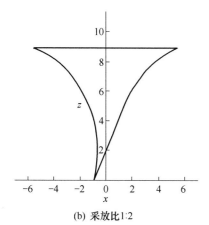

(b) 采放比1:2

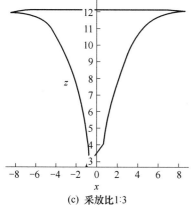

(c) 采放比1:3

图7　煤矸分界线 Maple 计算图

5　散体顶煤相似实验

5.1　试验设备与设计

　　试验煤层假设为水平，把支架设计为12.5cm，试验装置的一端是透明的有机玻璃板，支架需要前移所以支架所在空间不能固定，有机玻璃挡板在设计的导槽内滑动。

5.2　试验方案确定

　　本试验的几何相似比为1：27，模拟的实际距离为24m左右，能够反映流动与放出规律。试验支架的高度为11.2cm，实际模拟的采高为3m。采放比选择1：1，模拟煤层厚度取为11.2cm，模拟煤层的岩石颗粒粒度的范围在0.5～1.5cm之间，以0.5cm为一个数量级，试验主要粒度集中在1cm之间，本模型的几何比例是1：27，因此颗粒模拟的实际煤块大小为0.1～0.4m之间，还是能够反映现场的实际情况的。模拟直接顶的岩石粒度为1.5～3cm之间，相对应直接顶垮落的岩块块度为0.4～0.8m。模拟老顶的岩石粒度为3～5cm之间，相对应老顶垮落的岩块块度为0.8～1.3m。

　　如图8所示，观察散体顶煤相似模拟实验（b）～（d）三个阶段。图8（b）表示第一阶段，放煤漏斗末端位于支架底座上方11cm处高于支架高度，放煤漏斗处于第一阶段标准漏斗形；随着放煤过程的继续，漏斗末端到达支架高度之下6cm处，如图8（c）所示状态，支架顶梁平面下方的漏斗开始背离支架而平面上方漏斗仍然属于较为标准的漏斗形；放煤继续进行漏斗末端到达放煤口，如图8（d）所示，此时的煤矸分界线已经呈现出较为清晰的形态，即支架上部标准漏斗形，支架下部倾斜漏斗形。

　　图9是将图8中各项参数以及变量代入式（11）后通过 Maple 作图所得的图像，并与图8中的实验过程图进行对照处理。

　　将图8中各图的煤矸分界线用AutoCAD提取出将其插入 Maple 图中进行对照发现各阶段的 Maple 计算线与实验分界线基本相重合，从实验方向证实了分段漏斗阶段方程的正确性。

(a) 初始状态

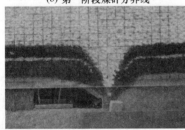

(b) 第一阶段煤矸分界线

(c) 第二阶段煤矸分界线

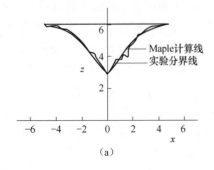

(d) 最终阶段煤矸分界线

图 8　模拟实验过程图

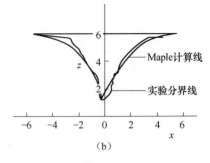

（b）

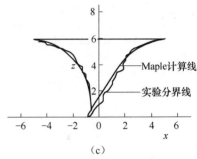

（c）

图 9　Maple 计算线与实验分界线对比图

6　结论

（1）低位综放开采散体顶煤初始煤矸分界线呈现分段漏斗阶段形态，以支架顶梁高度 z_j 作为分界面，上部呈现较为标准的漏斗形态，由于支架尾梁的影响下部则呈现出背离支架的倾斜漏斗形态。

（2）基于随机介质理论建立放顶煤初始阶段颗粒移动概率密度方程、颗粒移动速度方程、颗粒移动迹线方程。

（3）利用放出量与阶段性煤矸分界线的动态关系最终建立初始煤矸分界线方程，通过相似模拟实验验证该方程的准确性。

参 考 文 献

[1] 王家臣. 厚煤层开采理论与技术 [M]. 北京：冶金工业出版社，2009：48~50.

[2] 王家臣，富强. 低位综放开采顶煤放出的散体介质流理论与应用 [J]. 煤炭学报，2002，27（4）：337~341.

[3] 王家臣，张锦旺. 综放开采顶煤放出规律的 BBR 研究 [J]. 煤炭学报，2015，40（3）：

487~493.

[4] 王家臣，杨建立，刘颢颢，等. 顶煤放出散体
介质流理论的现场观测研究 [J]. 煤炭学报,
2010, 35 (3)：353~356.

[5] 王家臣，李志刚，陈亚军，等.综放开采顶煤
放出散体介质流理论的试验研究 [J].煤炭学
报, 2004, 29 (3)：260~263.

[6] 吴健.我国放顶煤开采的理论研究与实践
[J].煤炭学报, 1991, 16 (3)：1~11.

[7] 王家臣，魏立科，张锦旺，等.综放开采顶煤
放出规律三维数值模拟 [J].煤炭学报,
2013, 38 (11)：1905~1911.

[8] 乔登攀，孙亚宁，任凤玉.放矿随机介质理论

移动概率密度方程研究 [J].煤炭学报,
2003, 28 (4)：361~365.

[9] 任凤玉.放矿随机介质理论及其实际应用
[D].沈阳：东北大学, 1992.

[10] 谢广祥，黄金桥.顶煤放出规律计算机可视
化仿真 [J].煤炭学报, 2002, 27 (3)：264
~267.

[11] Litwiniszyn J. Application of the equation of sto-
chastic processes to mechanics of loose bodies
[J]. Archiwum Mechaniki Stosowanej, 1956, 8
(4)：393~411.

[12] 任凤玉.随机介质放矿理论及其应用 [M].
北京：冶金工业出版社, 1994：6~28.

沿空掘巷围岩顶板变形演化规律的煤柱尺寸效应

李小裕，丁楠，蒋力帅

（山东科技大学矿山灾害预防控制国家重点实验室培育基地，山东青岛 266510）

摘 要：本文以赵固二矿二 1 煤层为研究背景，研究了大采高沿空掘巷围岩应力状态与力学特征、掘进和采动影响期间围岩变形与稳定性的动态演化规律，分析了煤柱尺寸效应及影响机理。并建立了大采高沿空巷道不同煤柱宽度 FLAC3D 三维数值模型，较真实地模拟了巷道支护结构与沿空巷道力学状态演化，研究得出在当前地质赋存和工程技术条件下，煤柱宽度为 5m 时围岩变形量最小，宽度为 3m 时次之，而煤柱宽度较大时（8m 和 11m）围岩变形量相对较大，通过综合分析优化该工程地质条件下沿空巷道煤柱尺寸合理煤柱宽度为 5m，为相似条件下沿空巷道布置与煤柱优化提供了可靠依据。

关键词：煤柱宽度；沿空掘巷；顶板变形；围岩控制

1 引言

回采巷道布置方式可以分为留煤柱护巷、留窄煤柱沿空掘巷和沿空留巷 3 种方式[1]。留煤柱护巷，虽有利于巷道维护，但煤炭资源浪费严重[2,3]；沿空留巷可以最大限度回收资源，但工艺复杂，且围岩变形严重、巷道维护费用高[3,4]；而留窄煤柱沿空掘巷在采空区边缘留设 3~10m 厚煤柱，既使巷道处于侧向支承压力降低区，容易维护，又能够有效避免资源浪费，成为普遍采用的巷道掘进方式[5]。大量研究结果表明，煤柱宽度的合理确定是影响综放沿空掘巷围岩稳定性的重要因素[6~9]。

随着开采深度的增加，回采巷道采用留煤柱护巷时所需区段煤柱宽度越来越大，不仅巷道维护困难、维护成本高、煤炭采出率低，且较大尺寸的煤柱形成集中应力导致邻近煤层开采困难，易诱发冲击地压、煤与瓦斯突出等灾害，无煤柱护巷技术的发展是解决以上问题的有效途径。

本文以赵固二矿大采高工作面工程条件为背景，建立不同煤柱宽度的三维数值模型，通过沿空掘巷数值模拟，研究大采高沿空掘巷围岩应力状态与力学特征、掘进和采动影响期间围岩变形与稳定性的动态演化规律，分析煤柱尺寸效应及影响机理。并基于数值模拟分析，进行煤柱宽度优化，为类似工程条件下沿空巷道和工作面布置提供依据。

2 工程背景

本文工程背景取自赵固二矿二 1 煤层 11030 工作面运输巷，11030 工作面主采煤

基金项目：国家自然科学基金面上项目（51374139，51574155）；深部岩土力学与地下工程国家重点实验室开放基金（SKLGDUEK1725）。

作者简介：李小裕（1993—），男，内蒙古呼和浩特人，硕士研究生。电话：13206439575，E-mail：15648091105@163.com。

层为二1煤，煤层倾角0°~11°，平均厚度6.16m，煤层结构简单，层位稳定，煤质单一、变化小，全区可采，属近水平稳定厚煤层，1煤层直接顶岩性以泥岩、砂质泥岩为主，占赋煤面积的70%，基本顶以粉砂岩、细粒砂岩为主。底板以砂质泥岩为主，到L9灰岩顶面之间的岩层组合厚度较薄。工作面开采深度平均-65.2m，11030工作面长度180m，工作面两侧分别为11011工作面采空区和正在回采的11050大采高工作面11030运输巷试验，采用大采高沿空掘巷布置方式，与11011采空区之间留设宽度8m的煤柱，工作面回风巷与11050工作面间留设宽度30m的煤柱。11030运输巷沿煤层顶板掘进，巷道断面为矩形，掘进宽度×高度为4800mm×3300mm。

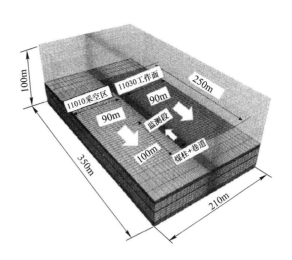

图1　沿空窄煤柱数值计算模型立体图

3　巷道数值模型及变形测点布置

根据对称性原则，以11050工作面倾向中线为对称轴，建立三维数值模型如图1所示。模型走向长140m，其中巷道和工作面走向长度为60m，前后各留40m边界；倾向宽155m，工作面二分之一的长度90m；高100m。顶部施加15MPa的垂直应力，x、y方向的水平应力分别为垂直应力的0.8倍和1.2倍[10]，模型四周和底部采用位移限定边界。

为了综合研究巷道顶板在巷道掘进期间的围岩变形，在监测段截面布置10个位移监测节点，如图2所示。图2中，沿巷道掘进方向，左侧为所留设窄煤柱，右侧为待回采煤壁，在顶板左侧肩角、跨中偏左、跨中偏右和右侧肩角分别布置位移测点监测顶板下沉变形，由红色标出；在左侧煤柱帮和右侧煤壁帮分别布置位移测点监测两帮水平移近，由绿色标出；在底板左侧底角、中部偏左、中部偏右和右侧底角分别布置位移测点监测底鼓变形，由蓝色标出。

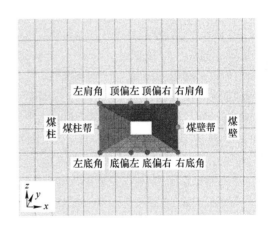

图2　巷道变形测点布置

4　沿空掘巷围岩顶板变形演化规律的煤柱尺寸效应

留设不同宽度的窄煤柱条件下，沿空巷道监测段在掘进期间顶板变形演化特征如图3所示，为方便表示，图中采用顶板下沉位移的绝对值。监测段巷道掘出后开始监测，巷道掘进完毕后结束监测。可以看出，相同地质条件下，沿空巷道在掘巷期间顶板下沉变形远大于实体煤巷道，与现场实际及实测分析结果一致，并且巷道掘出后围岩持续变形时间长，围岩稳定速度慢，蠕变特征明显，具体表现为在掘进作业面超前监测段 50～100m 过程中，各煤柱宽度条件下顶板下沉量均增加了 50mm 左右，在掘进作业面超前监测段 100～150m 过程中，顶板变形趋于稳定，下沉量增加了 10mm 左右。

沿空掘巷期间的大变形、强蠕变特征是由于巷道在上区段回采影响后松动破碎的围岩中掘进。不同的沿空窄煤柱宽度意味着在不同松动破碎程度的围岩环境和不同应力集中程度的应力环境中掘进巷道，对比图 3 中（a）～（d）可以看出，窄煤柱宽度对沿空掘巷顶板变形的影响不仅体现在下沉变形量，更对顶板变形形态影响显著。

巷道顶板各监测位置均在巷道掘出后迅速变形，其后随着掘进工作面不断前进变形速率减缓，但仍保持一定的变形速率。不同煤柱宽度下，巷道掘进不同阶段（掘进作业面距监测段距离）监测段顶板平均变形量及所占掘巷期间总变形量的比例如表 1 所示。首先，煤柱宽度对沿空掘巷期间顶板总变形量影响显著，煤柱宽度为 11m 时顶板下沉量最大，宽度为 3m 时次之，宽度为 5m 时变形量最小。其次掘巷期间不同阶段的已有变形占总变形量的比例（以下简称变形比）也受煤柱宽度影响，煤柱宽度为 3m 时，巷道掘出后顶板变形速度快，变形量大，在滞后掘进作业面 10m 时的顶板变形量占掘巷期间总变形量的 40.2%；该顶板变形比随着煤柱宽度的增加呈现下降趋势，煤柱宽度为 11m 时，同一阶段的顶板变形比仅为 31.1%，变形比差值为 9.1%。当掘进作业面推进至距离监测段 50m 时，各煤柱条件下巷道顶板变形量和变形比基本增长了一倍，可见巷道掘进变形量主要发生在断面掘出后到滞后掘进作业面 50m 期间，即掘进影响期，此时 3m 煤柱与 11m 煤柱的顶板变形比差值为

7.3%，顶板变形演化趋势维持不变。当掘进作业面再推进至距离监测段 100m 时，不同煤柱宽度的顶板变形比差值明显减小，3m 煤柱 11m 煤柱的巷道顶板变形比差值仅为 2.3%，在这一阶段分别发生顶板变形 18.6mm、23.7mm，顶板变形比分别为 15.9%、20.9%。

上述巷道顶板变形量和变形速率演化特征受煤柱宽度影响产生的差异，是由不同煤柱宽度下掘巷位置的围岩和应力环境不同所造成的。煤柱宽度越小，沿空掘巷围岩在上区段采动影响下力学性质越差，同时围岩应力越低，因此巷道掘进后软弱破碎围岩迅速发生变形，掘巷初期变形速率高，进入掘后稳定阶段，由于围岩应力较低，应力环境好，后期蠕变量较小；而煤柱宽度越大，掘巷时围岩力学性质较好，但掘巷位置应力集中程度较高，巷道掘进后较完整的围岩在应力调整过程中逐渐变形破坏，掘巷初期变形速率稍低，但后期受高应力环境影响，仍保持较高的蠕变量。

煤柱宽度对沿空掘巷顶板变形演化特征的影响规律可以在围岩控制工程实际中起到积极作用。当留设窄煤柱宽度较小时，掘进时需保证临时支护和一次支护的及时性和有效性，避免巷道掘进后破碎围岩快速变形导致的顶板垮冒等问题；当留设煤柱宽度较大时，需在巷道掘进作业面后方进行定期及时的围岩变形监测，并防止缓慢蠕变造成的支护失效、大变形网兜等问题。

在不同窄煤柱宽度条件下，沿空巷道监测段在巷道掘进完成后的顶板垂直位移分布云图如图 4 所示，通过对比可以看出，煤柱宽度对沿空掘巷顶板变形形态也有显著影响。图 3 分别列出顶板四个不同位置监测节点（见图 2）在掘巷期间的变形演化规律。不同煤柱宽度影响下，顶板各位置相对变形量和变形速率存在显著

差异。

结合图3、图4可知，当煤柱宽度为3m时，顶板煤柱侧（左侧肩角）的变形量和变形速率均明显大于煤壁侧（右侧肩角），掘巷完成后顶板两侧相对位移差达到26.2mm，为顶板平均变形量的22.4%，顶板呈现出不对称变形特征；当煤柱宽度为5m时，掘巷完成后顶板两侧相对位移差为23.5mm，不对称变形程度稍微降低，顶板总体变形明显降低。随着煤柱宽度增加到8m和11m，巷道逐渐远离上区段回采影响下的煤柱破碎区，不对称变形特征随着煤柱宽度的增加而明显减弱，巷道顶板最大下沉位置为巷道中部，不再为顶板煤柱侧肩角，两肩角变形量差值分别为5.8mm（8m煤柱）和4.2mm（11m煤柱），肩角不对称变形特征几乎消失，受大跨度、顶板不均匀应力分布的影响，顶板中部偏煤柱侧变形量比偏煤体侧稍高。

由图3、图4可见，在沿空巷道掘进期间，3m煤柱时巷道顶板整体变形量大，且煤柱侧发生显著不对称大变形；8m和11m煤柱时巷道顶板变形基本对称，但巷道整体变形量较大；煤柱宽度为5m时，巷道顶板稍有不对称变形特征，但整体变形量在各煤柱方案中最小。

上述顶板变形形态随煤柱宽度的变化是不同煤柱宽度的变形特性所造成的。大采高3m小煤柱的稳定性差，沿空掘巷后煤柱变形较大，使巷道呈现煤柱侧围岩大变形的不对称变形特征。在工程实际中，如留设3m煤柱，对变形严重和稳定性差的部位需及时进行补强支护，针对不对称变形特征调整支护设计。

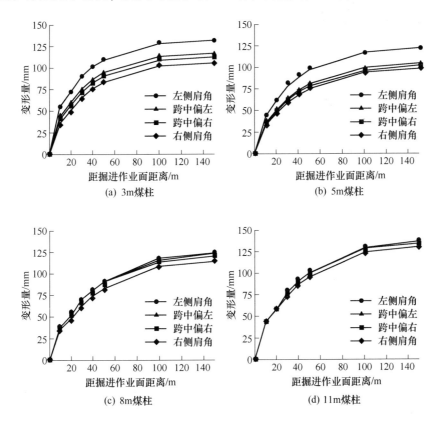

(a) 3m煤柱

(b) 5m煤柱

(c) 8m煤柱

(d) 11m煤柱

图3 不同煤柱宽度巷道掘进期间顶板变形规律

表 1　不同煤柱宽度巷道掘进期间顶板平均下沉量演化规律

煤柱宽度 /m	掘进期间顶板平均下沉 /mm	滞后掘进作业面距离 L_e 时平均下沉和变形比		
		$L_e = 10m$	$L_e = 50m$	$L_e = 100m$
3	117.0	43.9mm 40.2%	94.4mm 80.7%	113.0mm 96.6%
5	106.8	72.4mm 36.5%	82.9mm 77.6%	101.8mm 95.3%
8	119.7	38.1mm 31.8%	87.6mm 73.2%	113.1mm 94.5%
11	133.2	41.4mm 31.1%	97.8m 73.4%	125.7mm 94.3%

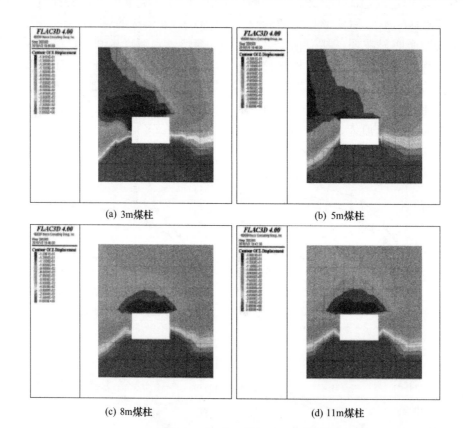

(a) 3m煤柱　　　　　　　　　　(b) 5m煤柱

(c) 8m煤柱　　　　　　　　　　(d) 11m煤柱

图 4　不同煤柱宽度沿空掘巷顶板垂直位移分布

5　结论

以上从围岩应力分布、破裂区发展和变形演化三个方面分析了煤柱宽度对沿空巷道掘进期间矿山压力显现的影响规律。在现场实践中，围岩变形量是衡量巷道围岩稳定性、支护可靠性等工程研究的直接指标，掘进期间巷道围岩变形与煤柱宽度的关系如图 5 所示。可见，在当前地质赋存和工程技术条件下，煤柱宽度为 5m 时围岩变形量最小，宽度为 3m 时次之，而煤柱宽度较大时（8m 和 11m）围岩变形量相对较大，该工程地质条件下合理煤柱宽度为5m，为相似条件下沿空巷道布置与煤柱优化提供了依据。

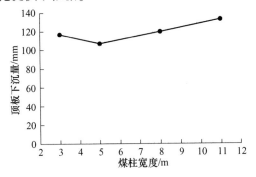

图5　掘进期间巷道围岩变形与煤柱宽度的关系

参 考 文 献

[1] 杜计平, 孟宪锐 . 采矿学 [M]. 徐州：中国矿业大学出版社, 2009：122~130.

[2] 王继良 . 中国矿山支护技术大全 [M]. 南京：江苏科学技术出版社, 1994.

[3] 钱鸣高, 刘听成 . 矿山压力及控制 [M]. 北京：煤炭工业出版社, 1992.

[4] 柏建彪 . 沿空掘巷围岩控制 [M]. 徐州：中国矿业大学出版社, 2006.

[5] 刘增辉, 高谦, 华心祝, 等 . 沿空掘巷围岩控制的时效特征 [J]. 采矿与安全工程学报, 2009, 26 (4)：465~469.

[6] 常聚才, 谢广祥, 杨科 . 综放沿空巷道小煤柱合理宽度确定 [J]. 西安科技大学学报, 2006, 28 (2)：226~230.

[7] 奚家米, 毛久海, 杨更社, 等 . 回采巷道合理煤柱宽度确定方法研究与应用 [J]. 采矿与安全工程学报, 2008, 25 (4)：400~403.

[8] 刘金海, 姜福兴, 王乃国, 等 . 深井特厚煤层综放工作面区段煤柱合理宽度研究 [J]. 岩石力学与工程学报, 2012, 31 (5)：921~927.

[9] 张东升, 茅献彪, 马文顶 . 综放沿空留巷围岩变形特征的试验研究 [J]. 岩石力学与工程学报, 2002 (2).

[10] Yan S, Bai J, Wang X, et al. An innovative approach for gateroad layout in highly gassy longwall top coal caving [J]. International Journal of Rock Mechanics and Mining Sciences, 2013, 59：33~41.

隐伏断层顶板采动切落过程及支架动荷载效应试验研究

杨登峰[2]，胡同旭[1]，张拥军[1]，徐杨[1]，马杭州[1]

（1. 青岛理工大学理学院，山东青岛　266000；

2. 青岛理工大学土木工程学院，山东青岛　266000）

摘　要：针对实际工程中含隐伏断层顶板在工作面推进过程中断层的扩展规律进行相似材料模拟试验研究，对顶板支承压力、断层面应力及顶板切落过程中的支架动荷载效应进行监测分析。试验观测到了顶板隐伏断层活化扩展和顶板切落失稳的一般过程，获得了断层活化诱发大规模顶板切落灾害的动态过程中，顶板矿压显现规律，监测到了顶板支承压力变化过程及断层面应力变化特征，以及顶板切落过程中支架工作阻力变化规律，并对断层扩展的主要影响因素进行了分析。研究结果表明：断层的倾角对于支承压力、断层面应力及切顶线的形成有重要的影响，当隐伏断层倾角增大时，顶板的剪切破坏特征越明显，切顶发生时使支架的荷载值也随之增大。

关键词：隐伏断层；相似材料模拟试验；支承压力；支架工作阻力；动荷载

1　引言

神东矿区的浅埋煤层埋深集中在 100～150m，在目前的大采高、高速推进和长工作面的高强度开采条件下，基本顶岩梁垮落的高度随之增加，由于破断块体的回转角度过大，使岩梁很难形成稳定的"砌体梁"结构，煤层开采引起上覆岩变形-破断-移动是造成大面积顶板切落和突水溃沙等地质灾害以及水土流失等环境损伤的根源，工程中，岩体在长期的地质构造运动中，内部存在大量不规则且长短不一的裂隙、节理和小规模断层，使岩体完整性受到破坏，对岩梁的采动破坏起到关键性的作用。

我国学者针对断层诱发矿压问题的研究方面进行了大量的研究工作，彭苏萍[1]研究了过断层时顶板的支承压力及来压步距的变化规律。勾攀峰[2]研究了断层存在巷道的顶板的位移和变形特征。黄炳香[3]研究了工作面由断层下盘向断层上盘过顶板尖灭断层区域覆岩的渐进破坏过程。李志华[4]指出工作面由断层下盘推进比由上盘推进时断层"活化"容易。王琦、李术才等[5]建立了正断层和逆断层构造区的顶板弹性深梁力学模型。姜耀东、王涛[6]研究了采动影响下断层活化和诱发冲击地压发生的机理。吕进国[7]探讨了冲击地压的诱因和发生机制。张士川、郭惟嘉等[8]建立了隐伏构造条块体突水判据模型。蒋金泉[9]研究了上、下盘工作面向逆断层推进过程中的采动应力演化特征、煤层顶板运动特征和断层的活化规律。

他们的研究成果都极大的推动了矿山研究领域的发展，他们的研究较多的集中

基金项目：国家自然科学基金重点项目（51004045）；国家自然科学基金面上项目（51674151）。

作者简介：杨登峰（1985—），男，山东菏泽人，讲师。电话：15866827539，E-mail：kdydf@126.com。

在采动应力对大断层的影响作用上，对顶板中含有节理或隐伏断层时采动作用条件下的破断和来压规律研究内容较少。而在实际工程中，煤层开采过程中的顶板垮落事故往往是由于有断层等损伤出现在工作面，采动作用力造成的断层的扩展、贯通造成的。

论文以顶板中的隐伏断层为研究对象，设计相似材料模拟试验，研究煤矿工作面推进过程中，过隐伏断层时的断层的扩展规律和来压情况，并对顶板破坏过程中支承压力、断层面应力和支架工作阻力变化进行分析。旨在揭示采动影响、隐伏断层活化、顶板切落压架三者之间的内在作用关系，分析隐伏断层存在条件下切顶压架发生的机理。

2　试验模型及参数

2.1　工程地质资料及模型设计

相似材料模拟试验以祁连塔煤矿 32206 工作面 2^{-2} 煤的开采条件为基础，32206 综采工作面位于祁连塔煤矿 2^{-2} 煤二盘区，矿区地表多为第四系松散三层覆盖，厚度一般为 40m，基岩厚约为 50m，工作面长度为 301m，走向长度为 2474m，煤层平均厚度为 5.96m，倾角为 $1° \sim 3°$，容重为 $1.29 \times 10^3 kg/m^3$，设计采高 5.5m。煤层直接顶主要为泥岩和粉砂岩，基本顶大部分由粉砂岩和细砂岩组成，底板以细砂岩和砂质泥岩为主[10]。物理模型试验设计两条隐伏断层倾角分别为 60° 和 120°，通过模具预设断层长度为 4.5m，模拟工作面过隐伏断层时的回采过程。

2.2　应力监测

通过土压力盒在直接顶和基本顶上部布置土压力盒进行应力测量，模型总共布置 22 个应力监测点。包括煤层顶板的应力测点和隐伏断层附近的应力测点，针对隐伏断层上的正应力和剪应力进行监测，应力监测点布置见图1。

图1　土压力盒布置

3　试验结果分析

3.1　工作面支承压力演化规律

由于隐伏断层倾角的不同，隐伏断层的扩展方式也有差异，随着工作面的推进，工作面上覆岩层周期性垮落，当工作面推进到距离隐伏断层 7.5m 时，隐伏断层 1 开始活化，伴生裂纹产生，新裂纹宽度逐渐增大，逐渐在上方顶板形成拉应力区，在上覆荷载形成的拉剪应力作用下，断层扩展贯通到工作面，切顶通道形成，顶板切落（如图 2（a）所示）。当工作面推进到隐伏断层 2 时，采动应力同样造成了隐伏断层的活化、扩展，使断层由上覆岩层延伸至工作面（如图 2（b）所示），隐伏断层 2 的破坏形式不同于隐伏断层 1，当垮落岩层形不成足够的支承作用时候，顶板沿滑移线倾覆失稳。

随着工作面的往前推进，隐伏断层的赋存形式和破坏特征又与断层有明显的区别。以隐伏断层 1 附近布置的 5 号、6 号监测点和隐伏断层 2 附近的 7 号、8 号监测点为例，工作面推进过程中监测点的支承应力曲线如图 3（a）、（b）所示。

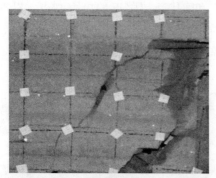

(a) 隐伏断层1

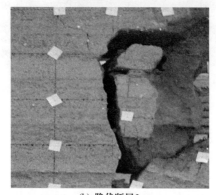

(b) 隐伏断层2

图 2　隐伏断层扩展、贯通

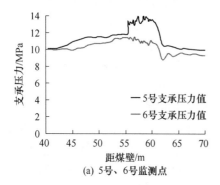

(a) 5号、6号监测点

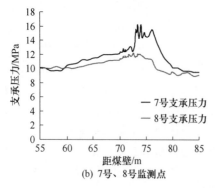

(b) 7号、8号监测点

图 3　监测点支承压力变化

分析图 3 中监测点数据变化曲线可以发现，在隐伏断层开始活化前，监测点应力变化平缓。随着工作面与隐伏断层距离的不断减小，工作面开挖前隐伏断层附近已经形成了较高的应力状态，随着工作面的推进，支承压力线前移，并与集中应力相叠加，隐伏断层附近的应急集中程度不断增大，造成了隐伏断层附近监测点支承应力的持续增大，等到工作面推过隐伏断层时，断层附近发生较大的剪切变形，使得上覆岩层突然失稳，造成了压力值的迅速增大，最大值达到了 13.95MPa 和 16.25MPa。

隐伏断层 2 与隐伏断层 1 相比，其支承应力值偏大，支承应力最大值增加了2.3MPa，这主要是与隐伏断层的赋存和失稳情况相关，隐伏断层 1 附近顶板为倾覆式切落失稳，隐伏断层 2 附近顶板为滑移式切落失稳，失稳过程中，断层 2 整体性破坏，其失稳岩层体积较大，完整性强，岩层沿煤壁切落，造成了支承应力值的增大。

3.2　支架工作阻力分析

通过在工作面布置自制支护装置，来模拟液压支架，监测工作面推进过程中支架工作阻力变化，近似计算工作面推进过程中的支架的荷载值。

图 4 为工作面推进过程中的支架工作阻力变化值，从开切眼到直接顶初次垮落前支架工作阻力提升幅度较小，当工作面推进到 22.5m 时，顶板初次来压，部分基本顶岩体垮落，支架工作阻力有明显升高，达到了 3210kN。工作面继续往前推进，支架工作阻力有所回落，当支架推进到距离开切眼 35m 时，顶板第一次周期来压，支架工作阻力迅速增高，达到了 3600kN，等到下次周期来压时，顶板出现小规模切顶现象（对应图 5（b）），造成支架工作阻

力比上次来压时有一定幅度的增高，达到了4180kN，顶板来压过程中支架工作阻力具有明显的波浪式变化特征。随着工作面往前推进到隐伏断层1附近时，由于隐伏断层的活化，集中应力释放，使支架工作阻力增幅变大，上覆岩层垮落形成的岩柱发生倾覆式切落（对应图5（c）），支架工作阻力出现了大幅上升，达到了4780kN，与周期来压时相比，增幅为33%，切顶事故给支架造成了荷载的突然增大，并伴随剧烈的动荷载现象。之后切落的岩块倾覆到采空区。支架通过切落的岩柱继续往前推进，等到顶板再次来压时，其来压强度明显降低，但是由于顶板切落后其前方岩层形成的"悬臂梁"式结构破坏，使其支架工作阻力比周期来压时的荷载值大。当工作面推进到隐伏断层2时，顶板再次切落，上覆岩层岩切顶线发生滑移失稳，由于垮落的岩体规模较大，造成了支架工作阻力的大幅增加达到了5890kN，与周期来压时相比增幅达到了64%，且来压步距较长，造成了难以移架的后果。支架过隐伏断层2时顶板再次切落，支架工作阻力比过隐伏断层1时的工作阻力大了1110kN（对应图5（d））。待工作面推过隐伏断层后，支架工作阻力回落明显，当工作面推到87.5m时，顶板再次来压，支架工作阻力与周期来压时相差不大。在这个过程中，支架工作阻力出现了明显剧烈变化，表现出了动荷载现象。

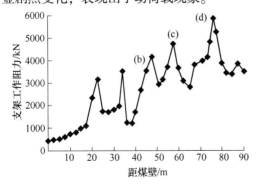

图4 支架工作阻力变化

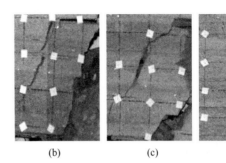

图5 工作面支架工作阻力变化及切顶位置

4 结论

论文主要得到以下几点结论：

（1）由工作面支承压力分析结果可知，隐伏断层2与隐伏断层1相比，其支承应力值偏大，这主要是与断层的赋存和失稳情况相关，从试验过程来看隐伏断层2失稳时切落的岩体体积要大于隐伏断层1。

（2）过隐伏断层1时支架工作阻力比正常来压时增大了33%，过隐伏断层2时与周期来压时相比增幅达到了64%。分析可知，断层的倾角对于切顶线的形成有重要的影响，当隐伏断层倾角增大时，顶板的剪切破坏特征越明显，切顶发生时使支架的荷载值也随之增大。顶板切落过程中，支架工作阻力出现了明显剧烈变化，表现出了动荷载现象。

参 考 文 献

[1] 彭苏萍，孟召平，李玉林．断层对顶板稳定性影响相似模拟试验研究 [J]．煤田地质与勘探，2001，29（3）：1~4．

[2] 勾攀峰，胡有光．断层附近回采巷道顶板岩层运动特征研究 [J]．采矿与安全工程学报，2006，23（3）：285~288．

[3] 黄炳香，刘锋，王云祥，等．采场顶板尖灭隐伏逆断层区导水裂隙发育特征 [J]．采矿与安全工程学报，2010，27（3）：377~381．

[4] 李志华，窦林名，陆振裕，等．采动诱发断层滑移失稳的研究 [J]．采矿与安全工程学报，2010，27（4）：499~504．

［5］王琦，李术才，李智，等．煤巷断层区顶板破断机制分析及支护对策研究［J］．岩土力学，2012，33（10）：3093～3192.

［6］姜耀东，王涛，赵毅鑫，等．采动影响下断层活化规律的数值模拟研究［J］．中国矿业大学学报，2013，42（1）：1～5.

［7］吕进国，姜耀东，李守国，等．巨厚坚硬顶板条件下断层诱冲特征及机制［J］．煤炭学报，2014，39（10）：1961～1969.

［8］张士川，郭惟嘉，孙文斌，等．深部开采隐伏构造扩展活化及突水试验研究［J］．采矿与安全工程学报，2015，36（11）：3111～3120.

［9］蒋金泉，武泉林，曲华．硬厚岩层下逆断层采动应力演化与断层活化特征［J］．煤炭学报，2015，40（2）：267～277.

［10］苗彦平．浅埋煤层大采高综采面矿压规律与支护阻力研究［D］．西安：西安科技大学，2010：17～23.

薄基岩特厚煤层综放工作面端头顶板管理技术研究

杨晓强

(华电煤业集团有限公司，北京 100035)

摘　要： 特厚煤层综采放顶煤工作面开采后，由于一次采高大，端头区围岩形成小结构，顶板垮落不充分，形成"弧三角形悬板"结构，导致了相邻工作面辅运顺槽矿压显现明显，围岩破碎等严重的情况。结合不连沟现场条件，通过反复技术分析与研究，提出了采用深孔爆破和深孔注水相结合的强制放顶的端头区顶板管理技术。该技术实施后，工作面端头完全垮落，有效降低了辅运顺槽巷道变形量，保证了综放工作面安全顺利回采，取得了良好的经济效益和社会效益。

关键词： 综采放顶煤工作面；端头区域；顶板管理；技术研究

1　工作面概况

不连沟煤矿 F6203 综放面煤层平均厚度 15.8m。属稳定~较稳定煤层。该煤层结构复杂，夹矸总厚度最大 8.89m，平均 2.63m。煤层基本顶为砂岩，特点为：厚度 6.6~11.75m，灰白色，厚层状，粗粒砂状结构成分以石英长石为主。直接顶为砂质泥岩，厚度 4.4~5.55m，薄层状泥质结构。

根据岩石力学实验结果，煤层顶板单轴抗压强度为 4.18~22.49MPa，平均 14.6MPa，煤层顶 10m~底 20m 范围内（除煤层外）以半坚硬（10MPa ≤ R ≤ 30MPa）、坚硬岩石（R>30MPa）为主。

F6204 辅运顺槽北邻 F6203 工作面采空区，南为未采区，F6203 运输顺槽与 F6204 辅运顺槽间煤柱为 30m。工作面布置如图 1 所示。

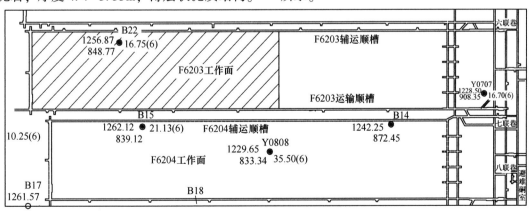

图 1　工作面布置图

作者简介：杨晓强（1986—），男，山东临沂人，采煤工程师，2009 年毕业于山东科技大学资源与环境工程学院采矿工程专业，现任华电煤业集团有限公司生产技术部采掘主管。

2 厚煤层工作面端头区顶板断裂特征

针对大采高综放面的顶板来说，无论是直接顶还是基本顶，当其围岩的强度较大，完整性较好，且四周均为实体煤或者是一侧为上一区段工作面虽然采空但却留有大煤柱时，在此条件下顶板垮落后，都将在工作面上下出口的拐角区留有一定面积的悬板而不至于垮落，通过观测表明，该悬板呈现三角形状，其中直角边分别由煤体进行支撑，另一边则呈现出直线或者是不规则的弧线，所以该悬板为"弧三角形悬板"，其结构如图2所示。

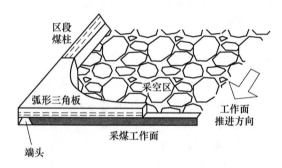

图 2 弧三角形悬板结构

若端头不放煤宽度过大会造成大量煤炭资源的损失，然而随着端头不放顶煤宽度的减小，端头基本顶回转角以及端头巷道顶板下沉量变化幅度逐渐增大，综放面上下端头空顶面积大，处于采场走向支撑压力和倾斜支承压力叠加处，该处设备多，临近工作面切顶线，作业交叉，支护结构复杂，支护困难，人员往来频繁，安全生产压力巨大。为能尽量减小端头不放顶煤宽度，同时保证端头的稳定性，提出了顶板强制放顶技术方案。

3 深孔爆破强制放顶技术方案

3.1 深孔放炮强制放顶原理分析

通过对辅运顺槽观测分析：工作面采空区坚硬顶板垮落后，会导致工作面辅运顺槽一侧外采空区内形成较长的不易垮落的悬顶，由于悬顶梁的旋转变形以及悬伸岩层上覆压力的作用导致工作面辅运顺槽支护荷载显著增加，使工作面辅运顺槽顶帮破碎严重，伴随着"煤炮"导致两帮及顶底移近量增大。

深孔放炮强制放顶通过打孔放松动炮使悬伸岩层沿预裂面切落，充填了冒落空间，消除了悬顶现象，减小了悬臂梁上覆荷载以及旋转变形力，极大消散了工作面辅运顺槽围岩的应力集中程度，使应力集中向辅运顺槽南部的未采煤体深部转移，改善了辅运顺槽的围岩应力环境，从根本上优化了巷道内的结构力学环境。

3.2 深孔放炮强制放顶炮眼布置方法与参数

图3～图5中 l 为打孔超前距离（m），α 为方位角，β 为仰角，h_0 为炮眼距离辅运顺槽底板距离（靠近副帮侧）（m），L 为炮眼长度（m），其中

$$\alpha = \frac{180}{\pi} \tan^{-1} \frac{l}{30}$$

$$\beta = \frac{180}{\pi} \tan^{-1} \frac{41.9}{\sqrt{900 + l^2}}$$

$$L = \sqrt{900 + l^2 + (43.8 - h_0)^2}$$

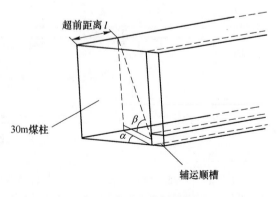

图 3 打孔立体示意图

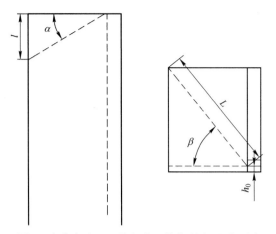

图4 方位角为α、仰角为β的炮眼布置平面图

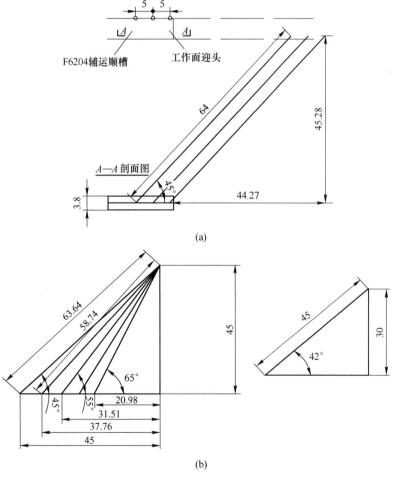

图5 (a) 与 (b) 是方位角为48°时, 仰角为25°、35°、45°三种情况下的炮眼布置平面图

通过对以上三个公式分析可以得知, 方位角α、仰角β、炮眼长度L(m) 的大小 都取决于打孔超前距离 l(m), 其中炮眼距离辅运顺槽底板距离 h_0 暂时设定为1.9m,

具体参数可根据现场打孔钻机的方便实施程度调节。为降低深孔预裂爆破时的冲击对工作面迎头的扰动，由打孔立体示意图图 3 可知，打孔时预先设定超前距离 l（m），

为了打孔以及研究的方便，通过公式可以计算得出孔间距 3m、4m、5m 和 6m 等不同超前距离下的深孔预裂爆破钻孔参数，其中孔间距为 3m 时的计算参数见表 1。

表 1　深孔放炮强制放顶钻孔参数（孔间距 3m）

l/m	h_0/m	L/m	α/（°）	β/（°）
3	1.9	51.61986052	5.711013788	54.26665973
6	1.9	51.8807286	11.31076558	53.86817521
9	1.9	52.31261798	16.70047432	53.22521867
12	1.9	52.91134094	21.80301541	52.36641225
15	1.9	53.6713145	26.567008	51.32645022
18	1.9	54.58580402	30.96603737	50.14244727
21	1.9	55.6471922	34.99459776	48.85086322
24	1.9	56.84725147	38.66265599	47.48531462
27	1.9	58.17740111	41.99030533	46.07529145
30	1.9	59.62893593	45.00331476	44.64562465
33	1.9	61.19321858	47.72982658	43.21649043
36	1.9	62.86183262	50.1981263	41.8037484
39	1.9	64.62669727	52.43527014	40.41945383
42	1.9	66.48014741	54.46633398	39.07243215
45	1.9	68.41498374	56.31408034	37.76884567
48	1.9	70.42449858	57.99888876	36.51271328
51	1.9	72.50248272	59.53884047	35.30636492

3.3　爆破技术参数

根据爆破理论可知，炸药在顶板岩体中爆破后，岩体会以爆破点为中心，顺次向外遭到不同程度的破坏。影响范围可分为：破碎区、裂隙区和震动区。控制预裂爆破的有效影响半径应包括粉碎区、裂隙区和少部分的松动区。破碎区内冲击波衰减很快，因而破碎区的半径较小，通常只有 1.65～3.05 倍的装药半径。F6204 面辅运顺槽深孔爆破强制放顶采用三级煤矿用乳胶炸弹，药包规格为 ϕ70mm×400mm，因

此可以认为破碎区半径 R_c = 70mm。爆破孔裂隙区半径可按下式去计算

$$R_p = \left(\frac{b p_r}{\sigma_t}\right)^{\frac{1}{\alpha}} r_b \qquad (1)$$

式中，R_p 为裂隙区半径；p_r 为孔壁初始冲击压力峰值；σ_t 为岩石的抗拉强度，MPa；b 为径向应力和切向应力比例，$b = \mu/(1-\mu)$，μ 为泊松比；α 为应力衰减指数，$\alpha = 2-b$；r_b 为爆破孔半径。

在采用不耦合装药时，孔壁初始冲击压力峰值 p_r 可按下式计算

$$p_r = \frac{1}{8}\rho_e D_e^2 \left(\frac{r_c}{r_b}\right)^6 n \qquad (2)$$

式中，ρ_e 为炸药密度，kg/m^3；D_e 为炸药爆速，m/s；r_c 为药卷半径，mm；n 为爆炸气体碰撞煤壁时产生的应力增大倍数，$n = 8 \sim 11$。

F6204 面辅运打孔采用 ZDY4000S 型全液压钻机施工，钻头采用 $\phi 73mm$ 合金钢钻头。当采用三级煤矿需用乳胶炸药时，爆速 $D_e = 2800m/s$，炸药密度 $\rho_e = 1250kg/m^3$，药卷半径 $r_c = 35mm$，爆破孔径 $r_b = 40mm$。煤的物理力学参数为：顶板岩体的抗拉强度 $\sigma_t = 1MPa$，泊松比 $\mu = 0.3$，由式（1）和式（2）得出裂隙区半径 $R_p = 5647mm$，因此理论计算预裂爆破有效影响半径 $R = R_c + R_p = 5.7m$。

由于爆破形成的裂隙圈半径为 $R = 5.7m$，为了在顶板沿工作面形成一条破碎裂隙带，需要钻孔爆破后形成的裂隙圈能连接起来，故钻孔间距应为 $2R$，即 $11.4m$。鉴于矿井顶板粘结性较差，煤岩裂隙较发育，爆破效果衰减弱化，参数可结合现场试验效果适当调整。

4 深孔注水弱化顶板技术研究

4.1 深孔注水弱化顶板原理分析

压力注水弱化顶板法就是预先向工作面辅运顺槽顶板钻孔注压力水，利用水对岩体的压裂和软化作用，破坏顶板的完整性和降低顶板岩石强度，使顶板可正常垮落，同时具有可降低工作面粉尘含量，改善劳动环境等优点。大同、阳方口等矿区的实践证明，压力注水弱化顶板法是一种经济有效的坚硬顶板处理方法。

根据顶板柱状图推断，顶板以砂岩为主。砂岩中微孔隙、层间隙较多。根据对浸水后砂岩力学性质测定，浸水 15 天后，砂岩的单轴抗压强度可由 60MPa 以上降为

$40 \sim 50MPa$，内聚力 c 降低 30% 以上。随着砂岩含水率增大，单轴抗压强度降低，其回归方程为

$$R_c = 72.27 - 12.12\omega_c \qquad (3)$$

相关系数 r 为 0.99，当水分增至 3% 时，强度可降低 50%。由试验分析可知，浸泡时间越长，软化效果越显著。

4.2 深孔注水工艺参数的确定

（1）注水孔布置：选用单侧布孔法，注水孔布置方式与炮眼布置方式相同。

（2）注水孔间距：孔距的确定在注水软化过程中十分重要，将直接决定注水效果。可用下式计算

$$孔距 = 2R - a = 2\sqrt{\frac{Q}{\pi ln\gamma K}} - a$$

式中，R 为湿润半径，m；γ 为岩石容重，t/m^3；n 为岩石吸水率，%；Q 为注水量，t；l 为钻孔渗透部分长度，m；K 为不均匀系数，取 0.1；a 为重复浸湿区宽度，$a = 1/2R$。

按单孔注水量 100t，钻孔渗透部分长度 10m，从理论上计算得出孔距为 32.6m。施工过程中可根据现场实验效果，调整部分参数。

5 结论

通过论文研究得出 F6203 综放面端头悬板呈现三角形状，其中其直角边分别由煤体进行支撑，另一边则呈现出直线或者是不规则的弧线；采用深孔爆破和注水弱化顶板两种技术进行顶板弱化，得出深孔爆破钻孔间距应为 11.4m，注水孔距为 32.6m，实践表明，顶板按照预期垮落，实现了对顶板的有效控制。

参 考 文 献

[1] 方新秋，黄汉富，金桃，柏建彪. 厚表土薄基岩煤层开采覆岩运动规律 [J]. 岩石力学

与工程学报，2008（S1）.

［2］张俊云，侯忠杰，田瑞云，王勇. 浅埋采场矿压及覆岩破断规律［J］. 矿山压力与顶板管理，1998（3）.

［3］康红普，王金华，林健. 煤矿巷道锚杆支护应用实例分析［J］. 岩石力学与工程学报，2010（4）：649~664.

［4］黄庆亨. 浅埋煤层长壁开采顶板结构及岩层控制研究［M］. 徐州：中国矿业大学出版社，2000：28~33.

大跨度巷道厚煤层顶板失稳分析与控制对策

张亮杰，杨增强，刘炳权

（中国矿业大学（北京）资源与安全工程学院，北京 100083）

摘　要：大跨度厚煤顶巷道顶板松软破碎，容易出现离层膨胀，导致锚索拉断，破坏支护体结构，从而引发冒顶事故。文章以 20322 综放工作面区段运输平巷顶板掘进期间大面积垮冒为研究背景，通过对巷道冒顶前矿压现象分析得出了顶板结构失稳的主要原因是地质体破碎和锚索参数不合理，并提出了通过调整锚索支护参数增强顶支护结构的完整性和抵抗强度来控制松软厚煤顶的支护理念，在工业性实践中取得了良好的效果。

关键词：大跨度；厚煤顶；锚索拉断；顶板失稳；控制对策

厚煤层或特厚煤层采用放顶煤开采时，巷道多沿煤层底板掘进，随着机械设备的大型化和开采高效化，为满足日常通风、行人、运输的需要，巷道的断面越来越大，这类巷道存在两大主要特点：巷道跨度大，顶板下沉量大，控制难度加大；厚煤层顶板较岩层软弱，易破碎，受掘进和采动等工程扰动时煤体中易形成大量纵横交错的裂隙，大大减弱顶板稳定性[1]。这类巷道掘进后，顶板在矿山压力作用下开始产生离层和变形，对支构件压力不断增加，此时，如果支护质量不佳，管理不当，会造成压力不断增大，导致支护结构失稳，引发冒顶事故[2]。本文以山西某矿 20322 综放工作面区段运输平巷中段大面积冒顶事故为案例，进行顶板结构失稳分析，并研究控制对策。

1　工程概况

20322 综放工作面工作面标高 +480 ~ +584m，地面标高 +890 ~ +1053m，工作面煤层倾角 -3° ~ +5°，局部可能反倾。工作面煤层赋存稳定，钻孔揭露煤层厚度 6.0 ~ 6.4m，平均厚度 6.2m，煤层结构较简单，一般含 1 ~ 2 层炭质泥岩、泥岩夹矸，碎块 ~ 粉末状，半暗 ~ 半亮型煤，坚固性系数 f 为 1 ~ 2，在受构造影响地段煤层厚度变化较大。

煤层顶底板特性情况：老顶为细粒砂岩，浅灰色，石英为主，长石次之，钙质胶结，半坚硬，厚度 2.38m；直接顶为粉砂岩，黑灰色，夹细砂岩薄层及条带，松软，厚度 11.91m；直接底为粉砂岩，黑灰色，夹细砂岩薄层及条带，松软，厚度 1.95m；老底为粉砂岩，灰黑色，波状层理，黏土质胶结，层面含煤屑，厚度 2.42m。

巷道宽 5.6m，高 3.55m，采用锚杆索联合支护，巷道支护断面图如图 1 所示。顶板锚杆采用 $\phi22mm \times 2200mm$ 型左旋无纵筋高强螺纹钢锚杆。锚杆间排距 1000mm × 900mm，采用 $\phi14mm$ 钢筋梁将其衔接，每

基金项目：国家自然科学基金重点项目（51234005）；中央高校基本科研业务费专项资金资助项目（2010YZ02）。

作者简介：张亮杰（1990—），男，河南许昌人，中国矿业大学（北京）硕士研究生，研究方向为矿山压力与岩层控制。

根锚杆使用 1 支 CK23/60 树脂锚固剂；锚索采用 ϕ17.8mm×6250mm 钢绞线，间排距为 2000mm×1800mm，每根锚索使用 2 支 CK23/60 树脂锚固剂。帮部采用 ϕ20mm×2000mm 型左旋无纵筋高强螺纹钢锚杆，间排距 1000mm×900mm，每根锚杆使用 1 支 CK23/60 树脂锚固剂。锚杆施加预紧力矩为 200N·m；锚索施加预紧力为 140kN。

(a) 轻度冒顶区　　　(b) 严重冒顶区

图 2　顶板垮冒形态

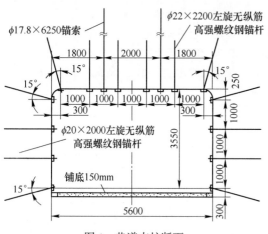

图 1　巷道支护断面

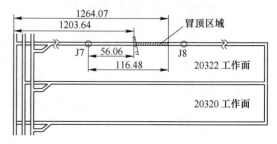

图 3　冒顶区域位置示意图

2　顶板支护体结构失稳原因分析

2.1　顶板失稳情况介绍

20322 工作面区段运输平巷掘进期间，掘进到离胶带大巷 1203.6m 时遇到 F322 断层，断层落差 0.9m，倾角 70°，该断层前后区域顶板破碎，部分顶板掘进后出现图 2（a）中所示轻度顶板垮落现象。F322 断层前方 53.65m 区域在掘进支护 25 天后出现大面积顶板垮冒事故，如图 2（b）为此区域顶板严重垮冒形态，最大冒落高度达 6.6m。该冒顶区域相对位置见图 3，冒顶区域从距离胶带大巷 1203.6m 到距离 1264.1m，离 J7 距离 56.1m 到 116.5m，总共冒顶区域长度达到 60.4m，其中 53.65m 顶板冒落高度最小值接近 4m，最大达 6.6m。

为了更加直观地了解冒顶区域纵向冒落发展趋势，在距离 J7 点 56.1m 到 116.5m 区间内布置 14 个观测点，测量顶底板标高，观测点相对 J7 点位置如图 4 所示，顶板冒落稳定后顶底板标高如图 5 所示。

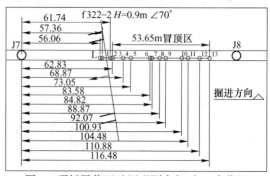

图 4　顶板冒落区矿压观测点相对 J7 点位置

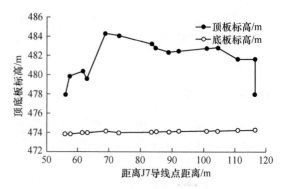

图 5　顶板冒落稳定后顶底板标高

从图 4 和图 5 中可以看出距离 J7 点 56.1m 到 62.8m 范围内存在 F322 断层，顶板冒落后巷道高度在 5.6m 到 6.4m 之间，冒高在 2m 到 3m 之间；从 62.8m 到 116.5m 范围内顶板冒落后巷道高度在 7m 以上，最大处达到 10.2m，冒落高度达 4m 以上，最大冒高 6.6m；沿巷道轴向长度冒顶区长达 60.4m，其中冒高在 4m 以上的严重冒顶区长度达 53.7m，属严重顶板灾害。

2.2　冒顶原因分析

20322 工作面区段运输平巷沿煤层底板掘进，巷道上方赋存有 2.7 ~ 3.25m 顶煤，加之 2 号煤体强度较低，松软易碎，裂隙发育严重，小断层构造影响，导致顶板维护困难。破坏前矿压观测到顶板下沉严重，图 6 为冒顶前检测到的顶板高度变化值。图 7 为顶板结构垮冒前锚索拉断。此次冒顶主要归结为两方面原因，即顶板围岩破碎、松软导致顶板下沉严重和锚杆索支护参数不合理导致顶板锚索拉断，支护结构失稳。

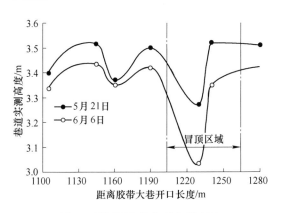

图 6　顶板冒落前巷道实测高度

2.2.1　顶板下沉量分析

从图 6 中顶板冒落前巷道实测高度数据变化趋势可分析出：顶板冒落前有明显的征兆，即顶板下沉剧烈，最大下沉量接近 40cm；距离胶带大巷开口 1240m 远端区域冒顶前顶板下沉变化不明显，没有明显征兆，是受临近区域冒顶影响，围岩应力状态发生变化，同时受到冒顶扰动后造成的连锁冒顶反应。

2.2.2　锚索拉断分析

从图 7 中可以明显看出锚索受到顶板强烈变形后达到延伸极限导致断裂，托盘锚具处凹陷明显，证明拉断前受到强大的力作用，锚索在锚固自由段拉断，位置处在煤岩层交界处，受到强烈的离层膨胀力的作用。同时钢绞线锚索拉断时并不是所有钢绞线同时拉断，从锚索拉断处可以看到某根钢绞线先拉断，随后其他钢绞线依次拉断，造成整个锚索被拉断。

图 7　顶板冒落前锚索拉断
①托盘；②拉断状态；③断面形态

3　控制对策研究

通过冒顶区域冒顶前矿压显现和冒顶现象进行分析可知冒顶直接原因在于两个方面：一是预应力锚索参数不合理，导致锚索拉断；二是顶板支护结构强度不足，不足以抵抗断层区域破碎厚煤层顶板特殊地质条件。

3.1　厚煤顶巷道预应力锚索参数优化

工程锚索拉断可由两方面原因造成：一是承载能力 F_{ms} 达到上限；二是延伸率 ε_{ms} 或延伸量 ΔL 达到上限。现有煤巷锚索支护设计时普遍采用悬吊理论进行设计，仅考虑了锚索承载能力，忽略了延伸率或延伸量这一指标。实际工程中松软围岩条件下锚索破断通常是延伸量达到极限而拉断。锚索延伸量不但与自身性质有关还与预应力和锚索自由段长度关系密切[3,4]。

根据 GB/T 14370—2000 国家标准[5] 1×7 结构的 1860 级钢绞线预应力锚索实际平均极限拉力 $F_{pm} = 260.7$kN，破断延伸率为 $\varepsilon_{pm} = 2.0\%$，考虑锚具组装件静载试验测定的锚具效率系数 $\eta_a = 0.95$ 和工程条件影响系数 $\eta_s = 0.9$ 得出预应力锚索在工程使用中的破断力极限值 F_{ms} 和延伸率 ε_{ms} 为

$$F_{ms} = \eta_a \eta_s F_{pm} = 221\text{kN}$$

$$\varepsilon_{ms} = \eta_s \varepsilon_{pm} = 1.8\%$$

在巷道支护中锚索实际延伸量包括两个部分：预应力施加造成的延伸量和围岩变形造成的延伸量。因此预应力锚索安装后可供工程利用的部分延伸量与锚索安装时的预紧力有关，对于 1×7 结构的 1860 级钢绞线预应力锚索，其可利用的延伸率 ε_1 和延伸量 ΔL 为：

$$\varepsilon_1 = (1.8 - F_y/A) \times 100\%$$

$$\Delta L = (1.8 - F_y/A) \times 100\% \times L$$

式中，F_y 为安装时锚索预紧力，kN；A 为钢绞线刚度系数，取值 221；L 为锚索自由段长度，m。

在本文案例中巷道支护锚索预紧力为 140kN，锚索自由段长度为 4.75m。那么实际延伸率为 1.17%，可用于围岩变形的延伸量为 55mm。

图 8 为不同锚索延伸量随预紧力和自

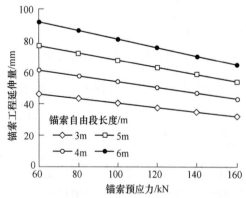

图 8 锚索工程延伸量与预应力关系

由段长度的变化趋势。由图可知，随着锚索安装预紧力增大，锚索延伸量减小，且锚索自由段长度越长减小的幅度越大。同时，由于锚索预紧力有助于改善围岩应力状态，过小的预紧力易造成巷道开挖后围岩破碎。所以，厚煤顶巷道锚索安装时，预应力达到 60~100kN 为宜[3]。另外，工程实践中钢绞线预应力锚索受力条件没有实验室那样理想，锚固段的不均匀，锚索的松弛性和锁具处受力不与钻孔垂直等条件都能造成钢绞线受力不均，出现图 7 中所示的钢绞线先后达到承载极限而断裂，这使锚索实际拉断强度远小于实验室测定的极限值。因此巷道支护设计时应充分考虑此因素。

3.2 顶板预应力锚杆索支护结构优化

通过 FLAC3D 数值模拟软件模拟巷道顶板支护结构对顶板围岩应力场的影响，判断其稳定性，优化支护结构和支护参数。巷道锚杆索支护施加预应力相对于地应力相差 2~3 个数量级[6]。因此，为使得锚杆索支护体系对巷道支护效果直观的显现出来，本文采用不施加地应力的办法，通过锚杆索预应力的施加来分析顶板锚杆索支护体系下预应力场的分布情况，分析顶板支护结构的稳定性状况。

图 9 中展现了顶板在不同锚索密度支护下顶板预应力场的分布情况。一根锚索支护情况表现了锚索发生拉断后顶板支护结构发生的变化，可以看出顶板支护结构的完整性遭到了破坏，锚索缺失（破断）的一端仅在锚杆支护下围岩浅层支护应力较弱，在地应力的作用下会率先发生破坏，导致围岩应力发生持续变化，未断锚索受力加大，如继续被拉断则造成顶板的大面积垮冒发生。顶板锚索为三根和四根时顶板支护结构相对完整，能够形成完整的预应力压缩场，在地应力作用下提高浅层围

岩最小主应力，使围岩始终处在三向应力状态，强度较大，结构完整，可有效抵抗工程应力扰动和顶板的离层膨胀。顶板在两根锚索支护下预应力场基本能形成完整结构，可有效抵抗静压下巷道围岩体扩容，但是在工作面回采时强烈的采动扰动下强度欠缺，因此，建议顶锚索应为每排三根布置更为安全。

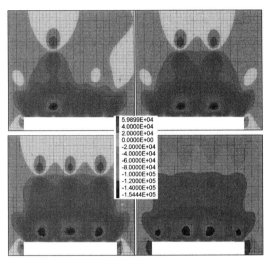

图 9   不同支护结构下的支护应力场

总之，针对 20322 工作面区段运输平巷顶板支护结构失稳原因归结出两方面对策进行支护：（1）减小锚索预应力，增加锚索可用于围岩变形的延伸量，防止锚索拉断，保证支护结构的完整性；（2）增加锚索支护密度，增强支护强度，减小顶板离层膨胀作用。

4   现场矿压观测

通过对 20322 工作面区段运输平巷发生大面积垮冒原因和控制对策研究制定了现场实验方案，对顶板锚索施加的预应力调整为 100kN，来减少锚索拉断概率，保证顶板支护结构体的完整性，从而维护顶板的稳定性，并进行矿压观测。

图 10 中显示优化后支护方案下的顶板支护效果，顶板之后保持较好的完整性，

图 10   优化方案下顶板支护效果

无顶板大变形和垮冒灾害发生，达到了预期效果，但考虑到后期工作面回采强烈的采动影响，本文建议对地质条件差的地方锚索长度要加长，密度加大；对于岩性稳定的区段应适当加密锚索支护，以抵抗工作面回采时强烈的采动支承压力。

5   结论

（1）大跨度巷道厚煤层顶板大面积垮冒主要原因是部分锚索破断造成顶板支护结构失稳，导致顶板垮冒。

（2）钢绞线预应力锚索拉断主要取决于自由段延伸率，与锚索施加的预应力关系密切，预应力适当为好，过大容易造成锚索拉断；过小不能有效控制顶板离层。

（3）通过对顶板支护结构预应力场的数值模拟分析得出：现有顶板两根锚索支护强度较弱，在顶板中形成的支护结构对抗强烈的采动扰动时安全系数不高，因此，建议增加顶锚索密度。

（4）针对冒顶原因调整的支护对策在现场得到了很好的验证，掘进阶段顶板没有出现大的变形和破坏，支护效果良好。

参 考 文 献

[1] 何富连，许磊，吴焕凯，等．厚煤顶大断面切眼裂隙场演化及围岩稳定性分析［J］．煤炭学报，2014（2）：336~346.

[2] 刘宝珠，苑龙峰．高应力厚煤层沿底掘进冒顶事故成因及预防与处理技术研究［J］．中国

煤炭，2012（10）：93～96.

[3] 赵庆彪，马念杰．煤巷小孔径预应力锚索的
　　工程特性分析［J］．煤炭科学技术，2004
　　（11）：9～11.

[4] 赵庆彪，侯朝炯，马念杰．煤巷锚杆–锚索支
　　护互补原理及其设计方法［J］．中国矿业大学

学报，2005，34（4）：490～493.

[5] 国家质量技术监督局．GB/T 14370—2000预
　　应力筋用锚具、夹具和连接器［S］．北
　　京，2000.

[6] 范明建．锚杆预应力与巷道支护效果的关系
　　研究［D］．北京：煤炭科学研究总院，2007.

深井大断面巷道碎裂顶板破坏机理与控制技术研究

杜朝阳，武精科，郑铮，杨增强

（中国矿业大学（北京）资源与安全工程学院，北京 100083）

摘　要：针对深井大断面巷道破碎顶板难以形成承载结构的控制难题，以某矿为背景，采用现场观测、理论分析及数值模拟等方法，通过研究 800m 深井条件下不同断面巷道的围岩应力、变形及破碎顶板的破坏规律，得到巷道断面增大，致使围岩破碎区、塑性区增大，并引起掘进扰动应力增高，而锚杆加固厚度小、初期支护阻力小致使软弱围岩严重变形破坏。针对该矿的地质生产条件，以深井软岩巷道围岩控制理论为基础，提出"锚网梁+U 型钢支架+喷浆"的联合支护方案，有效控制软岩巷道变形，解决了大巷的支护难题，保证了矿井安全生产。

关键词：深井大断面；软弱围岩；破坏机理；联合支护

随着开采深度的不断增加，高地应力对深部巷道围岩变形破坏的作用更加明显，高地应力的影响不仅包括构造应力的影响，还包括采动引起的二次应力的影响，围岩的应力作用就更加复杂。由于大采高综采技术的普遍应用及煤矿大型设备的普遍使用，巷道断面不断增大，使围岩变形破坏严重，极易发生冒顶事故。

对于深井大断面巷道围岩稳定控制，目前主要采用锚网索喷、U 型棚、注浆等支护形式，锚杆锚索主动支护与 U 型棚被动支护的联合支护，有效减小了围岩的变形破坏，保证了围岩的稳定。

1　工程概况

某矿东区位于井田东翼，一水平标高 −848m。井底车场层位位于 13 煤底板、11 煤层顶板，西一采区系统巷道位于井底车场西北方向，层位大部分位于 11-2 煤层底板，围岩岩性主要以砂质泥岩、泥岩等软岩为主，岩层柱状图如图 1 所示。大巷断面为直墙半圆拱形断面，掘进断面宽×高 = 6000mm×5000mm。

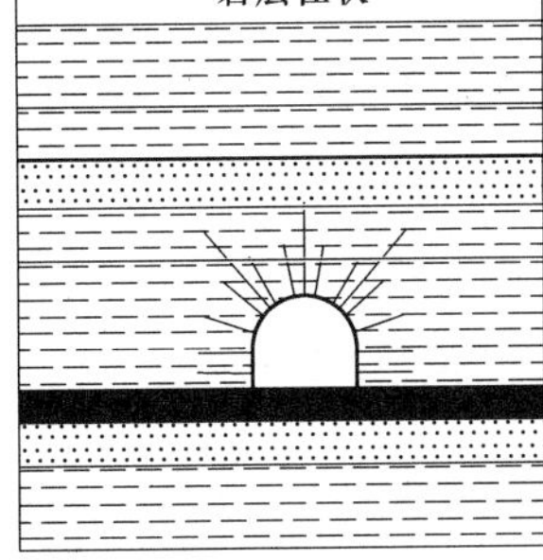

岩层柱状	序号	层厚/m	岩性
	1	4.47	炭质泥岩
	2	2.24	泥岩
	3	2.25	细粒砂岩
	4	2.69	泥岩
	5	5.88	炭质泥岩
	6	1.78	煤线
	7	2.24	粉砂岩
	8	4.62	灰质泥岩

图 1　岩层柱状图

大巷全长均采用锚网索喷，锚杆采用 $\phi 22mm \times L2500mm$ 高强锚杆，锚杆间排距为 800mm × 800mm。钢筋网为 $\phi 6.5mm$ × 1750mm×930mm，网孔为 100mm×100mm，钢筋网搭接 100mm，用双股 12 号（L = 300mm）扎丝扎紧，每 200mm 一道。锚索规格 $\phi 22mm \times 7300mm$，间排距 1600mm × 4000mm，每排 3 根，喷砼厚度 150mm。

2　深井大断面巷道顶板破坏机理

2.1　围岩变形破坏特征

现场调研巷道大致有 4 种破坏形态，具体形状如图 2（a）~（d）所示。

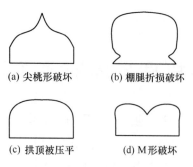

(a) 尖桃形破坏　　　(b) 棚腿折损破坏

(c) 拱顶被压平　　　(d) M形破坏

图 2　围岩断面变形破坏形状

侧向压力使拱顶向上弯曲：U 型棚呈现尖桃形破坏，实测两帮移近量为 1200~1500m，顶底板移近量为 900~1600mm，以底鼓为主，底鼓量为 800~1000mm，该段巷道断面宽高为 3800mm×2900mm。主要破坏原因：U 型棚壁后充填不实，支架顶部有架后空间，在受到围岩的侧向压力时，拱顶向上弯曲，支架呈尖桃式破坏。

侧向集中载荷使棚腿折损：U 型棚两侧棚腿向巷内鼓出，如图 3（a）所示，巷道腰线以下围岩与 U 型棚棚腿间隙有 100~200mm 断面近似于 Ω 形状，大部分 U 型棚已下缩至极限，在卡缆处发生断裂，而且卡缆崩断现象也时有发生。主要破坏原因：支架在腿部受集中载荷，可缩性构件上受集中载荷较大，从而引起可缩性连接件损坏，导致棚腿弯曲破坏。

顶部集中载荷使拱顶压平：U 型棚拱顶部位被压平，如图 3（b）所示，部分 U 型棚拱顶扭曲变形，甚至撕裂，顶板下沉呈现 "V" 字形随处可见，如图 3（c）所示，较多地点出现顶板严重下沉甚至兜冒现象；巷道底鼓也较为严重，底鼓量为 800~1200mm；巷道断面平均宽高为 4600mm×2900mm，巷道断面呈 M 形状，如图 3（d）所示，部分巷道两帮混凝土喷层开裂，有剥落现象。这些局部巷段变形主要原因：支架顶部受集中载荷较大，支护强度不足，支架可缩量较小，使其拱顶很易压平而严重破坏。

(a) 棚腿折损破坏　　　(b) 拱顶被压平

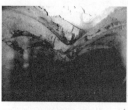

(c) 顶板呈V形　　　(d) 断面呈M形

图 3　巷道围岩破坏形式

破碎区、塑性区大小是巷道支护设计的重要参考依据，通过钻孔窥视、理论计算及数值计算，确定破碎区、塑性区的大小，通过围岩钻孔窥视，得到不同深度围岩变形破坏情况，如图 4 所示。由图 4 可以看出，0~4m 内，围岩裂隙发育，较为破碎；4~8m 内，围岩裂隙逐渐减少；大于 8m

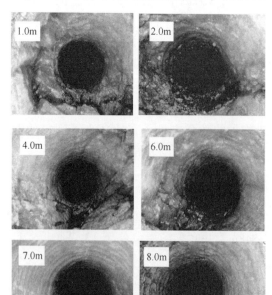

图 4　巷道围岩裂隙发育情况

后，围岩裂隙不发育，较为完整。

根据岩石力学性质及支护状况，通过极限平衡理论计算式（1），得到巷道围岩塑性区半径 R_p 为 6.0m。

$$R_p = R_0 \left[\frac{(P + c\cot\varphi)(1 - \sin\varphi)}{P_i + c\cot\varphi} \right]^{\frac{1 - \sin\varphi}{2\sin\varphi}}$$

（1）

式中，R_0 为巷道半径，取 2.5m；P 为原岩应力，取 21MPa；P_i 为支护阻力，取 0.2MPa；c 为黏聚力，取 1.0MPa；φ 为内摩擦角，取 30°。

2.2　碎裂顶板变形破坏机理

2.2.1　应力高而围岩强度小

围岩应力与原岩应力及开挖引起的扰动应力密切相关。巷道埋深为 800 m，地应力实测结果表明，巷道所处岩层初始垂直应力达到 21MPa，水平应力达到 18MPa，应力集中系数较大。硐室围岩中砂质泥岩较厚（图1），加上顶板比较破碎，裂隙比较发育，导致围岩强度较小。大断面巷道开挖所引起的二次扰动应力高，而围岩强度较小，必然造成软弱围岩出现严重的变形破坏（图3）。

2.2.2　巷道断面大

断面尺寸对巷道围岩稳定性影响较大，随着巷道断面大小的变化，巷道围岩的稳定性呈现一定的规律。采用 FLAC[3D] 数值模拟软件，建立 3 个断面大小不同的直墙半圆拱形巷道模型，巷道宽度分别为 5m、6m、7m，高度分别为 4.5m、5m、5.5m，巷道断面面积分别为 14.82m²、20.14m²、26.24m²。通过数值模拟分析，揭示断面大小对围岩应力分布、位移、塑性区的影响规律。

断面尺寸对围岩应力分布的影响（如图5～图7所示）：随巷道宽度、高度及断面面积的增大，围岩应力降低区范围增大，

表明围岩破坏深度增大；顶板、两帮、底板应力集中增强均较为明显，两帮水平应力集中区域随巷道断面增大而增大，顶板和底板垂直应力集中区域随巷道断面增大而增大，表明随巷道断面增大，围岩巷道在水平和竖直方向上所受应力明显增大。

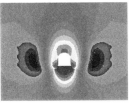 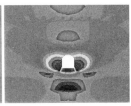

(a) 水平应力　　　　　(b) 垂直应力

图 5　巷道宽为 5m、高为 4.5m 的应力云图

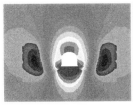 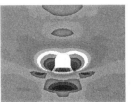

(a) 水平应力　　　　　(b) 垂直应力

图 6　巷道宽为 6m、高为 5m 的应力云图

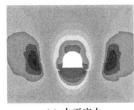 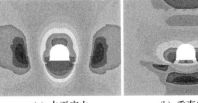

(a) 水平应力　　　　　(b) 垂直应力

图 7　巷道宽为 7m、高为 5.5m 的应力云图

断面尺寸对巷道变形量的影响：随着硐室断面增大，顶板下沉量、两帮移近量呈快速增长趋势。其中巷道顶底板移近量增大速率较两帮大，受巷道断面影响较两帮明显。可见随着巷道断面的增大，围岩变形破坏也更加严重。

断面大小对围岩塑性区分布的影响：随着巷道断面的增大，顶板及两帮塑性区半径出现较大增长，由塑性破坏形态来看，巷道两帮和顶板主要为剪切破坏，巷道两

帮底部有轻微的拉破坏，巷道底板则均为剪破坏。不同大小断面巷道塑性区分布情况如图8所示。

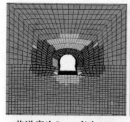
巷道宽为5m，高为4.5m

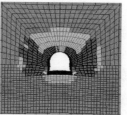
巷道宽为6m，高为5m

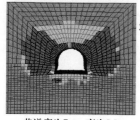
巷道宽为7m，高为5.5m

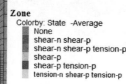
Zone
Colorby: State -Average
None
shear-n shear-p
shear-n shear-p tension-p
shear-p
shear-p tension-p
tension-n shear-p tension-p

图8　不同大小断面巷道塑性区分布情况

综上所述，随着巷道断面增大，围岩应力集中程度增加，破碎区、塑性区增大，易出现顶板垮冒、两帮大量移近、底鼓等剧烈矿压显现。

2.2.3　支护不合理

支护方式及参数选择对巷道稳定性影响较大。2.5m长的锚杆锚固在破碎区，不能锚固在松动圈以外的稳定岩层中，锚固力及工作阻力均较小，不能充分发挥锚杆的作用效能，支护强度低；锚网索喷的支护方式对该地质条件下围岩的稳定作用不明显，围岩变形破坏比较严重。

3　大断面巷道围岩稳定原理及控制

结合该矿井-848m大巷地质生产条件，以深井软岩巷道围岩控制理论为基础，提出"锚网梁+U型钢支架+喷浆"的联合支护方案，同时采用3m长的锚杆，扩大支护的区域，控制围岩的变形。

3.1　联合支护围岩稳定原理

该技术方案利用锚网梁主动支护和U

型钢可缩型支架初撑力高、支护强度大的优点，充分提高了巷道的围岩强度，支护体系与围岩相互作用形成共同承载体系，充分发挥围岩塑性区承载能力，使围岩得以稳定。其原理分析如下：

（1）锚网梁支护结构具有薄、柔及与围岩紧贴的特性，是理想的初始支护方案。软岩巷道开挖后，选择具有合适预紧力的高强锚杆及时支护，使围岩封闭处于三向受力状态，避免锚固区内围岩离层、滑动和扩容，强化围岩强度提高塑性区围岩承载能力；同时支护结构具有一定可缩性，允许围岩在巷道安全的条件下出现一定量变形。

（2）一次支护巷道变形稳定后，选用U型钢可缩性环形支架进行二次支护，其较高的初撑力和支护强度可以增大围岩压力，限制围岩变形，提高围岩强度，给巷道提供最终支护强度和刚度；在U型钢支架和锚网梁间充填碎渣，可将围岩压力均匀作用在环形支架上，提高围岩强度，改善支架受力状态，实现对两帮、顶角等薄弱部位的加强支护。

（3）在围岩表面喷浆，填充了围岩裂隙，隔绝了空气，防止受水以及风化作用的影响而降低本身的强度；低压力注浆则增大岩体内部各结构面的相对位移阻力，改善了岩体弱面的力学性能，提高围岩强度，并加强了锚网梁支护的整体性和协调性。

（4）锚网梁、U型钢可缩性环形支架两种支护方式有机结合形成一个有效组合拱，组合拱共同作用扩大了支护结构的有效承载范围，提高支护结构的整体性和承载能力，从而可以对围岩提供更高的支护阻力，控制围岩塑性区的持续发展。

3.2　围岩控制效果分析

该矿采用"锚网梁+U型钢支架+喷浆"

支护技术后，喷层无开裂现象，支护结构无破断或撕裂现象，巷道围岩强度极大改善，巷道变形得到有效控制，巷道支护体系稳定性和完整性得到提高。

掘巷后两个月内，围岩变形增长较迅速，而2个月后，巷道变形基本趋于稳定，顶底移近量为140~200 mm，而顶板下沉量为80~120 mm，有效控制了巷道变形量。围岩变形量如图9所示。

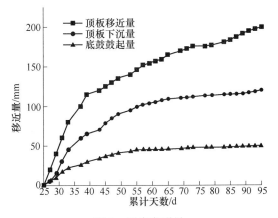

图9 围岩变形量

采用联合支护技术对巷道进行支护后，围岩的完整性明显得到改善，钻孔窥视结果如图10所示。

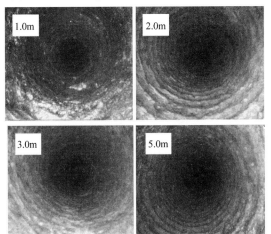

图10 钻孔窥视图

4 结论

（1）断面尺寸对巷道围岩稳定性影响较大。随着巷道断面增大，围岩应力集中程度增大，围岩破碎区、塑性区增大，巷道变形量增大；掘进扰动应力高，而锚杆锚固厚度小、初期支护阻力小致使软岩巷道出现严重变形破坏。

（2）深井软岩巷道变形具有变形量大、速度快、流变性、自稳时间长的特点，该矿−848m大巷发生变形失稳是地应力高、构造应力复杂、围岩松软易破坏等多种因素综合作用的结果。

（3）深井软岩联合支护技术即"锚网梁支护+U型钢环形支架+喷浆"3种支护方式有机结合，可以增强塑性区围岩的承载能力，提高支护体系的承载能力和整体性，能够有效控制软岩巷道变形。

参 考 文 献

[1] 张广超，谢国强，杨军辉，庞茂瑜，张兴娜，李二鹏. 千米深井大断面软岩巷道联合控制技术 [J]. 煤炭，2013（3）：41~44.

[2] 张志康，单仁亮. 深井大断面软岩巷道变形破裂规律数值模拟 [J]. 煤矿安全，2012（1）：160~163.

[3] 康红普，王金华，林健. 煤矿巷道支护技术的研究与应用 [J]. 煤炭学报，2010（11）：1809~1814.

[4] 康红普，王金华，林健. 高预应力强力支护系统及其在深部巷道中的应用 [J]. 煤炭学报，2007，3232（6）：1874~1880.

[5] 张占涛. 大断面煤层巷道围岩变形特征与支护参数研究 [D]. 北京：煤炭科学研究总院，2009：44~64.

[6] 王应帅，孟祥瑞，高召宁. 深井软岩巷道围岩变形数值模拟及支护优化 [J]. 中国矿业，2015（2）：99~102.

[7] 何富连，张广超. 深部破碎软岩巷道围岩稳定性分析及控制 [J]. 岩土力学，2015（5）：1397~1406.

[8] 高召宁，孟祥瑞. 深井高应力软岩巷道围岩变形破坏及支护对策 [J]. 中国煤炭，2007（1）：8~11.

[9] 王其胜，李夕兵，李地元. 深井软岩巷道围岩变形特征及支护参数的确定 [J]. 煤炭学报，2008 (4)：364~367.

[10] 张广超，何富连. 深井高应力软岩巷道围岩变形破坏机制及控制 [J]. 采矿与安全工程学报，2015 (4)：571~577.

[11] 肖同强，李化敏，杨建立，蒋绍永. 超大断面硐室围岩变形破坏机理及控制 [J]. 煤炭学报，2014 (4)：631~636.

[12] 武精科，阚甲广，谢福星，杨增强. 深井沿空留巷顶板变形破坏特征与控制对策研究 [J]. 采矿与安全工程学报，2017，34 (1)：16~23.

基于 MATLAB 数据分析的直接顶灾变预警系统设计

刘峻，李政，施伟

（中国矿业大学（北京）资源与安全工程学院，北京　100083）

摘　要：针对井工开采过程中顶板事故频发现象，以 MATLAB 数据分析为核心基础，设计并研发出直接顶灾变预警系统软件。该预警系统软件在硬件上兼具现场采集工作面支架工作阻力和支柱下沉量的功能；在系统操作软件上不仅可以将现场观测数据录入监测系统，并且能够综合实测数据、结构力学模型及多因素径向基神经网络数学模型对现场情况进行实时分析研究，在下一工作面回采阶段内可对采场基本顶岩层结构状态及顶板岩层的下沉值进行预测，根据顶板岩层各级参数量的不同判定其引起顶板灾害的相应危险程度，并给出相应不同级别的灾害预警反馈信息，进而可实现对直接顶灾害进行预警，有效规避矿山部分顶板灾害事故的发生。

关键词：直接顶；灾变预警；MATLAB 数据分析

煤炭是我国科技发展进步的重要能源支柱，我国约 90% 的煤炭是运用井工开采生产的。虽然经过近年来的快速发展，我国井工开采技术已经达到或接近世界先进水平[1]。然而根据国家煤矿安全监察局、国家安全生产监督管理总局等有关部门公布的 2004~2008 年这 5 年间井工煤矿灾害事故案例显示：2004~2008 年全国范围内煤矿共发生顶板安全生产事故 7754 起，造成相应人员死亡 9009 人，分别占同期全国范围内煤矿安全生产事故起数以及相应人员死亡人数的 54% 和 38%[2,3]。

李宝富、魏向志、苏士杰等[4]在千秋煤矿现场采用微震监测技术进行工程应用实践，结果表明微震监测技术可实现对工作面上方基本顶岩层断裂前期征兆进行相应监测预警。何学秋、聂百胜、何俊等[5]通过在工作面采用电磁辐射技术，研究工作面顶板变形破坏过程中的顶板岩层电磁辐射信号变化规律特征，探索将电磁辐射信号技术应用到工作面实时监测预警系统中，从而进一步评价相应顶板岩层结构的稳定性。直接顶岩层是直接作用在采场支架上的，顶板灾害的出现往往是由直接顶严重破坏所引起的，因而现场采集采场直接顶灾变参数，对直接顶顶板灾害进行分级和预警，能够更好的预防相应顶板灾害的发生[6,7]。综合运用 MATLAB 和径向基神经网络分析采场支架工作阻力和支柱下沉量实时监测数据，对预测预报直接顶灾变事故的发生、提高煤炭生产安全性具有至关重要的作用。

1　直接顶灾变因素

回采工作面向前推进后，位于回采工作面上方的直接顶软弱岩层并不会立即垮落。而是随着采煤工作面继续向前推进，工作面上方直接顶悬露面积逐渐增大。当

基金项目：国家自然科学基金重点资助项目（51234005），中央高校基本科研业务费项目。

作者简介：刘峻（1993—），男，河北廊坊人，在读硕士。E-mail：ncistliujun@163.com。

顶板悬露面积达到其极限跨度时直接顶岩层便会发生垮落。通过大量煤矿现场工程试验，专家学者通常普遍认为直接顶初次垮落步距主要取决于矿井回采工作面顶板岩层强度、岩层内部节理裂隙发育情况以及工作面顶板岩层分层厚度[8]。

直接顶软弱岩层位于回采工作面液压支架的正上方，而其发生局部顶板灾变的部分主要位于工作面煤壁与液压支架的过渡区域。岩体的稳定性影响因素主要受到其自身特点及其所处环境的影响，而影响岩体稳定性的环境包括自然地质环境和生产环境，因此本区域直接顶顶板软弱岩层的稳定性受到多种因素的影响，直接顶灾变具体影响因素可以分为岩体力学特征、层理裂隙面参数、地质构造情况以及回采工程参量四类[9]。

对于采场直接顶灾害预警，综合各方面因素考虑研究认为其相应监测系统所采用的监测物理量，应主要包括液压支架额定工作阻力、支承应力、顶板下沉量等，本系统着重于支架工作阻力和顶板下沉量的采集及其在上位机软件里的分析，从而预测预报顶板实时状况，指导工作面的安全生产。

2 直接顶灾变预警系统软件设计

2.1 软件系统组成

该软件设计系统是在基于 WINDOS7 工作平台上开发设计的，由于需要对大量数据模型进行相应分析处理，因此采用 MATLAB 编程框架结构设计，目前初期版本工业现场采集数据采用 MATLAB 自带的 .mat 文件管理系统。从而使得系统能够有效对直接顶变形数据进行采集分析处理，进而通过相关算法模型分析从而发出相应灾害预警警告。

监测系统通过安装在工作面支架上的

支架压力传感器、顶板位移传感器将工作面回采过程中的支架压力及顶板动态下沉量数据采集并实时传输至位于地面上服务器中的数据库中。系统监测软件通过相应数据采集接口实时采集从工业现场发送过来的载荷以及顶板位移量数据，并同时对其数据进行保存分析及实时动态显示等，监测系统设计主体架构如图1所示。

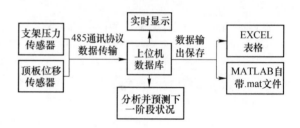

图 1 监测系统主体架构

该监测软件系统主界面包括其标题栏、菜单栏以及相应数据显示窗口等，监测系统软件主界面如图 2 所示。使用时可从主界面菜单栏中，直接切换到相应液压支架压力数据采集、支架工作阻力实时分析、基本顶断裂岩块力学结构分析以及相应顶板下沉量及预警等模块。菜单栏中的文件类目包含一些软件系统的一些基础内容如数据加载、数据导出、文件打印、系统退出等。此外菜单栏中的帮助类目下包含一些有关系统使用的帮助文件。而位于系统软件中央的数据显示窗口主要用于实时显示采集数据的图形化以及相关分析监测预

图 2 监测系统主界面

警等，主界面主要功能是协调系统各个组成模块协调工作，从而实现系统整体模块功能。

2.2　支架数据采集管理模块

软件系统启动后点击主界面上的液压支架压力数据采集类目便会打开监测系统数据采集界面，由于系统数据采集主要是通过 485 通讯协议进行相应数据采集，因此对位于界面上的数据采集模块端口主要为串口号、波特率、校验位、停止位等有关串口通信参数设置接口。用户在数据采集界面上设置相应参数后，点击下方的打开串口便可以建立系统监测软件与采集设备之间的数据连接关系，从而可以实时接收从工业生产现场发送过来的数据。

监测系统软件与数据采集设备连接成功后指示灯将由红色变为绿色，将液压支架支柱受力情况显示如图 3 所示。其中红色为煤层开采时实时液压支架前柱压力值，蓝色标注的为实时液压支架后柱压力值。

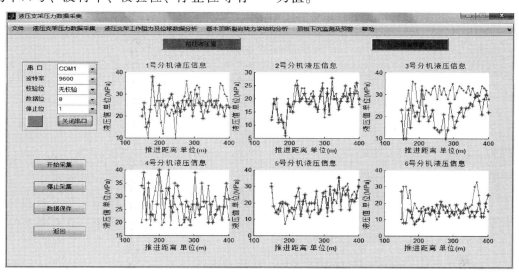

图 3　监测系统支架压力数据实时采集界面

监测系统支架位移数据实时采集界面上可以随时观测工作面现场液压支架支柱下沉量以及随工作面向前推移所采集的相关支架上下位移收缩数据。当工程技术人员点击位于界面左下方的停止采集或者关闭串口按钮时，则系统将自动停止对相关数据的采集并同时实时显示处理操纵。用户点下界面左下方的数据保存按钮，可将此时采集的液压支架位移数据、支架支柱工作阻力等相关数据保存到 MAT-LAB 自带的 .mat 数据库中，如若客户需要进行相关另行数据分析处理，点击左上角的文件选择相应数据导出选项可将保存的数据以 excel 形式保存到用户指定文件位置。

2.3　支架工作阻力及位移数据分析

点击软件菜单栏中的液压支架工作阻力及位移数据分析按钮，便会弹出如图 4 所示的监测系统支架阻力数据实时分析界面，点击位于界面左下方的监测站点号，再点击开始分析系统便可以分别显示相应的监测站点采集回来的数据。其中支架前柱阻力、支架后柱阻力、支架平均阻力、支柱上下伸缩位移量数据表如图 4 中正下方 table 表所示，其中 table 页正上方为相应数据实时曲线图。此外，点击位于界面右下方的下拉菜单将数据分析类目切换到支架支柱

　　　　　　　　　　　　　　矿山顶板灾害研究论文集

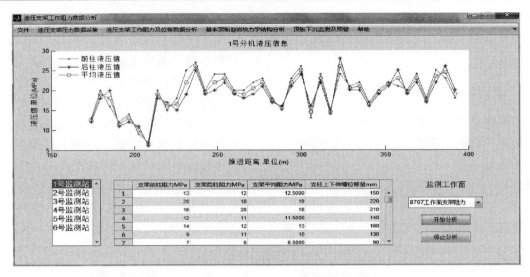

图4　监测系统支架阻力数据实时分析界面

上下伸缩位移量分析上，界面正上方便显示出在煤层开采过程中顶板沉降动态曲线图。

2.4　顶板下沉及监测预警模型

　　对影响顶板下沉的主要因素采取实时测量，而对诸如顶板端面距、直接顶分层厚度等影响因素采取间接测量方式。将各影响因素及对应的顶板下沉量输入至系统中，然后通过多因素径向基神经网络分析建立其各个顶板下沉影响因素与顶板下沉量之间的非线性对应模型。通过该神经网络模型对顶板下沉量进行相应预测。顶板下沉及监测预警模型如图5所示，界面左下角为抗拉强度、支护工作阻力以及相应顶板下沉量的 table 表。左上角以及右上角为关键因素基于径向基神经网络的预测模型计算出的预测顶板下沉量数值以及其残差数值分析，分析结果表明基于关键因素的径向基神经网络预测顶板下沉量具有相应较高的精确度。界面右下角为相关参数以及预警阈值设置端口，如果其顶板下沉量较大达到甚至超过相关技术人员设置的预警阈值的话，则此时矿井顶板灾害监测系统将会自动发出相应灾害预警信息。

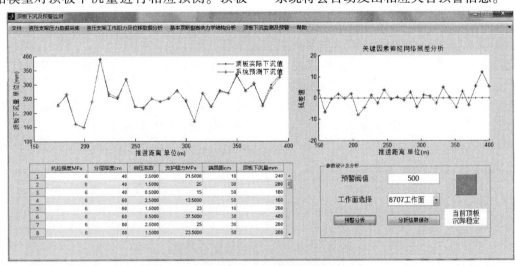

图5　顶板下沉及监测预警模型分析

3 直接顶灾变预警系统工程应用

3.1 工作面监测站点布置

晋华宫矿 11 号煤层 8707 工作面位于矿井河北区域西翼 307 盘区内，其主采的 11 号煤层赋存相对较为稳定，煤层区域南部较薄北部部分区域较厚一般厚度为 2.20 ~ 4.55m，平均煤层厚度为 3.3m，煤层倾角 1.5° ~ 4.5°，平均倾角 3°。8707 工作面走向长度为 1502m，倾斜长度为 159m。8707 综采工作面共布置 6 个监测站即 6 个分机，分别设在 17 号、28 号、39 号、50 号、69 号和 88 号支架处，其监测站点布置如图 6 所示。

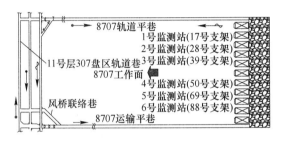

图 6 8707 综采面矿压监测站点平面布置图

3.2 数据监测分析

首先通过在回采工作面安装相应的支架压力传感器以及顶板位移传感器采集相应支架压力及支架支柱收缩下沉量。通过矿用通讯电缆将相关数据传输至采区数据综合传输装置，再通过相应通讯电缆将数据传输至井下通讯光端机通过矿用通讯光缆将相关数据传至井上数据接收装置，再以太网将相关数据发送至地面端的服务器以及相应 PC 机，从而对相关从现场回采工作面采集回数据进行相应计算分析处理。

在顶板下沉及预警模块中，选择相应工作面以及其相应监测站点，点击预警分析便可以对实时采集回来的顶板下沉数据进行监测预警。如若预测顶板下沉值超过预设阀值则系统将会发出相应灾害预警。提示相应现场工作人员注意加强现场支护，以防发生重大人员伤亡事故。随着时间推移系统每次会自动将预测值与采集回来的实际数值做对比分析，其相应残差分析如图 7 右上角所示。

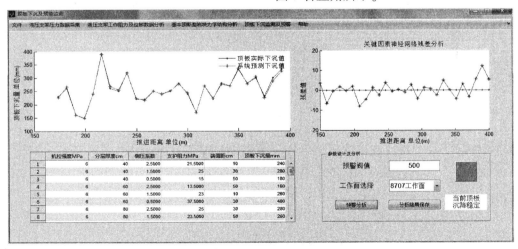

图 7 径向基关键因素神经网络顶板下沉量预测

3.3 工作面顶板控制效果

工作面采用该监测软件及预警系统后的顶板控制效果如图 8 所示，控制效果表明采用矿山顶板灾害监测及预警系统后，工作面顶板整体较为稳定。通过矿山顶板灾害监测及预警系统软件对从现场采集回的大量数据分析后，能及时获知此时顶板控制状态并同时为相应工程技术人员提出相应建议措施，从而使得现场工程技术人员能够及早的制定出相应的工作面顶板控制方案，避免发生大规模严重冒顶切顶等恶性安全生产事故。

图 8　采用监测系统后工作面控顶效果

4　结论

（1）通过对软件系统功能及框架设计分析，依托 MATLAB 设计开发得出矿井顶板灾害监测及预警系统。

（2）现场应用表明该监测预警系统软能够较好的适应工作面回采条件，对现场液压支架具有良好的远程监测功能，可对顶板下沉量进行较为准确的实时预警。

参 考 文 献

[1] 吴嘉林，辛德林，张建平. 井工开采技术的创新与发展 [J]. 煤炭工程，2014（1）：4~8.

[2] 谢建林，许家林，朱卫兵. 离层型顶板事故的临界离层面积预警判据研究 [J]. 采矿与安全工程学报，2012（3）：396~399.

[3] 高平，傅贵. 我国煤矿顶板事故特征及发生规律研究 [J]. 工业安全与环保，2014（8）：46~48.

[4] 李宝富，魏向志，苏士杰，等. 微震监测技术在顶板来压预测预报中的应用 [J]. 工矿自动化，2010（11）：16~19.

[5] 何学秋，聂百胜，何俊，等. 顶板断裂失稳电磁辐射特征研究 [J]. 岩石力学与工程学报，2007（S1）：2935~2940.

[6] 安泽，张江云. 煤矿综采工作面顶板灾害预警指标及应用研究 [J]. 煤炭科学技术，2015（5）：37~41.

[7] 连清望，宋选民，顾铁凤. 矿井顶板失稳及来压预警的数学模型及应用 [J]. 采矿与安全工程学报，2011（4）：517~523.

[8] 张会军，杨磊. 煤矿顶板灾害监测预警系统及其应用 [J]. 煤矿开采，2015（6）：94~96，122.

[9] 何富连，钱鸣高，孟祥荣，赵庆彪，陈立武. 综采面直接顶滑落冒顶的机理与控制 [J]. 中国矿业大学学报，1995（3）：30~34.

倾斜顶板条件下沿空巷道支护技术研究与应用

孔军峰，郑铮，杜朝阳

（中国矿业大学（北京）资源与安全工程学院，北京　100083）

摘　要：为了研究新型桁架锚索在倾斜顶板条件下梯形巷道中的适用性，基于羊场湾 130205 工作面回风巷为工程背景，建立了梯形巷道桁架锚索支护的力学结构模型，同时采用 FLAC[3D] 数值软件模拟分析了传统的支护方式和新型桁架锚索支护的差异，得出在倾斜顶板条件下桁架锚索支护的可行性和优越性。研究成果对桁架锚索在倾斜顶板条件下的应用具有了一定的指导意义。
关键词：桁架锚索；大断面；数值模拟技术；联合支护

随着煤矿开采进入机械化、深埋深的阶段，开采难度也逐渐加深，而且随着大断面开采的利用，顶板变形的问题摆在了面前。

锚杆锚索支护虽然在现场进行了很多的应用，也能有效的控制顶板的变形，但其只能提供径向的作用力，并不能提供切向的作用力，因此提出了桁架锚索的支护技术。本文以羊场湾 130205 工作面倾斜顶板条件下回风巷道为研究背景，通过理论分析倾斜顶板条件下桁架锚索支护的可行性，并结合数值模拟对比了传统的支护方式和新型桁架锚索支护的差异，在此基础上对倾斜顶板条件下新型的桁架锚索联合支护方法进行了研究和应用。

1　工程背景

羊场湾煤矿位于宁夏回族自治区灵武市宁东镇境内，灵武矿区中部，2 号厚煤层全区赋存稳定，是羊场湾矿现阶段主要开采煤层。130205 工作面位于羊场湾井田东部，工作面距地面垂直深度在 587.1 ~ 726.7m 之间，平均垂深 656.9m。工作面煤层赋存稳定，煤层厚度为 8.2 ~ 10.7m，平均厚度为 8.4m，煤层倾角 8° ~ 23°，平均 15°。2 号煤伪顶岩性为炭质泥岩，直接顶岩性为粉砂岩、细砂岩，老顶为中砂岩、细砂岩，直接底为粉砂岩、二[下]煤，老底为粉砂岩。该工作面回风巷开掘巷道时沿煤层顶板掘进，巷道留底煤 4.4m，形成一个梯形巷道，靠近煤柱帮一侧为 4.5m，靠近实体煤一侧为 3.5m，巷道宽为大约 5m，工作面走向长度 1800m 左右。

2　新型预应力锚索联合支护的应用

在梯形巷道中，倾斜煤层沿顶掘进的梯形巷道，顶板暴露长度大，在复合顶板条件下增加了顶板的支护难度。另外，梯形巷道倾斜复合顶板支护体不仅要克服铅垂向下的自重应力，还要考虑岩层离层产生的顶板垂向力和顶板支护体的下滑力；对于两帮而言，倾斜顶板煤层巷道两帮支护体承担作用有所区别：倾斜顶板支护结构梁下端部帮部支护体需承担顶梁重力和下滑阻力，上端部帮部支护体需承担顶梁重力和回转阻力，因此顶梁下端帮部易发

作者简介：孔军峰（1980—），男，神华宁夏煤业集团有限责任公司灵新煤矿生产矿长。

生挤压破坏，下端帮部易发生剪切破坏。在此对桁架锚索在梯形巷道的适用性进行简单的分析。

由于羊场湾 130205 工作面回风巷顶煤为倾斜煤层，沿煤巷顶板掘进形成的梯形巷道，为保证模型的简洁性和综合巷道设计的可行性，并忽略锚固体质量对结构体的影响，锚索桁架不对称支护机理力学模型如图1所示。

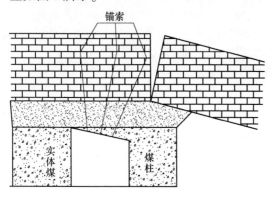

图 1　锚索桁架不对称控顶机理力学分析图

根据图 1 所示锚索桁架不对称支护机理分析，建立锚索桁架不对称支护力学模型，模型与水平夹角为 θ，如图 2 所示。

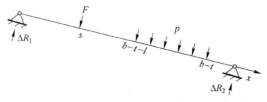

图 2　锚索桁架不对称支护力学模型

根据图 2 锚索桁架不对称支护力学模型，可列平衡方程

$$\Delta R_1 + \Delta R_2 - pl - F = 0 \qquad (1)$$

对煤柱侧端点取矩，可列弯矩平衡方程

$$Fs + pl(b - t - l/2) - \Delta R_2 b = 0 \qquad (2)$$

式中，ΔR_1 为采用锚索桁架支护后，实体煤帮支撑力减小量，kN；ΔR_2 为采用锚索桁架支护后，煤柱帮支撑力减小量，kN；F 为锚索预应力，kN；p 为槽钢梁对顶板力的支护

强度，kN/m；s 为实体煤帮侧锚索坐标/$\cos\theta$，m；l 为槽钢梁长度，m；t 为槽钢梁与煤柱帮间距/$\cos\theta$，m。

联立式（1）和式（2）可得

$$\Delta R_1 = \frac{F(b - s + 2t + l)}{b} \qquad (3)$$

$$\Delta R_2 = \frac{F(s + 2b - 2t - l)}{b} \qquad (4)$$

3　数值模拟

3.1　建立模型

结合羊场湾地质条件，对沿顶掘进的倾斜煤层巷道进行数值模拟，分别进行分析倾斜顶板存在新型桁架锚索以及只有锚杆锚索支护的顶板。设计模型梯形巷道两帮分别为 3.5m 和 4.5m，底板宽 5m，模型顶部施加 16.425kN 的垂直应力，模型底部垂直方向上边界固定，x、y 方向两侧分别固定，围岩本构关系采用摩尔库仑模型，建立此梯形巷道模型。巷道开挖数值模拟模型如图 3 所示。

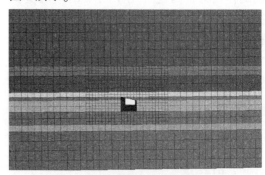

图 3　数值模拟模型

模拟方案设计两种，如表 1 所示。

表 1　数值模拟方案表

模拟方案序号	模拟支护方式
1	单体锚索+锚杆
2	桁架锚索+锚杆

3.2　数值模拟分析

3.2.1　应力分析

由于设计的两个方案中，仅将方案一

中的单体锚索换成了这种新型的桁架锚索，对顶板的影响更为显著，因此在巷道顶板上方2m出取得一个点，通过数值模拟技术对巷道上下方的应力进行测定，测定的数据如图4所示。

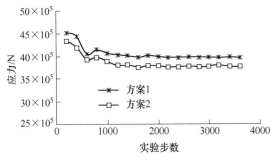

图4　两方案在顶板A点处的应力变化曲线

如图4所示，方案1与方案2的z方向的应力整体呈下降趋势，且方案2的应力明显低于方案1，初步断定方案2在支撑顶板的过程中，可能效果更加明显。

另外，通过数值模拟出两个方案z方向上的应力云图，如图5所示。

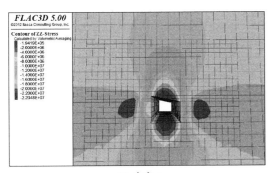

(a)　方案1

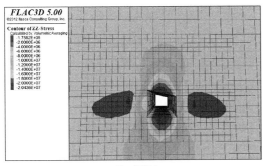

(b)　方案2

图5　不同支护方案应力云图

从以上两个应力云图可以看出，方案1中，在巷道顶板方向上，在距顶板1.7~2m范围内，围岩应力为1.93MPa；在巷道底板方向上，在距离巷道底板1.3~1.5m范围内，围岩应力为1.95MPa。方案2中，在巷道顶板方向上，在距顶板1.7~2.0m范围内，围岩应力大约1.79MPa；在巷道底板方向上，在距离巷道底板1.3~1.5m范围内，围岩应力为1.76MPa。

因此，在使用方案1时，因巷道上方的应力明显大于方案2，而且应力分布较密集，不利于巷道顶板进行合理的利用和保护，可能引起顶板凹陷问题；在巷道底板上，应力分布较集中且应力大小也大于方案1，可能引起底鼓现象较为严重，所以采用这种桁架锚索+锚杆支护的方式更为合理。

3.2.2　位移分析

对第1种、第2种方案进行数值模拟分析，通过分析两种方案的位移云图简单分析一下两者围岩位移情况。

由图6可以看出方案1的顶板位移最大可达到18.9mm，然而通过将单体锚索替换成桁架锚索的方式，方案2顶板的最大位移量为16.2mm，明显的得到了减小，有效地控制了顶板的变形。同时可以看出两个方案的底板位移变化大致相同，可以看出对底板的影响并不明显。

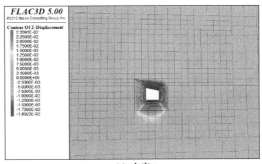

(a)　方案1

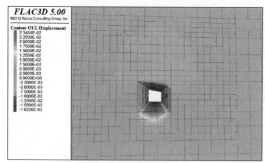

(b) 方案 2

图 6　不同支护方案位移云图

3.3　数值模拟结果分析

通过分别对羊场湾煤矿 130205 工作面回风巷的前后两种方案的垂直应力以及位移变化进行数值分析，由于第 2 种方案在

垂直应力与位移变形上均优于第 1 种方案，可以有效地控制顶板下沉与变形和维持两帮的稳定性，可以较好地控制 130205 工作面回风巷的巷道稳定性。因此羊场湾 130205 工作面回风巷建议选用这种新型桁架锚索+锚杆支护的方式。

4　工程实践

4.1　支护参数

羊场湾工作面 130205 回风巷根据理论分析、数值模拟和工程类比的方法，最后所定的方案为在倾斜顶板上采用桁架锚索+锚杆的支护方式，确定了该回风巷的合理的工程参数，巷道断面如图 7 所示。

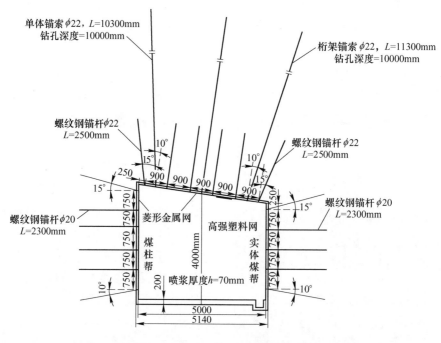

图 7　130205 工作面回风巷断面图

该工作面断面为梯形断面，工作面底板 5000mm，左帮高 4500mm，右帮高 3500mm，顶板锚杆规格为 $\phi22\text{mm}\times2500\text{mm}$ 的左旋螺纹钢锚杆，每根锚杆间距 900mm，靠煤柱帮侧的角锚杆与煤柱帮的距离为 250mm，靠近两帮处锚杆向外侧倾斜 15°，

其余锚杆垂直顶板布置，桁架锚索采用两根高强度低松弛预应力钢绞线 $\phi22\text{mm}\times11300\text{mm}$，靠近帮部的锚索向外侧倾斜 10°；右帮部选用 $\phi20\text{mm}\times2300\text{mm}$ 螺纹钢锚杆，一排布置 5 根锚杆，锚杆间排距 750mm×1000mm，上部锚杆距顶板 250mm，

靠近顶板处锚杆向上倾斜15°，靠近底板处锚杆向下倾斜10°，其余垂直巷帮布置；左帮部选用φ20mm×2300mm螺纹钢锚杆，一排布置6根锚杆，锚杆间排距750mm×1000mm，上部锚杆距顶板250mm，靠近顶板处锚杆向上倾斜15°，靠近底板处锚杆向下倾斜10°，其余垂直巷帮布置。

4.2 支护效果

现场十字布桩和顶板离层仪观测数据结果表明，两帮最大移近量约52mm，顶底板最大移近量约68mm，从14d进入变形缓和阶段，22d以后进入变形稳定阶段；巷道顶板整体完好，顶板离层最大40mm。锚杆未出现脱落现象，桁架锚索未出现拉断现象，围岩变形控制效果好，满足安全生产需要。

5 结论

（1）通过引入桁架锚索的理论基础，对比分析了倾斜顶板与水平顶板的不同，引出了桁架锚索中性轴下移理论、非对称支护的结构力学理论和梯形巷道的适用性，进而为桁架锚索在梯形巷道的推广提供了一个完善的理论基础。

（2）通过数值模拟技术对羊场湾130205工作面的回风巷进行了数据归纳，通过位移云图和应力云图，充分说明了桁架锚索相比单体锚索在此梯形巷道中的优势，从数据上得出了桁架锚索在倾斜顶板的可行性。

（3）在羊场湾的130205回风巷根据工程类比的方法，将这种方式应用于实践，并能得到较为完善的结果，较好地维护了巷道的稳定性。

参 考 文 献

[1] 张守宝. 基于预应力衰减的桁架锚索联合支护技术 [J]. 煤炭工程, 2016, 48 (6)：44~47.

[2] 康红普, 王金华, 林健. 煤矿巷道锚杆支护应用实例分析 [J]. 岩石力学与工程学报, 2010 (4)：649~664.

[3] 何富连, 张亮杰. 梯形巷道支护结构耦合控制与稳定性分析 [J]. 煤矿安全, 2016, 47 (6)：230~236.

[4] 张守宝, 王宇, 原帅琪. 锚索桁架设计类型及其适应性研究 [J]. 煤炭安全, 2016, 47 (10)：73~76.

[5] 赵洪亮, 姚精明, 何富连. 大断面煤巷预应力桁架锚索的理论与实践 [J]. 煤炭学报, 2007, 32 (10)：1061~1065.

[6] 马念杰, 赵希栋. 深部采动巷道顶板稳定性分析与控制 [J]. 煤炭学报, 2015, 40 (10)：2287~2295.

同忻煤矿大跨度巷道维护特点与锚网索支护技术

张雪峰[1]，宋佳伟[2]

（1. 大同煤矿集团有限责任公司，山西大同　037000；
2. 中国矿业大学（北京）资源与安全工程学院，北京　100083）

摘　要： 针对大同煤矿集团有限责任公司同忻矿 5113 辅助运输大巷支护的难题，经过对巷道维护特点的分析，阐述大跨度巷道围岩控制原理及支护要点，并结合现场生产条件，提出了锚网索联合支护的方案，经过数值模拟计算得出巷道顶板下沉量、两帮相对移近量和底鼓量分别为 199.3mm、266.3mm 和 85.4mm，即巷道围岩变形量相对较小，顶底板卸载区范围明显也不大，两帮深部围岩集中应力为 6.88MPa；在水平应力与剪切应力分布方面，顶板上部应力集中程度为 6.12MPa，两帮角应力集中程度较小，且应力集中最大的区域距离帮角表面较远，有利于帮角剪切破坏的控制，这是因为锚杆倾斜布置增强了帮角围岩的抗剪切强度，改善帮角的应力状态，使帮角剪应力降低到允许范围内。所以证明了采用该种支护方案，有效地控制了巷道变形，保证了工作面的安全生产。

关键词： 锚网索；大跨度；支护

煤炭是我国发展的主要能源，它储量十分丰富，分布于我国的大部分区域，煤炭的开挖对我国经济的发展起到了至关重要的作用。随着综放采煤工艺的不断发展，随之带来了许多问题，其中就包括运输大巷的运输压力越来越大这一问题，所以，如何保证巷道的安全成为了越来越重要的问题，这就对巷道的支护提出了更高的要求[1]。针对于如何减轻运输大巷的运输压力，拓宽运输大巷的宽度成为了矿井生产中的重要选择。大同煤矿集团有限责任公司同忻矿 5113 辅助运输大巷的宽度为 5.5m，高 3.6m，该巷道的跨度相较于之前的巷道较大，跨度加大，必然会带来一系列支护难题，为了保证工作面安全回采，

结合矿井地质生产条件，提出了提出锚网索联合支护技术，并在现场应用，支护效果显著，成功解决了该巷道的支护难题，并为该矿其他巷道支护提供了技术支撑。

1　工程概况

大同煤田为"双系"煤田，上部赋存侏罗系煤层，下部赋存石炭二叠系煤层，如图 1 所示。

同忻井田浅部从西南到东北分布白洞、同家梁、大斗沟、永定庄、煤峪口和忻州窑，5 个侏罗系煤层生产矿井。同忻井田范围由 23 个坐标点圈定，井田西为四台沟煤矿，西南为马脊梁煤矿及塔山煤矿，南为塔山煤矿白洞井。

———————————

通讯作者简介：宋佳伟（1991—），男，河北省邯郸市人，硕士研究生。电话：13699178636，E-mail：songjiawei825@163.com。

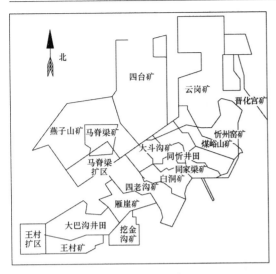

图 1　同忻井田示意图

5113 巷为回风、辅助运输、兼作行人巷。底板铺设厚 250mm 混凝土作路基，靠采煤侧吊挂 7 趟管路：分别为 ϕ273mm 注氮管一趟，ϕ108mm 压风管一趟，ϕ108mm、ϕ89mm 排水管各一趟，ϕ89mm 注浆管一趟，ϕ89mm 消防洒水管路一趟，DN50 清水管路一趟；另一侧吊挂 10kV 高压电缆一趟、660V 低压电缆一趟及各种监测监控线。5113 巷为矩形断面，巷道掘进宽 5200mm，净宽 5000mm，铺底后净高 3700mm，净断面 5.0×3.6＝18.0m²，从北一盘区辅运巷到 8113 切眼采煤帮巷道全长 1849.2m。该巷道布置在煤层之中，所以说除了底板岩性为泥岩外，巷道顶板和两帮均为强度较低的煤。

2　大跨度巷道维护特点和控制技术

2.1　巷道维护特点分析

由于巷道处于地质环境复杂的地下，所以巷道围岩破坏的影响因素有很多，通过对现有的资料进行分析，影响巷道围岩变形破坏的因素大致可以分为两类：主观因素和客观因素。主观因素包括人为设计的巷道断面的形状和尺寸、巷道位置的选

择、巷道的支护方式以及巷道的施工方式等；客观因素包括巷道的围岩强度、围岩本身的内部构造、巷道埋藏的深度、煤层的倾角和厚度以及地下水等[2]。

（1）巷道的断面和尺寸是影响巷道围岩稳定性的重要因素，当巷道断面的形状为矩形时，此时巷道的两肩角均为直角，巷道的两帮处会承受巨大的剪切应力而使得巷道极易发生剪切破坏，支护难度也会增加。当巷道的断面为拱形时，能够有效的减缓两肩角的应力集中现象，并且在巷道顶板中产生一个强度较大的承载拱，从而很好的避免了上述的情况，降低了支护难度[3]。

（2）巷道位置的选择至关重要，巷道的选择应当充分的考虑巷道附近的地质条件和非地质条件，尽量避开裂隙、节理等弱面[4]。

（3）巷道的围岩强度是影响巷道稳定性的一个重要的客观因素，巷道岩体的强度决定了该巷道的基础承载能力。

（4）岩体的原始铅直应力 p 等于上部覆盖岩层的重量 γh，岩体的水平应力为 $[\mu/(1-\mu)]\gamma h$，所以可以看出，巷道开挖后巷道承受的铅直应力和水平应力均与埋藏深度成正比，即巷道埋藏越深，巷道围岩的变形也就越大，也就容易发生冒顶、片帮等现象[5]。

（5）煤层的倾角不同，巷道的支护难度也不相同，一般而言，煤层的倾角越大，巷道的支护难度也就越大，倾角越小，对巷道的支护也就越有利[6]。

综合上述 5 点内容分析，并结合同忻矿自身性质，我们可以得出该条巷道支护存在的难点有：

第一，由于该巷道顶板的岩性为煤，煤的强度低，稳定性差，在巨大的矿山压力作用下极易发生破坏，甚至破碎脱落[7]。正因为如此，如何有效地防止顶板破碎脱

落,成为了支护过程中的一项难题。

第二,巷道两侧的跨度相比较于其他的巷道,其跨度较大。通过对材料力学的学习,我们知道梁的拉应力与其跨度呈正相关,换言之,梁的跨度越大,其中部所受的拉应力也就越大[8]。巷道顶板类似于梁的结构,故而,大跨度巷道顶板中部易于在巨大的拉应力的作用下发生较大的弯曲变形,甚至破坏。

第三,由于巷道的跨度较大,在巷道两侧的顶板处会形成巨大的剪应力集中,致使巷道的边缘一定范围内会出现塑性破坏[9],甚至顶板整体沿边缘垮落。所以,为了提高大跨度巷道围岩的整体稳定性,达到巷道支护稳定的目的,如何防止顶板破碎碎石垮落,以及如何对巷道的中部和两肩角的支护,成为了巷道支护的关键。

2.2　巷道围岩的控制

由于巷道的开挖,破坏了原来岩层的应力平衡,巷道上方岩层的重量向巷道周边转移,从而导致巷道附近的岩石应力成倍数地增加,出现应力集中,故而巷道在此情况下极易发生破坏[10]。除此之外,该大跨度巷道更加兼具顶板易破碎,中部及两肩角难以支护的问题[11]。锚网索联合支护一改传统的单一锚杆支护的方法,它运用长锚杆、金属菱形网以及超长锚索克服了阻力低的弊病,是一种具有较高支护阻力的主动支护方式[12]。相较于传统的支护方式,它的优势在于可以成功地解决该大跨度巷道的三大支护难题。

第一,由于该巷道顶板为易破碎的泥岩,所以需要采用金属菱形网来防止碎裂的岩石从顶板掉落,从而提高了顶板的整体稳定性;第二,由于巷道跨度大导致的中部顶板容易弯曲变形,采用超长锚索可以将中部顶板牢牢地稳固在顶板的上部的坚硬岩石上,从而扩大了组合梁的厚度,

有效地防止了中部顶板的弯曲变形以及由于冒落而导致的锚杆失效问题;第三,长锚杆可以增强岩层间的抗剪强度,阻止岩层间的水平错动,从而将锚固范围内的几个岩层锚固呈一个较厚的组合梁,使得顶板由载荷体转化为承载体[13],另外,两肩角使用的长锚杆与水平和竖直分别呈现不同的角度,使得两肩角的稳定性得到提高。

基于上述三点,将三者有效地结合,是充分地利用了深部围岩的自承载能力,达到了支护系统与围岩共同承载的效果,从而提高了顶板的稳定性,为工作人员的安全提供了保障。

3　巷道支护方案及效果分析

3.1　巷道支护方案及相关参数

同忻矿 8113 工作面 5113 巷道为矩形断面,巷道掘进宽 5500mm,净宽 5300mm,净高 3600mm,净断面 $5.3 \times 3.6 = 19.08 \mathrm{m}^2$。巷道支护的方案见图 2。

优化后巷道支护设计具体参数如下:

(1) 支护参数:

锚杆以及配套托盘型号:采用 7 排左旋无纵筋螺纹钢锚栓+拱形可调心钢托板 150mm×150mm×10mm,锚杆直径 ϕ20mm,长 L=3100mm。

锚杆布置:间排距为 800mm×800mm,每排 7 根,两顶角锚杆分别距两帮 150mm 进行布置。

锚杆安装:中部锚杆均垂直于巷道顶板布置,两帮侧锚杆与水平面夹角 75°,每根锚杆分别使用一支 ϕ23mm×300mm 和一支 ϕ23mm×600mm 的超快树脂药卷锚固。

锚索及配套托盘型号:采用规格为直径 ϕ17.8 mm,长 L=8300mm 的锚索+拱形可调心钢托板 300mm×300mm×16mm。

锚索布置:间排距为 1600mm × 1600mm,每排三根,两边锚索分别距离两

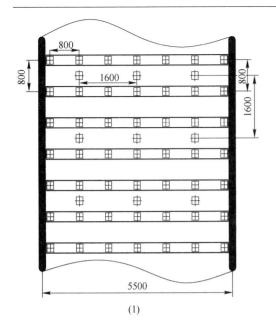

(1)

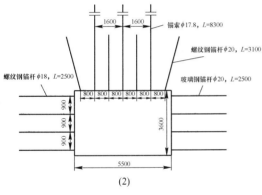

(2)

图 2   5113 巷道支护方案

帮 1150mm 进行布置。

锚索安装：所有锚索均沿垂直顶板方向进行布置，每根锚索使用一卷 CK2330 与两卷 CK2360 锚固剂进行锚固。

金属网型号：采用 $\phi 6mm$ 圆钢网格 100mm×100mm 的金属网支护。

（2）两帮支护参数：

1）煤柱侧帮部：

锚杆以及配套托盘型号：采用锚杆 $\phi 18mm×2500mm$ 左旋无纵筋螺纹钢以及 150mm×150mm×10mm 钢托板。

锚杆布置：间排距为 900mm×900mm，上部锚杆距顶底板均为 450mm。

锚杆安装：两帮所有锚杆均垂直于两帮布置，每根锚杆分别使用一支 $\phi 23mm×$ 300mm 和一支 $\phi 23mm×600mm$ 的超快树脂药卷锚固。

2）工作面侧停采线侧：

锚杆以及配套托盘型号：采用 $\phi 20mm×$ 2500mm 玻璃钢锚杆以及 150mm×150mm× 10mm 钢托板。

锚杆布置：间排距为 900mm×900mm，上部锚杆距顶底板均为 450mm。

锚杆安装：两帮所有锚杆均垂直于两帮布置，每根锚杆分别使用一支 $\phi 23mm×$ 300mm 和一支 $\phi 23mm×600mm$ 的超快树脂药卷锚固。

铺底 500mm，砼强度等级 C30。

3.2   支护方案数值模拟分析

巷道支护方案的数值模型如图 3 所示，并对巷道的塑性区、围岩的位移和应力进行分析。

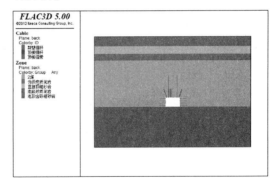

图 3   支护方案下巷道数值模型

巷道支护优化后的塑性区分布如图 4 所示。

从图 4 中围岩的塑性区分布云图可以看出，巷道顶板破坏程度较小，主要是因为顶板倾斜的锚杆发挥作用，通过倾斜布置锚杆有效控制了顶角的剪切破坏；顶板与两帮的破坏深度均有较大幅度的缩减，其中顶板破坏深度为 1.2m，两帮破坏深度为 1.1m，主要是因为通过锚杆支护密度大以及

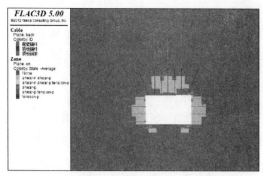

图4　支护方案下围岩塑性破坏区分布云图

锚杆锚索的长度较长，进而有效地控制了围岩的变形破坏；底板的塑性破坏区很小。

　　巷道支护优化后的位移分布如图5所示。从图5围岩位移分布云图分析可知，在5113巷道支护方案中，巷道顶板的下沉量、两帮相对移近量和底鼓量分别为199.3mm、266.3mm和85.4mm，巷道围岩的变形量相对较小，这主要是因为顶板锚杆锚索长度的增加使锚固点能够深入到上部稳定岩层中，并能有效地提高顶板抗变

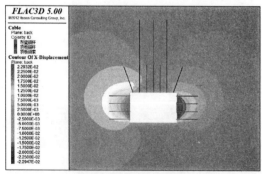

(a) 水平位移分布云图

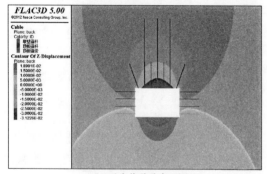

(b) 垂直位移分布云图

图5　优化支护方案下围岩位移场分布云图

形能力和承载能力，进而较好地控制围岩的变形。

　　巷道支护后的应力分布如图6所示。从图6围岩应力分布云图分析可知，5113巷道支护方案中，垂直应力分布方面，顶底板卸载区范围很小，两帮深部围岩集中应力为6.88MPa，主要是因为两帮支护强度较大使两帮承载能力较高，使顶板应力通过两帮传递到围岩深处，改善围岩所处的应力条件；水平应力与剪切应力分布方面，顶板上部应力集中程度不大，为6.12MPa，两帮角应力集中程度亦较小，且

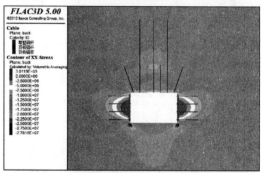

(a) 水平应力分布云图

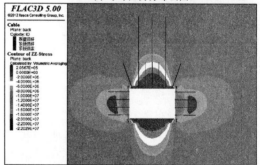

(b) 垂直应力分布云图

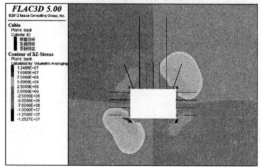

(c) 剪应力分布云图

图6　支护方案下围岩塑性应力场分布云图

应力集中最大的区域距离帮角表面较远，有利于帮角剪切破坏的控制，这是因为锚杆倾斜布置增强了帮角围岩的抗剪切强度，改善帮角的应力状态，使帮角剪应力降低到允许范围内。

综上所述，从模拟结果看，优化后的支护新方案与原设支护方案相比，对巷道的支护效果更好，能够满足巷道支护的需求。

4 结论

（1）通过采用锚网索联合支护的方法有效的抑制了巷道的变形，为工作人员的安全生产提供了保障。

（2）锚网索联合支护技术的应用成功为其他工作面，乃至其他矿井提供了安全典范。

参 考 文 献

[1] 时晋军. 长距离大起伏综放运输顺槽皮带机安装工程中的细节及方法探讨 [J]. 科技情报开发与经济，2010（27）：215~217.

[2] 王淮海. 我国能源结构与资源利用效率分析 [N]. 中国信息报，2006，4.

[3] 张青山. 城郊矿深部岩巷围岩地质特征分类及控制对策研究 [D]. 徐州：中国矿业大学，2014.

[4] 肖同强. 深部大断面厚顶煤巷道围岩稳定原理及控制 [J]. 岩土力学，2011（6）：1874~1880.

[5] 柏立田，张兴阳，徐钧. 泥岩顶板巷道裂隙演化规律及控制的应用研究 [J]. 煤炭工程，2010（9）：66~69.

[6] 张有为，张理生. 泥岩顶板大跨度开切眼围岩控制及支护技术 [J]. 煤炭科学技术，2014（4）：10~12.

[7] 李伟，等. 锚网索联合支护在大断面托顶煤切眼中的应用 [J]. 煤炭科学技术，2010，38（2）：22~24.

[8] 钱鸣高，石平五. 矿山压力与岩层控制 [M]. 江苏：中国矿业大学出版社，2003：256~259.

[9] 王海斌，张广超，庞茂瑜. 锚带网索联合支护技术在综采切眼中的应用 [J]. 河北煤炭，2013（4）：30~32.

[10] 张东，等. 深井大采高综采工作面切眼联合支护技术 [J]. 煤炭学报，2010，35（11）：1883~1887.

[11] 王海斌，张广超，庞茂瑜. 锚带网索联合支护技术在综采切眼中的应用 [J]. 河北煤炭，2013（4）：30~32.

[12] 黄滚，罗甲渊，邓玉华，等. 基于板壳理论的近水平/缓倾斜矿体矿压控制 [J]. 金属矿山，2013（4）：4~10.

[13] 张剑. 极近距煤层下位煤层巷道围岩控制原理及应用 [J]. 煤炭工程，2013（8）：27~30.

麻家梁特厚煤层采动支承应力演化特征及区段煤柱宽度优化

郭金刚[1]，王伟光[1,2]

（1. 中国矿业大学（北京）资源与安全工程学院，北京　100083；
2. 同煤浙能麻家梁煤业有限责任公司，山西朔州　036009）

摘　要：综放开采是我国现阶段厚及特厚煤层的主要开采方法[1]。正确认识综放采场围岩压力分布规律及其矿压显现特征是确定采区巷道合理布置方式的基础[2]。通过对麻家梁矿综放开采条件下的回采巷道布置系统及14201工作面采场侧向覆岩结构及其运动规律的研究，明确了特厚煤层开采采动支承应力演化特征及分布规律，应用数值模拟的方法研究了14101工作面开采引起的采动支承应力对14102辅运顺槽的影响规律，确定了留设合理护巷煤柱尺寸，为麻家梁煤矿同煤系特厚硬煤层综放开采回采巷道布置以及锚杆支护设计提供了科学依据。

关键词：特厚煤层；采动支承应力；演化特征；煤柱；优化

同煤浙能麻家梁煤业一、二盘区设计之初普遍采用双巷掘进留设19.5m区段煤柱的布置方式[3]。但随着首采工作面的推进，下区段辅运顺槽受上区段工作面采动影响，巷道变形破坏严重，尤其是巷道位于工作面采空区后方时，底鼓量接近2.5m，顶板下沉接近1.0m，人员已无法正常通行。本文针对麻家梁煤矿综放开采条件下的回采巷道布置系统，通过对14201工作面采场侧向覆岩结构及其运动规律的研究，明确特厚煤层开采采动支承应力演化特征及分布规律，指导留设合理护巷煤柱尺寸，为麻家梁煤矿后期同煤系特厚硬煤层综放开采回采巷道布置以及锚杆支护设计提供科学依据。

1　工程概况

麻家梁煤矿首采14101和14201两个工作面[4]，由于工作面采掘接替的原因，14102和14202工作面辅运顺槽分别与

14101和14201两个工作面形成对采对掘的局面，巷道在服务年限内需要经历两次采动影响，动压影响时间长、范围大，加之区段煤柱留设不合理，导致巷道维护异常困难，此后的14103、14203等工作面也会面临同样的问题。因此，需要在分析采动支承应力演化特征的基础上对合理的区段煤柱宽度进行研究[5]，优化巷道布置系统，确定恰当的采掘接替关系，保证矿井安全生产。麻家梁煤矿采掘工程平面示意图如图1所示。

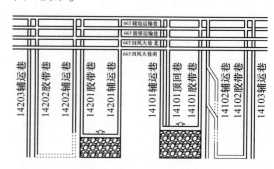

图1　麻家梁煤矿采掘工程平面示意图

2　采动支承应力演化特征研究

2.1　侧向支承应力演化特征

侧向支承应力演化特征研究的目的有两个：一是揭示特厚煤层综放开采侧向支承应力的动态分布演化规律，确定侧向支承应力的波动范围；二是明确特厚煤层综放开采侧向支承应力的分布状态和影响范围，确定合理的区段煤柱宽度。

2.1.1　监测仪器

采用 ZKGY-B 型钻孔应力检测仪。该仪器分为压力信号变送器和检测仪两部分，其中检测仪可对置于钻孔内的压力变送器的压力信号进行定时巡回检测，如图 2 所示。

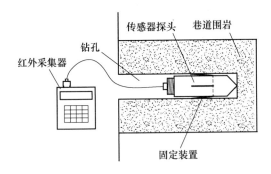

图 2　ZKGY-B 型钻孔应力检测仪示意图

2.1.2　研究方法

在巷道顶板同一高度的坚硬岩层中均匀布置一定数量的 ZKGY-B 型钻孔应力检测仪，每个检测仪距离采空区的侧向距离各不相同，通过对不同时段各个仪器的巡回数据采集，可以近似得到工作面开采过程中应力的动态分布演化规律以及稳定采空区后方的应力的分布状态和影响范围。本研究共设计 2 个侧向支承应力测站，均布置在 14202 工作面辅运顺槽顶板坚硬岩层中。现在已经施工测站 1，布置 6 个测点。钻孔位置和深度依据现场施工条件及测量要求灵活调整，钻孔布置如图 3 所示。

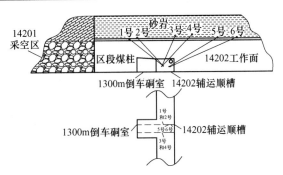

图 3　测站 1 钻孔布置图

2.1.3　观测结果

测站 1 监测的侧向支承应力动态演化特征曲线如图 4 所示。

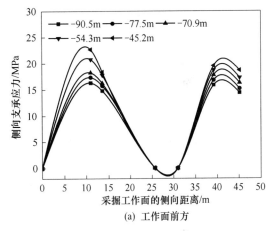

(a)　工作面前方

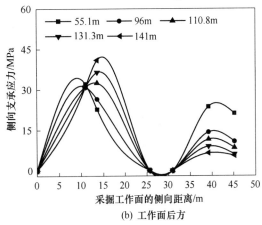

(b)　工作面后方

图 4　侧向支承应力动态演化特征曲线

由图 4 可知：

（1）当测站位于工作面前方时，随着测点与工作面侧向距离的增加，侧向支承应力处于动态调整状态，呈现出"先增后减再增再减"的动态演化趋势，两个峰值位置分别位于 10m 和 40m 左右，虽然 45m 处的应力相对于 40m 处的峰值应力有所降低，但是降低幅度不大，与 14m 处的应力水平基本持平，仍然维持在 20MPa 的高应力水平。由此可知，14102 新掘辅运顺槽虽然外错原有辅运顺槽 16.5m，区段煤柱宽度接近 40m，但是仍然处于 14101 工作面开采引起的采动支承应力动态波及范围之内，巷道处于应力增高区下方，产生持续变形破坏。

（2）随着测站位置从工作面前方过渡到工作面后方，测点 1~6 的应力值不断变化，煤柱上方的应力峰值不断升高，且峰值位置不断向煤体深部转移，实体煤上方的应力峰值不断降低，侧向支承应力逐渐从动态演化状态向稳定状态过渡，这个过程与工作面最上位坚硬老顶的运动规律密切相关。工作面上位坚硬老顶岩层从开始运动到悬顶再到最终跨落稳定的过程就是侧向支承应力动态演化的过程。最上位坚硬老顶充分跨落稳定后，侧向支承应力的最终稳定状态如图 5 所示，这与图 4（b）中工作面后方侧向支承应力动态演化的渐进趋势极为类似。

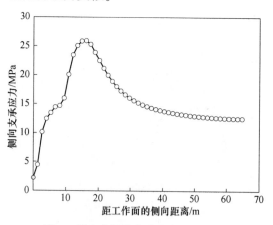

图 5　侧向支承应力的稳定分布状态

2.2　移动支承应力动态监测

移动支承应力动态监测的目的有两个：

一是监测现有 19.5m 区段煤柱内的应力水平；二是评估移动支承应力的影响程度和范围，从而确定巷道反掘的时机和滞后距离。

2.2.1　监测仪器

采用 YHY-Ⅱ型钻孔压力连续记录仪。该仪器由四个部分组成：（1）压力信号监测记录分机；（2）红外数据信号采集仪；（3）红外数据计算机通讯适配器；（4）数据分析软件，如图 6 所示。

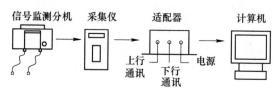

图 6　YHY-Ⅱ型钻孔压力连续记录仪

2.2.2　研究方法

在回采工作面前方一定距离的外围巷道煤柱帮布置一定深度的水平钻孔，安装 YHY-Ⅱ型钻孔压力连续记录仪，随着工作面的推进，钻孔与工作面的相对位置不断变化，一段时间后可以将工作面前后的移动支承应力影响程度和范围监测出来。本研究共设计 6 个测站，现在已经布置 4 个测站，安装 4 台 YHY-Ⅱ型钻孔压力连续记录仪。4 个测站均布置在 14202 工作面辅运顺槽煤柱帮内。每个测站的位置和钻孔深度根据现场实际情况灵活调整。测站位置如图 7 所示。

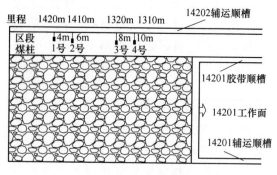

图 7　测站位置示意图

2.2.3 监测结果

现场已经安装 1 号、2 号、3 号、4 号四台 YHY-Ⅱ型钻孔压力连续记录仪。4 个测站的位置分别为 14202 工作面辅运顺槽开口向内 1420m、1410m、1320m、1310m 处，四个测点距离 14202 辅运顺槽煤柱帮表面分别为 4m、6m、8m、10m。1～4 号测站监测曲线如图 8 所示，详细监测数据见本设计后的附页。说明：2 号测站的监测仪器由于底鼓强烈而损坏，监测数据没有实际意义，故不作分析。

测站 1 位置由于底鼓量较大，受到巷道断面大小的限制，数据只能监测到 2014 年 2 月 22 日；测站 4 在采集数据过程中经常出现格式错误，监测数据一直不稳定，故仅把测站 1 和测站 4 的监测数据作为参照；测站 3 由于仪器的安装位置和安装深度均比较适宜，监测数据一直比较稳定合理，因此，以测站 3 的数据为基础进行重点分析。

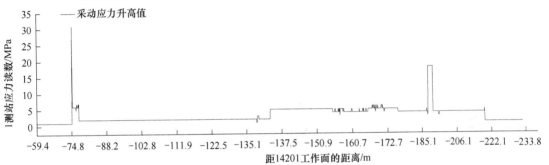

(a) 测站1（全部位于工作面后方，由于巷道底鼓严重，现在已经无法进行正常监测）

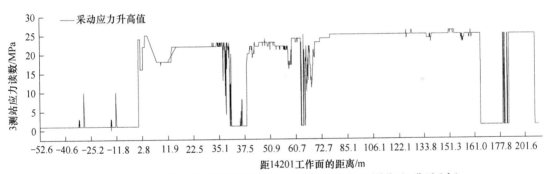

(b) 测站3（"-"表示测站位于工作面前方，"+"表示测站位于工作面后方）

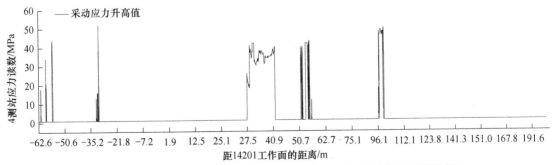

(c) 测站4（"-"表示测站位于工作面前方，"+"表示测站位于工作面后方）

图 8 YHY-Ⅱ型钻孔压力连续记录仪监测曲线

由图 8 (b) 可知:

(1) 14201 工作面采动支承应力在超前工作面 30m 左右开始剧烈显现, 最大应力升高值约为 11MPa, 分别位于 14201 工作面前方 12m 和 29m 处, 14201 工作面超前支承应力影响范围至少大于 30m。

(2) 14201 工作面采动支承应力在工作面后方的影响程度和范围明显强于工作面前方, 一直持续到 14201 工作面后方 200m

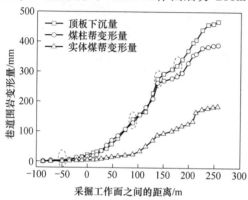

左右, 且没有收敛的趋势, 最大应力升高值超过 27MPa, 14201 工作面周期来压步距为 25~30m。由 14202 辅运顺槽表面位移监测曲线图 9 可知, 14201 工作面后方的采动支承应力影响范围至少有 250m。因此, 14201 工作面后方强烈的采动支承应力 (强度大和范围广) 是导致现有 19.5m 区段煤柱条件下 14202 辅运顺槽持续大变形的根本原因。

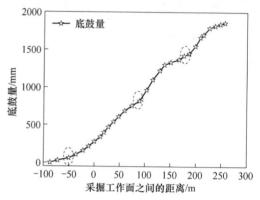

图 9   14202 辅运顺槽表面位移监测曲线

3   合理区段煤柱宽度的确定

3.1   数值模拟计算

为了研究 14101 工作面开采引起的采动支承应力对 14102 辅运顺槽的影响规律, 利用有限差分软件 FLAC^{3D} 软件建立了数值模拟模型, 模型上边界视为均布载荷, 模型底边界垂直方向固定, 左右边界水平方向固定[6], 如图 10 所示。数值模拟分为两类: (1) 无中间巷道时 14101 工作面采动支承应力演化规律; (2) 有中间巷道时 14101 工作面采动支承应力演化规律。具体步骤如下:

(1) 原岩应力平衡计算;

(2) 开挖 14101 工作面计算至平衡状态;

(3) 开挖中间巷道计算至平衡状态。

材料本构模型: 摩尔-库仑模型, 各岩

层的力学参数参考了实验室煤岩石力学实验结果, 结合地应力测试结果, 最终得到各岩层的物理力学参数, 见表 1。

(a) 14101 工作面开挖计算

(b) 中间巷道开挖

图 10   数值模拟

表1 岩层力学参数

岩层	体积模量 K/GPa	剪切模量 G/GPa	摩擦角 f/(°)	黏结力 C/MPa	抗拉强度 t/MPa
上覆岩层	9.28	7.28	31	2.8	4.3
基本顶	8.88	6.78	31	2.5	4.2
直接顶	3.03	2.06	29	1.2	1.8
4号煤层	4.19	3.17	20	1.1	1.5
直接底	3.03	2.06	29	1.2	1.8
基本底	4.88	3.78	31	1.5	2.2
下覆岩层	6.41	4.21	31	2.6	2.4

3.2 正掘段煤柱宽度的确定

3.2.1 无中间巷道时的煤柱宽度

图11（a）为无中间巷道时侧向支承应力分布曲线。由图11（a）可知，侧向支承应力处于稳定状态，应力峰值为26MPa，应力峰值距14101工作面采空区16m，侧向支承应力影响范围在50m左右；结合图4可知，侧向支承应力处于动态调整状态，应力峰值距采空区10m和40m，45m处的应力与14m处的应力水平基本持平，仍然维持在20MPa的高应力水平。综合侧向支承应力的两种状态考虑，正掘段无中间巷道存在时，区段煤柱宽度不小于50m。

3.2.2 有中间巷道时的煤柱宽度

图11（b）为有中间巷道时的侧向支承应力分布曲线。由图11（b）可知，侧向支承应力处于稳定状态，与无中间巷道时相比，侧向支承应力明显向巷道两侧煤体集中，应力出现两个峰值点，分别距采空侧12m和30m，大小为28.5MPa和28MPa，应力影响范围在60m左右。中间巷道的存在引起侧向支承应力重新分布，致使侧向支承应力向实体煤深部转移，其中，远端应力峰值位置向实体煤深部转移了14m，侧向支承应力的影响范围扩大了10m。结合图4，综合确定正掘段有中间巷道存在时，区段煤柱宽度不小于60m。

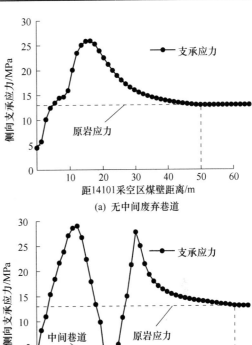

(a) 无中间废弃巷道

(b) 有中间废弃巷道

图11 侧向支承应力分布的数值模拟结果

3.3 反掘段煤柱宽度的确定

巷道反掘时，沿着上区段工作面稳定采空区掘进，巷道掘进全过程不受采动支承应力的影响，侧向支承应力分布趋于稳定，如图11（a）所示。虽然侧向支承应力的影响范围在50m左右，但是煤柱宽度大于30m后，应力大小均小于15MPa，应力增高幅度有限，应力变化趋于平稳，对巷道掘进的影响不大。因此，反掘段的区段煤柱宽度在 30~40m 之间较为合适。

另外，由 14202 辅运顺槽表面位移监测曲线可知，14201 工作面后方的采动支承应力影响范围至少有 250m。考虑到一定的安全系数，反掘段巷道掘进迎头至少要滞后上区段工作面 300m 以上。

4　结论

（1）19.5m 宽度区段煤柱下，14201 工作面采动支承应力在超前工作面 30m 左右开始显现，最大应力升高值为 10MPa；14201 工作面后方的采动支承应力影响范围大于 250m。

（2）侧向支承应力在工作面前方呈现出"先增后减再增再减"的动态趋势，两个峰值位置分别位于 10m 和 40m 左右。45m 处的应力相对于 40m 处的峰值应力有所降低，但是仍然在维持在 20MPa 左右，这是 14102 新掘辅运顺槽产生持续大变形的原因。

（3）侧向支承应力从工作面前方过渡到后方的过程中，煤柱上方的应力峰值不断升高，且峰值位置不断向煤体深部转移，实体煤上方的应力峰值不断降低，侧向支承应力从动态波动状态逐渐向稳定状态过渡。稳定后的侧向支承应力的影响范围约为 50m，峰值位置在 16m，应力峰值约为 26MPa。

参 考 文 献

[1] 王家臣. 厚煤层开采理论与技术 [M]. 北京：冶金工业出版社，2009.

[2] 钱鸣高，石平五. 矿山压力与岩层控制 [M]. 徐州：中国矿业大学出版社，2003.

[3] 周洁，武立飞，李思超，李皓. 麻家梁矿沿空留巷合理护巷煤柱宽度模拟研究 [J]. 能源技术与管理，2015（4）：38~39，97.

[4] 宋博辇. 朔南矿区麻家梁井田可采煤层赋存特征 [J]. 中国煤炭地质，2010（S1）：16~19，36.

[5] 张永久. 特厚硬煤层综放工作面护巷煤柱合理宽度研究 [D]. 淮南：安徽理工大学，2012.

[6] 何富连，赵计生，姚志昌. 采场岩层控制论 [M]. 北京：冶金工业出版社，2009.

[7] 孟秀峰. 综放开采小煤柱护巷技术研究 [M]. 北京：煤炭工业出版社，2014.

羊场湾矿综放大断面窄煤柱合理宽度研究

董伟

（神华宁夏煤业集团有限责任公司羊场湾煤矿，宁夏灵武　751409）

摘　要： 针对高强度开采综放工作面区段窄煤柱护巷合理宽度的留设问题，以羊场湾煤矿为工程背景，采用极限平衡理论和和 FLAC^{3D} 数值模拟软件分析了不同煤柱宽度下巷道围岩塑性区分布。结果表明综放大断面条件下煤柱宽度对巷道围岩塑性区分布有显著影响，但对煤柱沿采空区一侧塑性区宽度影响不大。综合分析，认为合理的窄煤柱宽度为 10m，并成功用于现场实践。

关键词： 综放大断面；煤柱宽度；窄煤柱；数值模拟

近年来，随着开采方法不断完善和机械装备水平提高，大尺度、快速推进的高强度综放开采已成为我国厚煤层开采的重要发展方向，然而煤炭采出率仍是影响综放开采发展的主要因素之一。当前神华、中煤等矿区多通过留设 20～50m 宽煤柱维护巷道，这些煤柱不但无法回收造成资源浪费，不利于煤炭采出率提高，有时还使巷道处于采动剧烈影响区，诱发严重变形破坏，巷道维护难度极大。如神华羊场湾煤矿采用综放开采工艺采煤，工作面倾向长度 260～300m，走向长度 1700～2200m，割煤高度 3.4m，放煤高度 4.4m，属于高强度开采工作面，因一次采出空间增大，覆岩活动剧烈且滞后周期较长，形成的侧向支承压力峰值高且影响范围大，虽然留了 24～35m 不等宽煤柱，但在巷道掘进过程中，顶板和两帮变形显著，片帮、冒顶事故频发，锚杆索拉断，金属网撕裂，W 钢带弯曲等支护损毁现象普遍，严重影响工作面正常推进。因此，确定合理煤柱宽度对于提高煤炭资源回收率、保证巷道围岩稳定具有重要意义。

1　工程概况

羊场湾矿 130205 工作面上临 130203 工作面，130205 风巷与 130203 机巷留设 35m 保安煤柱。130205 工作面煤层赋存稳定，煤层厚度为 8.2～10.7m，平均厚度为 8.4m，所采煤层为 2 号层煤。2 号层煤伪顶岩性为炭质泥岩，直接顶岩性为粉砂岩、细砂岩，老顶为中砂岩、细砂岩，直接底为粉砂岩，老底为粉砂岩。130205 工作面回风平巷支护方式断面图如图 1 所示。

2　工作面窄煤柱煤巷的围岩应力和变形分析

窄煤柱巷道是指巷道与采空区之间保留 8～12m 宽的煤柱。巷道掘进前，采空区附近沿倾斜方向煤体内应力分布如图 2 所示。窄煤柱巷道掘进位置一般刚好处于残余的支承压力峰值下。巷道掘进后窄煤柱破

───────────────

作者简介：董伟（1974—），男，宁夏中卫人，采矿工程师，1997 年毕业于重庆大学资源及环境工程学院采矿工程专业，现任神华宁夏煤业集团有限责任公司羊场湾煤矿总工程师。

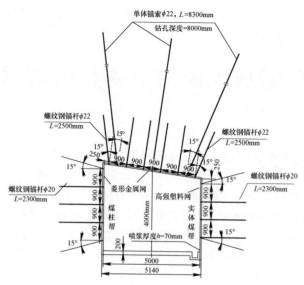

图 1　130205 工作面回风平巷支护方式断面图

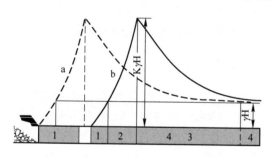

图 2　窄煤柱护巷引起煤帮应力重新分布
a—掘进前应力分布；b—掘进后应力分布；
1—破裂区；2—塑性区；3—弹性应力区
增高部分；4—岩应力区

坏而卸载，引起煤柱向巷道方向强烈移动。巷道另一侧的煤体，由原来承受高压的弹性区，衍变为破裂区、塑性区；随着支承压力向煤体深部转移，煤体也向巷道显著位移，最终应力分布状态如图中曲线 b 所示。因此，窄煤柱巷道不仅在掘巷期间围岩剧烈变形，巷道围岩一直保持较大的速度持续变形，顶板强烈下沉和底板鼓起。巷道的压力主要来自窄煤柱一侧，窄煤柱实际上已经遭到严重破坏，不仅对顶板支承作用有限，而且巷道的实际跨度和悬顶距增加[1~3]。

由上述理论分析可知，窄煤柱护巷条件下，巷道处于相邻采空区残余支承压力的峰值区域，巷道承受巨大支承压力，巷道变形较为剧烈。尤其是煤柱帮侧，由于煤柱帮已经基本陷入失稳状态，其对于巷道小结构稳定性的辅助作用已受到极大限制，在这种情况下，窄煤柱合理宽度的确定迫在眉睫[4~6]。

3　数值模拟分析

3.1　模型的建立

以 130205 工作面的工程地质条件为研究基础[7~9]，采用数值模拟软件 FLAC[3D]，研究不同煤柱宽度下回风巷道在采动影响下的变形情况。采用 Mohr-Coulomb 屈服准则判断岩体的破坏、应变软化模型反映煤体破坏后残余强度随变形发展逐步降低的性质建立模型，模型尺寸为：200m×200m×50m（长×宽×高），如图 3 所示。模型 4 个侧面为水平位移约束，底部为竖向位移约束，在模型顶部施加 12MPa 的垂直载荷以模拟上覆岩层的重力。根据矿上所使用的的支护方式，对巷道在现有支护条件下的不同宽度情况下围岩变形情况进行了数值模拟分析。

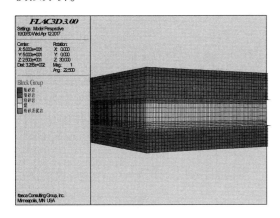

图 3　数值模拟的模型几何尺寸

3.2　模拟方案

为了突出显示煤柱宽度对巷道稳定性的影响，提出 3 种数值模拟方案，结合实际使用的支护方案，采用 FLAC[3D] 数值模拟软件对现有支护方式下对 8m、10m 和 12m 这 3 种煤柱宽度方案下回风巷道围岩的塑性破坏区情况进行对比分析，分别是在不同煤柱宽度情况下围岩塑性区的变化情况和巷道围岩垂直应力分布云图。

从图 4 中的围岩塑性破坏区分布云图分析可知，130205 区段回风巷采用 8m 宽煤柱护巷条件下，区段煤柱采空区侧塑性区和巷道煤柱帮塑性区相互贯通，煤柱处于塑性变形破坏状态，整体承载能力大幅降低，区段回风平巷支护难度显著增加；采用 10m 宽煤柱护巷条件下，区段煤柱采空区侧塑性区和巷道煤柱帮塑性区不会相互贯通，煤柱处于部分处于塑性变形破坏状态，整体承载能力较高，区段回风平巷支护难度显著降低；采用 12m 宽煤柱护巷条件下也能达到稳定控制巷道的变形。

从图 5 围岩垂直应力分布云图分析可知，巷道顶、底板同时处于卸压状态，顶板承载能力降低，顶板应力向两帮转移，造成两帮围岩一定深处分别处于不同程度的应力集中状态。无论煤柱宽度是多少，其

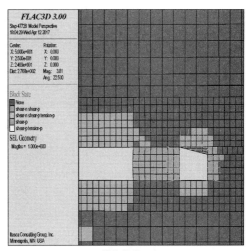

煤柱宽度8m

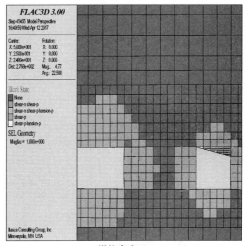

煤柱宽度10m

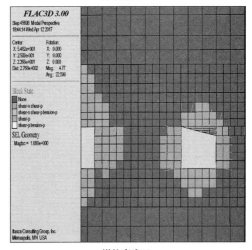

煤柱宽度12m

图 4　现有支护方案下 8m、10m、12m 煤柱情况下围岩塑性破坏区分布云图

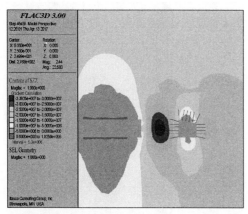

煤柱宽度8m

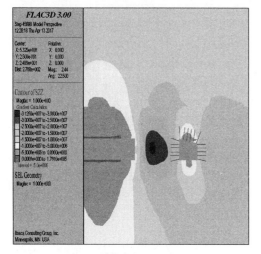

煤柱宽度10m

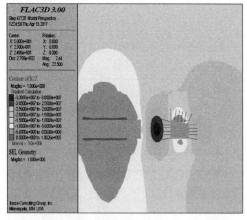

煤柱宽度12m

图5　现有支护方案下 8m、10m、12m 煤柱情况下
巷道围岩垂直应力分布云图

中煤柱帮侧的应力峰值位于 4～5m 处，应力峰值 30MPa，增载系数 2.5。考虑到 8m 煤柱宽度时候，部分锚杆的位置位于应力集中区，煤柱的稳定性较差。10m 和 12m 煤柱时候，锚杆大部分处于原岩应力区，煤柱稳定性和巷道支护效果较好。综合评价 3 种煤柱宽度，结合安全、经济等当面因素，优先选取 10m 宽度的保护煤柱。

4　围岩控制效果

在回采期间，对围岩变形进行了详细的观测和记录。现场观测结果表明：工作面回采期间，回风巷道变形量明显增加，工作面前方 10m 处，顶底板最大移近量为 422mm，两帮移近量为 574mm，满足巷道行人、运输和通风需求。

5　结论

（1）随煤柱宽度减小，巷道围岩受上区段工作面采空区支撑压力的影响越剧烈，导致其围岩塑性区宽度增加，且煤柱侧最为明显。

（2）煤柱的宽度对于巷道围岩垂直应力的峰值和距离采空区侧的距离没有较大的影响，但是对于应力集中区的范围有明显的影响。

（3）结合工程实际，综合给出了羊场湾矿 130205 工作面的护巷煤柱的合理宽度是 10m 左右。

参 考 文 献

[1] 张广超，何富连，来永辉，宋佳伟，肖鹏. 高强度开采综放工作面区段煤柱合理宽度与控制技术 [J]. 煤炭学报，2016（9）：2188～2194.
[2] 钱鸣高，石平五. 矿山压力与岩层控制 [M]. 徐州：中国矿业大学出版社，2003：45～46.
[3] 成云海，姜福兴，庞继禄. 特厚煤层综放开采采空区侧向矿压特征及应用 [J]. 煤炭学报，2012，37（7）：1088～1093.
[4] 闫帅，柏建彪，卞卡，等. 复用回采巷道护巷

煤柱合理宽度研究 [J]. 岩土力学, 2012, 33 (10): 3081~3087.

[5] 殷帅峰, 程根银, 何富连, 谢福星, 单耀. 基于基本顶断裂位置的综放窄煤柱煤巷非对称支护技术研究 [J]. 岩石力学与工程学报, 2016 (S1): 3162~3174.

[6] 何富连, 张广超. 大断面采动剧烈影响煤巷变形破坏机制与控制技术 [J]. 采矿与安全工程学报, 2016 (3): 423~430.

[7] 姬王鹏, 刘长友, 郭卫彬, 王晓, 刘锋. 特厚煤层大巷保护煤柱宽度数值模拟研究 [J]. 煤矿开采, 2010 (5): 32~34, 81.

[8] 马念杰, 贾安立, 马利, 杨向军. 深井煤巷煤帮支护技术研究 [J]. 建井技术, 2006 (1): 15~18.

[9] 刘创, 涂敏, 付宝杰. 特厚煤层沿空掘巷煤柱留设数值模拟 [J]. 煤矿安全, 2014 (5): 187~190.

煤泥岩复合破碎型回采巷道顶板控制技术

翟高峰

（保利能源控股有限公司，北京　100010）

摘　要：为了研究煤泥岩复合破碎型回采巷道顶板的控制方法，对布置于盆缘断坳带受复杂构造挠褶带影响的具有典型煤泥岩复合破碎顶板特征的回采巷道进行了矿压观测和分析，探讨了复合破碎型顶板冒落特征和机理，提出了采用增大锚固范围和采用基于巷道上帮角锚固的锚索桁架系统来控制顶板完整性的技术措施。现场应用结果表明：通过及时安装锚索桁架和锚杆网组合支护可以控制煤泥岩复合破碎型回采巷道顶板的渐次离层和大面积开裂，避免巷道发生垮冒。

关键词：煤泥岩复合顶板；煤巷；顶板控制；挠褶带；锚索桁架

盆缘断坳带为构造变形最为强烈的地带，发育一系列压性断层、挠曲及其伴生构造[1,2]。某煤矿井田位于河东煤田盆缘断坳带内，受此影响，井田内发育一条挠褶带并纵向贯穿井田。挠褶带是由于下部地体隆升引发的上部地层出现褶曲、直立、倒转和断裂等构造形态的统称。挠褶带内岩层既受挤压剪切作用，又受减薄拉伸作用，岩层出现相对滑动和变位，拉薄和缺失，褶皱和断裂，岩层破碎，应力复杂[3,4]。该矿采掘生产过程中所揭露的围岩特性呈现出典型的挠褶构造特点：煤层倾角变化大且时而反转，大断层发育，小断层密集，陷落柱零星分布，大角度裂隙发育，围岩破碎等。该矿回采的2号煤层顶板为煤泥岩层状复合岩层，根据力学理论，煤岩体的强度、变形及稳定性与结构面密切相关，与均质块状岩体的力学特性不同，层状复合岩层在垂直于成层方向的抗拉强度几乎为零，而且结构面上的抗剪强度很低[5]，加上构造影响，造成巷道围岩破碎，裂隙发育，该矿采用锚杆支护的回采巷道

在掘进过程中或受采动影响时常常发生离层，使顶板结构承载降低，造成冒顶事故。该矿12上01综采工作面顺槽在掘进期间和回采受采动影响期间发生过多次小型冒顶和数次大型冒顶，给安全生产带来极大隐患。笔者根据该矿12上01综采工作面顺槽工程实例，阐述煤泥岩复合破碎型回采巷道顶板失稳特征、垮冒原因，并详细说明针对此类顶板所采取的支护技术，为控制同类型顶板提供参考。

1　工程概况

该矿主采2号、10号煤层，其中2上号煤为市场稀缺优质主焦煤，开采社会经济效益较大。12上01综采工作面为该矿首个薄煤层综采工作面，采用走向长壁采煤法，综合机械化采煤工艺，全部垮落法控制顶板。工作面长150m，可采长度1400m，煤层平均厚度1.4m。工作面顺槽沿2上号煤层顶板布置，矩形断面，掘进断面4.2m×2.5m，综合机械化掘进，锚网索支护。煤层顶底板综合柱状如图1所示。

序号	柱状	层厚	岩层名称	岩性描述
1		2.1	泥岩	黑色，泥质结构，整状断口较平，易碎。具不规则裂隙，泥质充填。松软
2		1.1	细粒砂岩	浅灰色，长石、石英为主，次棱角状，分选差，基底式胶结。含少量植物茎部化石碎片
3		1.0	粉砂岩	灰色夹深灰色，层面白云母片及炭质。平行层理。半坚硬。含植物化石碎片
4		0.5	1号煤	黑色，黑色条痕，亮煤为主。松软。粉状为主
5		1.0	泥岩	黑灰色，质软均匀，层面含炭质。少量不规则裂隙，泥质充填。松软。含植物化石碎片
6		1.4	粉砂岩	深灰色，层面含白云母片及少量炭质。平行层理。半坚硬。含植物化石碎片
7		2.3	泥砂互层	黑灰色，层面含炭质。具斜交层面裂隙，泥质充填。松软易碎。含植物科达等化石碎片
8		0.3	煤线	黑色，黑色条痕，玻璃光泽。亮煤为主。松软
9		1.5	泥岩	黑灰色，层面含炭质。具斜交层面裂隙，泥质充填。松软易碎。含植物化石碎片。具滑面
10		1.4	2上号煤	黑色，黑色条痕，弱玻璃光泽。半亮型煤，夹薄层亮煤。松软。粉状为主
11		0.8	泥岩	黑色，均匀层理。松软易碎。含少量植物化石碎片
12		1.4	中粒砂岩	灰白色，石英长石为主，次圆状，分选中等，孔隙式胶结。少量斜交层面裂隙，未充填
13		2.0	泥岩	黑灰色，层面含煤屑。具不规则裂隙，泥质充填。松软
14		0.9	细粒砂岩	灰色，含石英长石，次圆状，基底式泥质胶结。坚硬。过渡接触

图 1　煤层顶底板综合柱状图

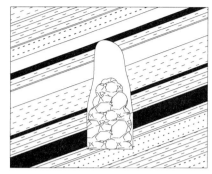

图 2　冒顶示意

掘进期间 12 上 01 综采工作面两顺槽出现数次小型冒顶，一次较大型冒顶，回采期间运输顺槽和回风顺槽各出现一次较大型冒顶。掘进期间的小型冒顶多是在循环进度内，临时支护前或者永久支护前发生的，其主要原因是顶板破碎，空顶自稳时间短造成的；较大型冒顶是在巷道永久支护完成一段时间后顶板出现离层，甚至出现顶板与巷帮水平错动，变形速率先大，再小，后再次增大，最后出现较大面积冒顶，表现为挤压型垮冒[6,7]。受采动影响期间发生的较大型冒顶是在运输顺槽距工作面 38 处发生冒顶，某次较大型冒顶情况示意如图 2 所示。

巷道掘进施工完成后的回采期间，对巷道进行了多次维修。复合顶板受复杂构造影响，当巷道顶板一旦出现开裂、离层等矿压显现情况后，必须增设被动支护才能保证巷道的使用。但是被动支护也会被缓慢下沉的顶板压弯变形，造成很大安全隐患。对构造密集处的顶板已经出现离异和开裂的巷道进行维修增加钢架，甚至加打中柱后依然出现较大矿压显现，如图 3 所示。

图 3　增加钢架和单体之后矿压显现情况

根据数次冒顶情况和巷道维修后变形情况来看，现有支护不能保证顶板安全，要采取一定的技术措施保证顶板的完整性，避免顶板出现离异和开裂。因此，对于新掘工作面顺槽需要对支护参数进行重新设计。

12 上 01 综采工作面顺槽原有支护方式为锚网索支护：顶板 5 根 $\phi20\text{mm}\times2200\text{mm}$ 等强螺纹锚杆，间排距 8000mm×1000mm；右帮采用 $\phi18\text{mm}\times1800\text{mm}$ 圆钢锚杆+50×50mm 的 $\phi4\text{mm}$ 金属网；左帮采用 $\phi18$

×1800mm 玻璃钢锚杆＋35mm×35mm 塑钢网。顶板锚索为单排布置，每隔 4m 沿巷道中心打设一根 φ17.8mm×8300mm 锚索。

2 巷道变形观测分析

为分析巷道变形破坏规律查明原支护方案的不足，选取变形比较大的 12 上 01 综采工作面回风顺槽进行矿压观测分析，采用"十字"测量法对 12 上 01 回风顺槽进行了巷道断面变形观测，在距工作面 20m 处布置第一个表面位移观测站，往下每隔 10m 布置一个测站，共布置 8 个，每个测站在巷道顶、底板中部及两帮中部分别布置一个测点观测巷道的顶底板移近量和两帮收敛量。观测结果如图 4、图 5 所示。

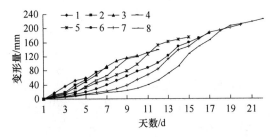

图 4　顶底板移近量观测曲线

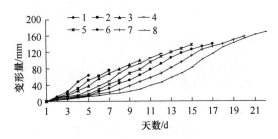

图 5　两帮移近量观测曲线

对观测数据进行分析，观测期间在工作面采动应力影响下 12 上 01 回风顺槽顶底板和两帮的最大累计移近量分别为 267mm 和 172mm，最大相对移近速度分别为 34.6mm/d 和 25.2mm/d；在同一测站两帮相对移近量比顶底相对移近量小，在顶底板相对移近变形中顶板弯曲下沉和底鼓都表现的较明显；回采期间巷道变形受工作面超前支承压力影响明显，在支承压力大的区域变形速度快，与工作面距离在 4~8m 之间的区域变形速度最快，距离为 15~25m 的区域内变形速度增大逐渐明显。

结合现场观测结果及本矿实测掘进结束后顶板下沉量达 600mm，顶板离层量最高处达 150mm，两帮移近量达 300mm 左右，底鼓量 200mm 左右，根据工作面掘进和回采期间观测结果分析认为现有支护参数下巷道顶板容易产生缓慢离层和弯曲变形。特别是受构造应力影响后顶板容量沿高角度裂隙开裂，沿煤岩结合层离层，对顶板控制非常不利。应当采取合理的支护方式提高顶板整体性和顶板的结构承载能力，避免出现离层和开裂，从而避免后续的更进一步的破坏。两帮移近量和底鼓量在可控制范围之内。

3 复合破碎型顶板冒落分析

通过对上 12 上 01 回风顺槽掘进施工的观察，结合国内煤矿的一些典型冒顶现象[8]分析。

12 上 01 回风顺槽 2 次较大型冒顶都是在巷道永久支护完成一段时间后出现的，表现为挤压型垮冒，如图 6 所示。以某次冒顶为例：12 上 01 回风顺槽施工至 658m 时，工作面端头向外 31m 处发生冒顶，冒顶宽 4m，长 12m，高 7m。冒顶前工作面后方 600m 向里段出现了顶板来压和淋水增大等现象。冒顶前来压具体表现为：顶板开裂出现弯折变形，离层仪读数突然增加，顶板下沉量明显增大，半球形锚杆托盘出现反转变形甚至弹出，锚索托盘压弯变形，顶板淋水增大，局部出现掉碴等。

12 上 01 回风顺槽顶板具有煤线、泥岩等软弱夹层，随着巷道顶板松动范围扩展到锚固区以外，在水平应力和自重应力双重作用下，锚固区发生弯曲变形，软弱夹层减小了锚固区抗剪能力，受水平剪切破坏，弱面层间滑动位移导致软弱夹层出现离层[12]，密集的锚杆群尾部产生的局部应力集中进一步加剧附近弱面的离层破坏，锚固区变形持续发展直至整体垮冒。

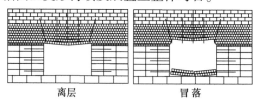

图6 顶板挤压型垮冒示意图

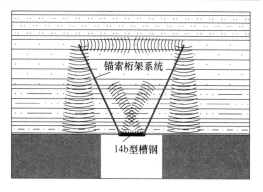

图7 锚索桁架系统原理

4 复合破碎型顶板控制机理

控制挤压型垮冒首先就要控制渐次离层。一是要增大锚固范围，形成有效的加固厚度，提高锚固区岩体的强度和抗剪能力，并对深部围岩提供侧向约束，维护锚固区外围岩弱面自身的力学性能，调动深部围岩的自身强度和稳定性；二是将处于受压状态的巷道两肩窝深部岩体作为锚固点和支护结构的基础，利用巷道两帮煤体上角的围岩挤压区，建立强化承载结构，形成向上的反力矩，平衡水平应力对顶板岩层的破坏作用，同时也预防顶板锚固结构失效时的突发垮冒。基于巷道上帮角锚固的锚索桁架系统能够满足这个要求。

锚索桁架采用刚性结构将两根倾斜的长锚索连接起来，在巷道顶板形成一个整体的支护结构，如图7所示。一方面，锚索桁架系统对复合顶板岩层起到"兜吊"的作用，控制表层松动岩层的松动、掉落；另一方面，锚索桁架可以在巷道顶板围岩产生一个水平交叉支护应力，抵消巷道顶板围岩部分拉应力，从而有效地抑制复合顶板纵向和水平裂隙的发育，减小弱面滑动，控制渐次离层，有效避免复合顶板的冒落[9~12]。此外，整个支护系统通过两侧的长锚索将顶板荷载传递到两帮上部稳定的岩层中，将拉集中应力转化为压应力，从而更加有利于巷道围岩的稳定。

5 工程应用

针对12上01回风顺槽顶板特点，对支护方式和参数进行重新设计。支护方式采用锚索桁架和锚杆网组合支护，并在相邻的12上02综采工作面顺槽进行支护效果实验。此段巷道受挠褶带影响发育有8条断层，断距0.7~3.2m，揭露一个陷落柱，经过一个背斜和一个背、向斜转换轴，巷道坡度-18°~32°，地质条件非常复杂。

（1）顶板支护：顶锚杆采用ϕ20mm×2200 mm等强螺纹锚杆，间排距800mm×800mm，顶托盘为150mm×150mm×10mm，每根顶锚杆使用2支CK2335树脂锚固剂。顶护网采用ϕ4mm金属网，网孔为50mm×50mm，规格为1000mm×1800mm。巷道顶板钢筋梯子梁采用ϕ12mm圆钢加工而成，长3800mm。

锚索桁架排距3.2m，采用ϕ17.8mm×8300mm的钢绞线和14b型槽钢加工而成。14b型槽钢长2400mm，分别于两端300mm处钻出锚索孔，孔径22mm。安装时槽钢平面紧贴顶板岩面，凹面内加垫一块120mm×120mm×8mm的锚杆托盘。每根锚索使用6支CK2335树脂锚固剂。

（2）两帮支护：右帮锚杆采用ϕ18mm×1800mm圆钢锚杆，间排距800mm×800mm，帮托盘120mm×120mm×8mm，帮护网采用网孔为50mm×50mm的ϕ4mm金

属网，规格为 1000mm×1800mm，要求网压茬不小于 100mm，并每隔 200mm 用 14 号铁丝扎紧。左帮锚杆采用 φ18mm×1800mm 玻璃钢锚杆，间排距 700mm×800mm，配套塑料托盘，采用网孔 35mm×35mm 塑钢网。每根帮锚杆使用 2 支 CK2335 树脂锚固剂。

12 上 01 回风顺槽组合支护断面如图 8 所示。

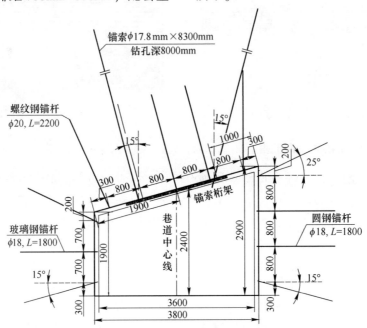

图 8　12101 回风巷组合支护断面

矿压观测：为验证支护效果，对实验段巷道进行了位移观测。掘进期间进行巷道表面位移观测，为期 1 个月，顶底板移近量平均为 167mm，两帮移近量平均为 126mm；掘进稳定后顶板最大离层值为 23mm，锚固区外离层（浅基点离层值）占离层量的 70%，巷道掘进完成前 10d，离层速率大，之后趋于稳定，如图 9 所示。

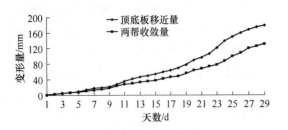

图 9　1204 回风巷变形量变化

巷道掘进完成 4 个月后开始回采。回采期间巷道在个别断层密集地段出现过一定量的网兜或者槽钢压弯变形等矿压显现情况，但锚索桁架支护范围内的顶板基本可以保证其完整性，从而达到控制顶板的目的。需要特别说明的是，在特殊地段如果发现锚索桁架钢梁出现弯曲变形，可立即打设中点柱，对于控制破碎顶板非常有效。目前工作面已回采完毕。未发生明显冒顶现象，满足综采工作面推进的要求。

6　结论

笔者在实际生产过程中，观测和分析了某煤矿布置于复杂构造带内的由多层松软岩层和煤线组成、极易发生垮冒的煤泥岩复合破碎型煤巷顶板的矿压显现特征，指出了现有支护方案的不足。根据冒顶机理分析，提出了控制顶板完整性的支护技术措施。支护实践表明，通过及时安装锚索桁架和锚杆网组合支护可以控制泥岩复合破碎型煤巷顶板渐次离层和开裂，避免巷道发生垮冒。

参 考 文 献

[1] 杨秀春，屈争辉，姜波，等. 山西大宁-吉县地区中新生代构造特征及其演化 [J]. 中国煤炭地质，2013，25（5）：1~6.

[2] 巨虎生. "离石挠褶带" 对蒲县一带煤田的制约 [J]. 华北国土资源，2010（2）：13~14.

[3] 山西省地质矿产局. 山西省区域地质志 [M]. 北京：地质出版社，1989：585~632.

[4] 孙占亮，续世朝，李建荣，等. 山西五台地区系舟山逆冲推覆构造 [J]. 地质调查与研究，2004，27（1）：28~34.

[5] Kang Hongpu. Support technologies for deep and complex roadways in underground coal mines：a review [J]. International Journal of Coal Science & Technology，2014，1（3）：261~277.

[6] 张农，袁亮. 离层破碎型煤巷顶板的控制原理 [J]. 采矿与安全工程学报，2006，23（1）：34~38.

[7] 陆庭侃，刘玉渊，许福胜. 大埋深煤巷顶板离层研究 [J]. 矿山压力与顶板管理，2005，22（3）：110~112.

[8] 张勇，华安增. 巷道系统的动态稳定性研究 [J]. 煤炭学报，2003，28（1）：22~25.

[9] 张广超，何富连. 大断面强采动综放煤巷顶板非对称破坏机制与控制对策 [J]. 岩石力学与工程学报，2016，35（4）：806~818.

[10] 何富连，殷东平，严红，等. 采动垮冒型顶板煤巷强力锚索桁架支护系统试验 [J]. 煤炭科学技术，2011，39（2）：1~5.

[11] 孙玉福. 水平应力对巷道围岩稳定性的影响 [J]. 煤炭学报，2010，35（6）：891~896.

[12] 谷拴成，苏锋，崔希鹏. 煤巷复合顶板变形破坏规律分析 [J]. 煤炭科学技术，2012，40（5）：20~23，62.

综放大跨度切眼围岩变形破坏规律及其控制

来永辉，肖鹏，张亮杰

（中国矿业大学（北京）资源与安全工程学院，北京　100083）

摘　要：为解决综放大跨度切眼围岩破碎、变形量大等支护难题，以王家岭矿 20104 切眼为工程背景，采用数值模拟、理论分析、井下试验等方法。探究了综放切眼跨度与围岩变形破坏之间的规律，提出了顶板应力划分为两区，即低应力紊乱区和压应力均匀升高区，并在概念上作了详细介绍。基于上述研究，揭示了大跨度切眼围岩控制包括顶板低应力紊乱区是锚杆加固关键、顶板锚索主要是控制锚固层离层失稳和帮破碎区宽度控制在锚杆长度范围内。针对王家岭矿切眼地质特点，提出了"锚杆索网+钢筋梯子梁+单体柱"联合支护方案，有效控制了切眼围岩变形。

关键词：大跨度切眼；变形破坏机制；控制机理；联合支护

综放开采强度大、装备大型化的发展趋势也使得综放面切眼的跨度越来越大[1]。综放切眼一般为全煤巷道，围岩强度低，尤其是顶板往往是厚顶煤，煤体极易松软破碎，变形量大[2]。顶板跨度大幅扩大化也必然使得围岩支护难的问题越发凸显，诸如开切眼施工和综放液压支架安装过程中，经常出现顶板中部开裂破碎、冒漏顶及压架等事故[3,4]。本文以王家岭 20104 综放大跨度切眼为研究背景，通过数值模拟、理论分析及现场监测等研究手段，探究不同跨度切眼致使围岩应力、位移和塑性区分布规律及综放大跨度切眼围岩控制机理及支护技术，提出了"锚杆索网+钢筋梯子梁+单体柱"联合支护技术，有效地控制了其围岩变形。以期研究成果能为类似地质条件下的切眼支护提供借鉴。

1　工程概况

王家岭矿 20104 综放面大跨度切眼布置于 2 号煤层中，厚度为 5.5～6.2m，平均埋深 315m，按中线沿煤层底板掘进，设计长度 231m。切眼断面形状为矩形，跨度 8.7m，高度 3.5m。煤层沿巷道方向倾角为 2°～4°，坚固性系数 f 为 2。其直接顶为砂质泥岩，平均厚度为 2.7m；基本顶为粉砂岩，平均厚度为 8.47m。其底板向下依次为泥岩 0.7m、3 号煤 0.8m、粉砂岩上 3.75m。

2　数值模拟试验及分析

2.1　试验模型建立

利用 FLAC^{3D} 数值模拟软件，建立范围为长×宽×高＝100m×60m×40m 的模型，左

基金项目：国家自然科学基金重点项目（51234005）；中央高校基本科研业务费专项资金资助项目（2010YZ02）。

作者简介：来永辉（1990—），男，河南商丘人，中国矿业大学（北京）硕士研究生，研究方向为矿山压力及岩层控制、巷道支护等。

右边界水平方向固定约束，底部边界为固支约束，顶部边界上施加覆岩垂直载荷7.88MPa，测压系数取1.3。模拟材料本构模型选取摩尔-库仑屈服准则计算。建立7种类型不同跨度的切眼模型，即开挖高度3.5m不变，跨度分别开挖6.2m、6.7m、7.2m、7.7m、8.2m、8.7m、9.2m。煤岩体力学参数详见表1，为了达到预期目的，采用十字交叉法在切眼顶底帮中部位置布置应力、位移测线，详见图1。

表1　主要煤岩层力学参数表

岩层	密度/kg·m⁻³	体积模量/MPa	剪切模量/MPa	内聚力/MPa	抗拉强度/MPa	内摩擦角/(°)
粉砂岩	2750	8400	4560	4.45	2.0	35
2号煤	1412	2510	1200	2.01	0.7	27
砂质泥岩	2659	3680	2100	3.5	1.6	32
泥岩	2468	2600	1100	2.9	1.2	30

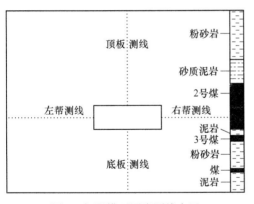

图1　切眼模型围岩测线布置

2.2　围岩应力分布特征

在无支护条件下，数值模拟出了高度恒定下不同跨度的综放切眼顶底垂直应力分布和切眼两帮支承应力的分布规律，如图2、图3所示。

对比分析来探究出切眼跨度变化下围岩的应力分布具有如下明显特征：

（1）切眼顶板呈现明显的两区：低应

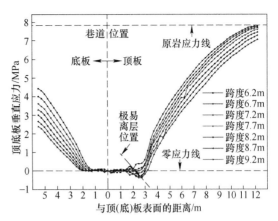

图2　顶底板垂直应力分布曲线

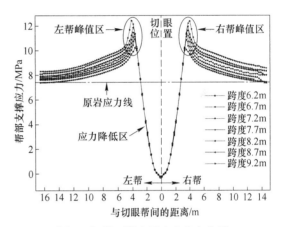

图3　切眼两帮支承应力分布曲线

力紊乱区和压应力均匀升高区。低应力紊乱区是指以顶板自由面为起始位置的 $0 \sim h$ 的区域，该区域应力明显降低且不能均匀传递应力，即出现拉应力与较低的压应力且在零应力线附近"振荡"。随着切眼跨度增加，低应力紊乱区高度不断升高，拉应力绝对峰值逐渐增大。压应力均匀升高区是指顶板低应力紊乱区之上，应力均匀升高至原岩应力值的区域。

（2）切眼跨度增加，顶板中"两区"变化异常显现。跨度从 5.7m→9.2m 过程中，低应力紊乱区高度由 1.1m 升至 3.2m，较低的拉、压应力在零应力线附近"振荡"的更加剧烈，拉应力峰值量升高至 0.45MPa，且位置在 $0 \sim 2.5m$ 范围内。随着切眼跨度增加，顶板压应力均匀升高区的下界升高，该区域内距顶板距自由面同一距离处顶板压应力值依次减小。

（3）切眼的底板应力分布具有与顶板应力分布相似的特征，但其剧烈程度较顶板大幅度下降，如随着切眼跨度增加，底板应力降低区上界高度（底板自由面为起始位置）由1.0m变化至1.5m。

（4）切眼两帮应力分布出现支承应力降低区和明显高于原岩应力的增高区。随着综放切眼跨度增加，降低区的支承应力曲线重合，说明距帮部自由面相同的距离处切眼支承应力相等，且支承应力降低区上界值均在帮深部2.5m左右。应力增高区均出现支承应力峰值，随着切眼跨度增加，支承应力峰值逐渐增大，且不断往深部稳定围岩中转移。

2.3 围岩表面变形特征

（1）综放切眼顶板下沉量：绘制出不同跨度切眼的顶板中部表面下沉量分布曲线，如图4所示，曲线表明切眼跨度越大，顶板最大下沉量越大且速率也随之变大。在相同的围岩条件下，顶板表面最大下沉量与切眼跨度大体呈指数递增关系。

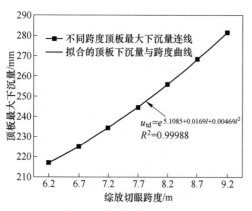

图4 不同跨度切眼顶板最大下沉量分布曲线

（2）综放切眼两帮最大位移量：图5为不同跨度切眼两帮最大位移量变化曲线，随着跨度增加，左右两帮的水平位移量增

大。从中可知切眼两帮最大位移量随着切眼跨度增加呈指数递增趋势。

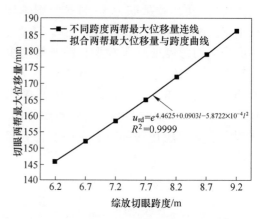

图5 不同跨度切眼左帮最大位移量曲线

（3）综放切眼底板变形量：综放切眼底板变形量随着切眼跨度增大变形量变化并不十分显著。这与现场调查相吻合，矿方反映其矿巷道或切眼底板完整性较好，发生大变形很少，一般不作为特殊的控制对象。

2.4 围岩塑性区分布特征

篇幅有限，故只列取跨度为6.7m、7.7m、8.7m、9.2m的综放切眼围岩塑性区模型，如图6所示。

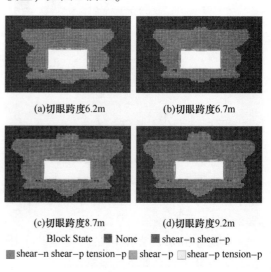

图6 围岩塑性区分布

通过对比分析发现在无任何支护情况下切眼围岩塑性区变化特征。综放切眼围岩主要是受剪切破坏，所以围岩支护的目的是增强岩体抗剪能力。切眼高度不变，跨度增加，切眼断面塑性区面积递增且最大深度向外围扩展。如仅列举的切眼顶板塑性最大高度依次为：3.5m、4m、4.5m、5m，跨度增大，塑性高度向深部转移明显；两帮塑性区在帮部最深位置分别为：3.25m、3.5m、4m、4m，底板塑性区最深位置分别为：2.25m、2.25m、3m、3m。

3 大跨度切眼控制机理及支护技术

3.1 大跨度切眼围岩控制机理

切眼直接顶板一般为厚煤顶，稳定性差，强度低，极易发生碎裂破碎。开挖后应力重新分布，由前节分析知，顶板浅部处在低应力紊乱区，拉应力的作用下致使顶板产生变形破坏释放应力，这也才使得低应力紊乱区具有较低拉压应力且在零线附近振荡，不能够均匀的传递应力的特点。低应力紊乱区的顶板深部出现拉应力峰值，究其产生的原因主要是由于层状顶板的不协调变形，下位岩体抗变形能力差，即刚度低于上位岩体，上位岩体与下位岩体层面撕裂破坏所致。通过上述探究发现，王家岭矿跨度为8.7m的切眼拉应力峰值在距顶板自由面2~2.7m附近，此处是正好是煤体与岩体的分界面，即弱面位置，较大的拉应力会造成弱面范围内的原生裂隙扩展、张开与次生裂隙产生及再破坏[5]。若不及时加固，拉应力峰值处易使得顶板发生离层，进而诱发切眼整体灾变失稳。顶板离层影响下，锚固体的轴力和界面剪应力均会增大，离层值过大时锚杆很容易失效，直接影响支护工程的安全性，产生安全隐患[6]。另外，随着切眼跨度的增加，拉应力峰值越大，顶板越易发生高位离层

失稳。所以，综放切眼顶板控制的关键是低应力紊乱区，提高厚煤顶的完整性，防治煤岩体的分界面发生离层。

切眼两帮煤壁发生变形破碎，会使得顶板实际悬露跨度增大，模拟研究表明，切眼跨度增大，会使得两帮支承应力峰值增大且向深部转移，这就意味着切眼两帮进一步变形破碎，破碎宽度加大，顶板跨度进一步增大，如此恶性循环会最终使得切眼发生整体灾变失稳。所以两帮控制的关键是限制煤帮破碎区的发展，显然要使煤帮破碎区宽度控制在锚杆长度范围内，才能加固破碎区阻止其扩展。

3.2 切眼锚杆索联合支护机理

现阶段锚杆索联合支护技术已成为切眼控制的首选[7]。通过上述分析可知，普通锚杆可以通过嵌入、挤压低应力紊乱区的煤岩体，增大之间的摩擦力，使其裂隙体间相互约束，形成锚固层，防止顶板碎裂冒落、两帮破碎扩展。锚索可以锚固在压应力均匀升高区中接近原岩应力的岩体中，原因是该部分的岩体可以提供可靠稳固的承载基础，能够悬吊锚杆锚固层及部分压应力均匀升高区的较低压应力岩体，防止弱分界面间离层致使切眼发生灾变失稳。

4 工业性试验

4.1 围岩支护技术与参数

针对王家岭矿20104大跨度顶板切眼实际条件，分析发其顶板低应力紊乱区是厚煤顶，即为锚杆锚固的主要对象，锚索锚固基础应是粉砂岩，提出了"锚杆索网+钢筋梯子梁+单体柱"联合支护方案。切眼支护布置断面，如图7所示。

（1）切眼顶板支护。锚杆选用 $\phi20mm\times2500mm$ 的左旋等强螺纹钢锚杆，锚杆间

排距 900mm×900mm；采用 ϕ14mm 圆钢焊制的钢筋梁衔接在一起，网片采用 ϕ6mm 钢筋网，规格 2800mm × 1000mm 网格 100mm；锚索选用 ϕ17.8mm×8300mm 的低松弛钢绞线，锚索间排距为 1800mm × 1800mm，4-3-4 间隔布置。

（2）切眼两帮部支护。保护煤柱侧选用 ϕ18mm×2000mm 的普通金属锚杆；回采煤体侧选用 ϕ20mm×2000mm 的玻璃钢锚杆，网片全部选用尼龙网，锚杆间排距 1200mm×900mm。

（3）切眼加强支护控制。切眼中部采用单体（轻型玻璃钢单体液压支柱）进行加强支护，提高安全系数。单体柱需穿靴戴帽，间距为 1m。垂直支设支柱，保证支柱处于轴向受力状态。

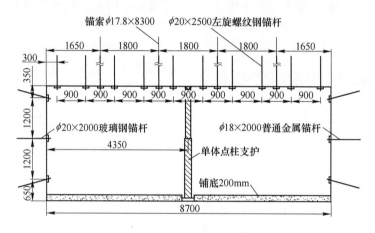

图 7　大跨度综放切眼支护布置断面

4.2　支护效果评价

采用上述方案支护后，对切眼围岩进行了 36d 的常规宏观矿压显现观测，每隔两天记录 1 次的围岩变形结果并绘制曲线如图 8、图 9 所示。

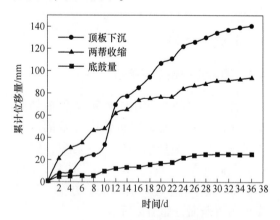

图 8　表面累计位移变化曲线

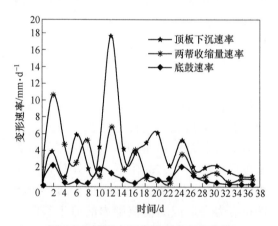

图 9　大跨度表面位移速率变化曲线

实测表明：围岩完整性较好，未出现顶板冒顶、帮部大量塑性挤出。切眼成型好，围岩变形量与数值模拟无支护情况相比大幅度减少，顶板累计下沉量为 140.57mm，两帮累计收缩量为 93.84mm，底鼓累计量仅有 25.11mm，最后切眼断面成功满足了通风、行人、支架安装等需要。从图 9 中可以发现，切眼开挖支护初期 15

天内曲线急速上升，变形速率较大，存在明显震荡，尤其是顶板和两帮。后期第25天以后，曲线逐渐趋于稳定，变形速率较小。

5 结论

（1）分析了不同跨度切眼模型的顶板应力分布规律，提出了顶板应力分为低应力紊乱区和压应力均匀升高区，并在概念上作了详细介绍。低应力紊乱区中的拉应力峰值处是顶板的极易离层位置，据此提出了一种理论分析判别离层位置的方法。

（2）通过分析无支护情况下不同跨度切眼的顶板最大下沉量、两帮最大水平位移量，发现它们的变形量与切眼跨度呈指数递增关系。切眼围岩主要是受剪切破坏。切眼高度不变，跨度增加，切眼断面塑性区面积递增且最大深度向外围扩展，尤其顶板塑性深度扩展明显。

（3）切眼顶板锚杆控制对象是低应力紊乱区和压力均匀升高区的较低压应力区，形成锚固层。顶板锚索控制的关键是防治分界弱面离层，锚固点位于压应力均匀升高区中较高或接近原岩应力的岩体中。两帮控制关键是阻止破碎区扩展，锚杆应贯穿煤帮破碎带宽度。结合研究成果针对王家岭矿实际地质条件，分析发现20104切眼低应力紊乱区是厚煤顶，即为锚杆锚固的主要对象，锚索锚固基础应是粉砂岩，据此提出了"锚杆索网+钢筋梯子梁+单体柱"联合支护方案，有效地控制了其围岩变形。

参 考 文 献

[1] 曹耀丰，谢生荣，何富连，等. 大跨度泥岩煤巷桁架锚索复向主动控制技术 [J]. 煤炭技术，2010，29（12）：87~89.

[2] 蒋力帅，马念杰，赵志强，等. 综放工作面沿空开切眼布置与支护技术研究 [J]. 采矿与安全工程学报，2014，31（1）：22~27.

[3] 何富连，许磊，吴焕凯，等. 厚煤顶大断面切眼裂隙场演化及围岩稳定性分析 [J]. 煤炭学报，2014，39（2）：336~346.

[4] 曲建光. 大跨度开切眼围岩强化控制技术研究 [J]. 煤炭科学技术，2015，43（7）：1~5.

[5] 王襄禹，柏建彪，王猛. 弱面影响下深部倾斜岩层巷道非均称失稳机制与控制技术 [J]. 采矿与安全工程学报，2015，32（4）：544~551.

[6] 谷拴成，丁潇. 考虑围岩离层影响的端部锚固锚杆荷载分析及其支护设计 [J]. 采矿与安全工程学报，2015，32（5）：760~764.

[7] 孙亮，王景义. 破碎复合顶板大跨度切眼联合支护技术 [J]. 煤炭技术，2008，27（12）：143~144.

综放工作面矿压规律分析及支护强度确定

陈涛

（同煤国电同忻煤矿有限责任公司，山西大同　037001）

摘　要： 针对某矿新开综放工作面围岩地质条件，综合利用理论分析和数值计算方法，分别对该工作面的直接顶和基本顶的运动参数进行了相关计算，得出了相应的计算值。在此基础上，结合实际工作面参数，提出并建立了该新开工作面的采场围岩结构模型，运用结构模型法计算出该工作面顶板压力和支架支护强度，为指导采场顶板管理提供了理论依据。

关键词： 顶板运动参数；理论计算；结构模型；支护强度

采掘空间围岩控制是煤矿开采的岩石力学的重点问题之一[1]。而工作面顶板运动参数理论计算和支架支护强度的确定，对于预测预报采场直接顶垮落和基本顶断裂的时间，指导采场顶板管理，以及合理进行顶板支护等都有重大的意义。

在采矿领域中，众多学者对采场围岩运移规律进行不断地探索研究，得出了一系列计算顶板运动参数的方法。王庆康、霍振奇[2]针对中等稳定以上的直接顶，引用"梁"和"拱"的理论，导出了计算直接顶初次垮落步距的经验公式。钱鸣高[3]将基本顶岩层视为"板"的结构模型，建立了不同条件下工作面长度与基本顶初次断裂步距之间的关系式。付国彬[4]应用"板"的极限分析法求基本顶的断裂步距，导出了几种常见开采边界基本顶的初次、周期断裂步距的表达式。张杰[5]通过数值模拟方法分析了采高对组合关键层断裂步距的影响，提出了在考虑采高影响时计算组合关键层断裂步距的修正公式。靳钟铭、张惠轩[6]等根据现场观测、数值计算以及理论分析，详细阐述了放顶煤采场顶煤运移规律，并且对顶煤变形运动进行了分区。闫少宏、毛德兵[7]等提出了综放开采支架工作阻力理论计算公式中参数确定的反分析数值模拟法。孔令海、姜福兴[8]等通过相似模拟试验、微震监测推断结果与现场宏观观测结果的对比研究提出，工作面支架工作阻力可分为根据顶板压力的不同情况确定。随着计算机软硬件的发展，数值模拟在解决矿山开采问题中的应用也越来越广泛，综合运用数值模拟、数值计算和理论分析方法确定综放工作面工作阻力得到了更高的评价[9,10]。

某矿新开 12401 工作面主采 12 煤层，煤层埋深 88 ~ 237/180m，煤层埋藏较浅，煤层厚度为 7.95 ~ 9.25m，平均厚度 8.45m，煤层倾角 1° ~ 3°，属稳定~较稳定煤层。12401 工作面采用综放开采，煤层顶板第一层为厚 2.52m 的泥岩，第二层为厚 12.75m 的粗粒砂岩，第三层为厚 3.73m 的细粒砂岩，第四层为厚 11.66m 的粗粒砂岩，第五层为厚 0.42m 的 1-1 煤层，底板为

作者简介：陈涛（1967—），男，山西大同人，高级工程师，现任同煤国电同忻煤矿有限公司总工程师。

厚1.00m的泥岩。12401综放工作面为12煤层首采面，其顶板运动参数的计算和支护强度的确定不但对本工作面生产具有指导作用，而且对12煤层其他工作面开采具有极大的参考价值。

1 直接顶运动参数计算

综放开采采煤机从开切眼开始割第一刀煤后，顶煤随采随落，回采工作面继续向前推进，直接顶悬露面积逐渐增大，当达到其极限跨距时，直接顶初次垮落。直接顶运动参数是描述直接顶稳定性的综合性指标，主要包括：直接顶岩性及其厚度、初次垮落步距、正常推进阶段直接顶悬顶距等[11]，通过计算确定工作面直接顶各运动参数。

1.1 直接顶厚度理论计算

12401工作面采用综放开采，割煤高度定为4.5m，顶煤厚度为4.0m。煤层上方顶板以粉砂岩和粗粒砂岩为主，属于岩性较软的实际情况，下位直接顶的冒落性较好。因此，考虑放顶煤时采空区遗煤厚度T_1，$T_1 = h(1 - \eta)$，基本顶岩梁沉降值S_A以及冒落直接顶M_Z，将会充填满已采空间，计算得

$$h + M_Z = h \times (1 - \eta) + S_A + M_2 \times K_A$$

$$M_Z = \frac{h\eta - S_A}{K_A - 1} \quad (1)$$

式中，h为煤层厚度，8.45m；η为回采率，考虑12401工作面采用综放开采为75%；S_A为基本顶岩梁沉降值，0.2h；K_A为直接顶冒落后的碎胀系数，为$1.25 \sim 1.30$。计算得$M_Z = 15.5 \sim 18.6$，直接顶可能由1.65m的顶煤和煤层上方总厚18.99m的3层顶板岩层组成，自下而上分别是厚2.52m的泥岩、厚12.74m的粗粒砂岩和厚3.73m的细粒砂岩。

1.2 直接顶断裂步距

考虑到直接顶具有由下往上逐层冒落的运动特点，我们以单岩层的厚度和断裂顶距、悬顶系数作为直接顶运动参数的特征参数。直接顶断裂步距由公式（2）和公式（3）计算，按照简支梁公式计算，岩层初次断裂步距L_{OZ}，如公式（2）

$$L_{OZ} = \sqrt{\frac{2M_Z[\sigma]}{\gamma_Z}} \quad (2)$$

按悬臂梁公式计算L_{OZ}，如公式（3）

$$L_{OZ} = \sqrt{\frac{M_Z[\sigma]}{3\gamma_Z}} \quad (3)$$

式中，L_{OZ}为直接顶单岩层初次断裂步距，m；M_Z为直接顶单岩层厚度，m；$[\sigma]$为岩层抗拉强度，MPa；γ_Z为岩层容重，N/m³。将相关参数代入公式（2）和公式（3），综合考虑12401工作面顶板岩层分布，得出计算结果见表1。

表1 12401综放工作面直接顶断裂步距计算结果

岩性	厚度 M_Z/m	容重 γ_Z /N·m⁻³	抗拉强度 σ/MPa	悬顶系数 f_z	断裂步距 L_{OZ}/m	
					初次断裂步距	周期断裂步距
泥岩	2.52	23	1.1	1.03	15.2	6.2
粗粒砂岩	6.00	24	1.4	2.90	26.5	10.4
	6.74	24	1.4	3.52	28.0	11.5
细粒砂岩	3.73	26	1.3	1.32	20.5	7.0

1.3 12401综采工作面顶板压力

上面已经阐述清楚工作面直接顶可能由顶板多层单层岩层组成。假定直接顶由①、②岩层及③岩层部分厚度组成，将参数带入下式

$$P_{T1} = 1.05\left(\sum M_{Zi}\gamma_{Zi}f_{Zi} + h'\gamma_2'f_2'\right) \quad (4)$$

式中，P_{T1} 为 121401 综放工作面支架支护强度，MPa；M_{Zi} 为分层单层直接顶厚度，m；γ_{Zi} 为分层直接顶容重，kN/m^3；f_{Zi} 为分层直接顶悬顶系数；h' 为顶煤厚度；γ_2' 为顶煤容重 $13kN/m^3$；f_2' 为顶煤悬顶系数。

由计算可知，在实际情况中，直接顶通常是由具有一定强度和一定厚度的多层岩层组成，而不是想象中简单的煤层上方第一层就是直接顶。根据计算结果，基本确定本工作面直接顶厚度 20.64m，工作面直接顶自下而上，分别是厚 1.65m 的顶煤、厚 2.52m 的泥岩、厚 12.74m 的粗粒砂岩和厚 3.73m 的细粒砂岩。

2　基本顶运动参数预计

2.1　基本顶厚度确定

直接顶上方岩层即为基本顶，参照 12401 综采工作面直接顶的厚度，根据 12401 工作面岩层分布状况，我们可以预计基本顶由 2 层岩层组成，总厚度 $M_E = 12.06m$，分别为厚 11.66m 的粗粒砂岩和厚 0.4m 的 1-1 煤层。另外可以根据实测矿压参数计算基本顶的厚度 M_E，其中主体岩梁厚度是基本顶厚度的主要组成部分。

由公式（5）和公式（6）计算工作面基本顶厚度

$$P_T = A + \frac{M_E\gamma_E c}{K_T L_K} \quad (5)$$

$$M_E = \frac{(P_T - A)K_T L_K}{\gamma_E c} \quad (6)$$

式中，P_T 为周期来压时顶板压力，计算值 1.43MPa；A 为工作面直接顶岩重，按计算值 1.07MPa；M_E 为基本顶基准厚度，m；γ_E 为基本顶容重，$24kN/m^3$；c 为基本顶周期来压步距，实测均值 15.3m；K_T 为基本顶岩重分配参数，一般 $K_T = 2$；L_K 为工作面控顶距，6.1m。计算得 $M_Z = 11.96m$，综合考虑各参数取值以及计算误差和实际顶板岩层分布状况，确定基本顶厚度 $M_Z = 12.06m$，由 2 层岩层组成，分别为厚 11.66m 的粗粒砂岩和厚 0.4m 的 1-1 煤层。

2.2　基本顶来压步距的计算

直接顶上方厚 11.66m 的粗粒砂岩和厚度 0.4m 的 1-1 煤层组成岩梁一起运动。考虑到工作面初采强制放顶爆破顶板效果的差异，按两种爆破效果分别计算基本顶主体岩梁的初次来压步距。基本顶未预裂时，基本顶岩梁的初次断裂步距按公式（2）计算得 $L_{OE} = 37.5m$；基本顶预裂时，基本顶岩梁的初次断裂步距按公式（3）计算得 $L_{OE} = 15.3m$。

基本顶岩梁周期断裂步距按公式（3）计算得 $L_{OE} = 15.3m$。基本顶运动参数的计算结果见表 2。

表 2　12401 工作面综放开采时基本顶运动参数计算结果

基本顶	岩性及厚度/m	容重/$kN \cdot m^{-3}$	抗拉强度/MPa	初次断裂步距（预裂）/m	初次断裂步距（未预裂）/m
基本顶①	粗粒砂岩 11.66	24	1.4	15.1	36.9
基本顶②	1-1 煤层 0.4	1.3	—	—	—
基本顶①~②	12.06	24	1.4	15.3	37.5

3　顶板结构模型法

3.1　根据顶板结构模型定量计算顶板压力

基于新开 12401 综放工作面顶板运动

参数的计算结果，运用顶板结构模型法可以定量计算工作面顶板压力，下面分别计算工作面初采阶段和正常开采阶段的顶板压力。

新开 12401 综放工作面采高 4.5m，顶煤 4m，综合前述计算和分析，新开 12401 综放工作面顶板结构模型如图 1 所示。工作面顶板压力和支架支护强度的确定是支架选型的重要内容之一。如果顶板压力和支护强度值选取过大，不仅不能充分发挥支架支护的性能，还会造成经济上的浪费；如果顶板压力和支护强度选取值过小，支架便不能有效地控制顶板的运动。结构模型法计算综放工作面顶板压力时，综放支架一方面承受顶煤和直接顶的重量，另一方面还要承受基本顶回转下沉作用在直接顶上的载荷，因此顶板压力包括顶煤的重量以及直接顶和基本顶作用在支架上的载荷。

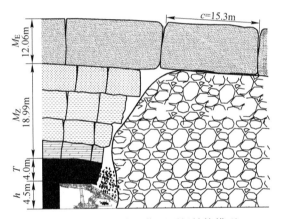

图 1 12401 综放工作面顶板结构模型

3.1.1 工作面初采阶段顶板压力

该阶段包括工作面直接顶初次垮落和基本顶初次来压两个过程。

（1）直接顶初次垮落。此时，工作面顶板压力主要由顶煤岩重和直接顶岩重产生，支架承担直接顶一半岩重。按公式（7）计算

$$A_1 = \frac{m_Z \gamma_Z L_Z}{2L_K} \qquad (7)$$

式中，A_1 为直接顶初次垮落时产生的顶板压力；m_Z 为直接顶厚度，20.64m；γ_Z 为直接顶容重，24kN/m³；L_Z 为直接顶初次垮落步距，m；2 为直接顶岩重分配参数；

L_K 为工作面控顶距，m。将有关参数代入式（7）计算出直接顶岩重 $A_1 = 1.05$MPa，加上顶煤岩重（0.05MPa），得到：$A_2 = 1.10$MPa。

（2）基本顶初次来压。此时，直接顶已进入周期性运动过程，将有关参数代入公式（8）

$$P_{T0} = A + \frac{M_E \gamma_E L_{OE}}{2K_T L_K} \qquad (8)$$

式中，P_{T0} 为基本顶初次来压顶板压力，MPa；A 为直接顶的压力，计算值 1.10MPa；M_E 为基本顶厚度，12.06m；M_{Zi} 为分层直接顶厚度，m；γ_Z、γ_E 为直接顶和基本顶容重，24kN/m³；f_{Zi} 为分层直接顶悬顶参数；L_{OE} 为基本顶初次来压步距，37.5/15.3m；K_T 为基本顶岩重分配参数，此时 $K_T = 2$；L_K 为工作面控顶距，6.1m。将有关参数代入计算得到：工作面进行预裂爆破时 $P_{T0} = 1.25$MPa；未进行预裂爆破时 $P_{T0} = 1.54$MPa。

3.1.2 工作面正常开采阶段顶板压力

工作面正常开采阶段是指基本顶初次垮落后直至工作面开采至停采线之前的回采阶段。此阶段内，基本顶呈现周期性破断并回转下沉，在工作面表现出周期性的矿压显现。工作面顶板压力同样由直接顶和基本顶两部分岩重产生，将有关参数代入公式（9）。其中 $c = 15.3$m，计算得到 $P_T = 1.44$MPa。

$$P_T = A + P_E \qquad (9)$$

$$P_E = \frac{M_E \gamma_E c}{2L_K}$$

3.2 顶板结构模型法计算支护强度

考虑到支架结构尺寸和立柱倾角的影响，由立柱提供的支架工作阻力不垂直于顶板岩层面，支架立柱必须同时克服顶板压力和顶梁与顶板间的摩擦力。因此，在根据顶板压力计算支护强度时，必须乘以

一个角度系数，计算得到二柱掩护式支架：$P'_T = 1.05P_T$。由此，按照顶板结构模型法计算得到上湾矿新开 12401 工作面支架支护强度 $P'_T = 1.62\text{MPa}$。

4　结论

（1）直接顶运动参数。参照 12401 工作面顶板岩层分布状况，通过计算确定 12401 综采工作面直接顶总厚度 $M_Z = 20.64\text{m}$，由 1.65m 的顶煤和 3 层岩层组成，其中厚度较大（12.74m）的粗粒砂岩分两层垮落。除工作面支架上方厚 1.65m 的顶煤外，直接顶分别为厚 2.52m 的泥岩、厚 6.00m 的粗粒砂岩、厚 6.74m 的粗粒砂岩和厚 3.73m 的细粒砂岩。

（2）基本顶运动参数。12401 工作面基本顶厚度 $M_E = 12.06\text{m}$，由 2 层岩层组成，分别为厚 11.6m 的粗粒砂岩和厚 0.4m 的 1-1 煤层。根据其力学参数计算得到基本顶初次断裂步距预裂时 15.3m，未预裂时 37.5m；周期断裂步距 15.3m。

（3）新开 12401 综放工作面顶板压力和支架支护强度的确定。顶板结构定量计算法计算得到 12401 综放工作面顶板压力 1.54MPa，支架支护强度 1.62MPa。

参 考 文 献

[1] 宋振骐，蒋金泉. 煤矿岩层控制的研究重点与方向 [J]. 岩石力学与工程学报，1996（2）：33~39.

[2] 王庆康，霍振奇. 采场直接顶的初次垮落规律及其计算方法 [J]. 矿山压力，1987（1）：7~13.

[3] 钱鸣高. 老顶的初次断裂步距 [J]. 矿山压力，1987（1）：1~6.

[4] 付国彬. 老顶的初次断裂步距和周期断裂步距 [J]. 湘潭矿业学院学报，1993（1）：8~16.

[5] 张杰. 采高对浅埋煤层老顶岩层破断距的影响 [J]. 辽宁工程技术大学学报（自然科学版），2009（2）：161~164.

[6] 靳钟铭，张惠轩，宋选民，等. 综放采场顶煤变形运动规律研究 [J]. 矿山压力与顶板管理，1992（1）：26~31.

[7] 闫少宏，毛德兵，范韶刚. 综放工作面支架工作阻力确定的理论与应用 [J]. 煤炭学报，2002（1）：64~67.

[8] 孔令海，姜福兴，王存文. 特厚煤层综放采场支架合理工作阻力研究 [J]. 岩石力学与工程学报，2010（11）：2312~2318.

[9] 黄志增，任艳芳，张会军. 大倾角松软特厚煤层综放开采关键技术研究 [J]. 2010：1878~1882.

[10] 毛德兵，王延峰. 数值模拟方法确定综放工作面支架工作阻力 [J]. 煤矿开采，2005（1）：1~2.

[11] 钱鸣高，石平五. 矿山压力与岩层控制 [M]. 徐州：中国矿业大学出版社，2003.

综放沿空煤巷上覆岩层弧形三角块稳定性研究

李安静

（山西中煤华晋能源有限责任公司王家岭分公司，山西河津　043300）

摘　要：综放沿空煤巷上覆岩层弧形三角块的稳定对沿空煤巷围岩稳定起着至关重要的作用。要解决综放沿空煤巷的围岩控制问题就必须解决上覆岩层弧形三角块的稳定性问题。随着相邻工作面的推进，沿空煤巷上覆岩层断裂并在煤壁内部旋转下沉，沿工作面走向方向形成砌体梁结构。通过建立开挖后老顶弧形三角块结构及其下部煤岩体的力学模型，对弧形三角块结构的稳定性及巷道周围煤岩体的应力和位移进行力学分析，给出弧形三角块稳定性系数的计算方法，为工程实践提供了理论支持。

关键词：沿空煤巷；围岩稳定；弧形三角块；稳定性系数

综放沿空煤巷的上覆岩层与工作面的上覆岩层为同一岩层，其活动规律与工作面上覆岩层活动规律关系紧密，同时又具有自身特点和规律。国内外学者已经对综放开采工作面上覆岩层结构及其运动规律进行了大量研究与探索。钱鸣高等提出了采场上覆岩层的砌体梁假说，并在此基础上建立了围岩结构的 S-R 稳定性理论[1~3]；宋振骐等亦对老顶结构形式进行了大量研究，并从煤矿开采中岩层控制的现实状况和现代高新技术迅猛发展的实际出发，提出应用高新技术研究煤矿岩层控制问题的主要发展方向[4,5]；李学华等提出综放沿空掘巷围岩大小结构的观点，分析了该类巷道的围岩力学性质和影响巷道围岩变形破坏的主要因素，探讨了综放沿空掘巷围岩破坏的基本规律，建立了综放沿空掘巷上覆岩体大结构的力学模型，并分析了该结构的稳定性[6,7]；柏建彪等建立了综放沿空

掘巷基本顶弧形三角块力学模型，计算并分析了弧形三角块在巷道服务周期内不同阶段的稳定性系数，认为综放沿空巷道围岩保持稳定的前提是该弧形三角块的稳定[8]。综上可知，要解决综放沿空煤巷的围岩控制问题就必须解决上覆岩层弧形三角块的稳定性问题，针对上覆岩层关键块的稳定性进行定性定量的力学与数学研究是十分有必要的。

1　沿空煤巷覆岩弧形三角块的形成

综放沿空煤巷上区段相邻工作面自开切眼向前推进一定距离时，基本顶初次来压形成"O-X"断裂，即首先在悬露基本顶的中央及两个长边形成平行的断裂线 I_1、I_2，再在短边形成断裂线 II，并与断裂线 I_1、I_2 贯通，最后基本顶岩层沿断裂线 I 和 II 回转且形成分块断裂线 III，而形成结构块 1、2。随着工作面的继续推进，顶

基金项目：国家自然科学基金资助面上项目（No. 51574243）。

作者简介：李安静（1965—），男，江苏沛县人，高级工程师，现从事绿色开采方面研究工作。E-mail：Drem3421@sina.com。

板出现周期性垮落，依次出现断裂线I_2，并绕周边断裂线 II 回转形成周期性顶板垮落，同时又形成新的结构块 1、3，如图 1 所示。

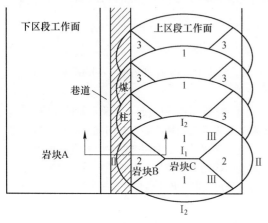

下区段工作面

上区段工作面

巷道

煤柱

岩块A

岩块B 岩块C

图 1　综放沿空煤巷上覆岩层结构关系

随着工作面向前推进，直接顶随之发生不规则或规则的垮落下沉，导致与上位基本顶发生离层，基本顶在直接顶垮落后，发生断裂、回转和下沉，形成如图 1 中所示的断裂结构形式。

2　相邻综放面弧形三角块结构特征

根据图 1 可知，弧形三角块 B 断裂后，在煤壁内部旋转下沉，它的运动状态及稳定性直接影响下方煤体的应力和变形，该弧形三角块 B 沿工作面走向方向形成砌体梁结构。弧形三角块结构的稳定状况及位态决定了该区域巷道围岩稳定状况，因此，要研究综放沿空煤巷围岩演化规律及其稳定性，就必须对弧形三角块 B 的结构参数及其稳定性进行研究。通过建立开挖后老顶弧形三角块结构及其下部煤岩体的力学模型，对弧形三角块结构的稳定性及巷道周围煤岩体的应力和位移进行力学分析，给出弧形三角块稳定性系数的计算方法。

2.1　弧形三角块的结构参数

弧形三角块 B 的结构参数主要有 3 个：

沿工作面推进方向断裂长度 L_1、沿侧向断裂跨度 L_2 以及在煤壁内的断裂位置 x_0。弧形三角块 B 的基本尺寸通过老顶在周期来压时的断裂模式和周期来压步距确定。

2.1.1　弧形三角块 B 走向长度 L_1 的确定

弧形三角块 B 沿工作面推进方向的长度 L_1，即为老顶周期来压步距，其值可以通过现场观测或理论计算获得，可用式（1）计算

$$L_1 = h_1 \sqrt{\frac{R_t}{3q}} \qquad (1)$$

式中，h_1 为老顶厚度，m；R_t 为老顶的抗拉强度，MPa；q 为老顶单位面积承受的载荷，MPa。

2.1.2　弧形三角块 B 倾向长度 L_2 的确定

弧形三角块 B 沿侧向断裂跨度 L_2 是指随老顶断裂后在采场侧向形成的悬跨度。根据塑性极限分析法中破裂线理论知，弧形三角块 B 倾向长度 L_2 与工作面长度 S 和老顶的周期来压步距 L_1 相关，则 L_2 的长度可用式（2）计算

$$L_2 = L_1 \left(\sqrt{(L_1/S)^2 + 3/2} - L_1/S \right) \quad (2)$$

式中，L_1 为 201 采区综放面周期来压步距，m；S 为 201 采区综放工作面长度，m。

2.1.3　弧形三角块 B 断裂位置 x_0 的确定

工作面回采后，老顶破断位置基本位于煤体弹塑性交接处，破断后的老顶以该轴为旋转轴向采空区旋转下沉。根据弹塑性极限平衡理论计算知，断裂位置距上区段采空侧煤壁的距离可用式（3）计算

$$x_0 = \frac{\lambda m}{2\tan\varphi} \ln \left(\frac{k\gamma H + \dfrac{C}{\tan\varphi}}{\dfrac{C}{\tan\varphi} + \dfrac{P}{\lambda}} \right) \quad (3)$$

式中，x_0 为弧形三角块断裂线与煤壁间距，m；C 为煤体黏聚力，MPa；φ 为煤体内摩擦角，（°）；P 为煤柱帮支护阻力，MPa；m 为 201 采区平均采厚，m；λ 为侧压系数；k 为最大应力集中系数；γ 为覆岩平均

容重，kN/m³；H 为 201 采区综放面平均埋深，m。

2.2 弧形三角块的受力分析

认为基本顶三角块结构是强采动影响巷道的上部边界，三角块结构的受力状况、运动状态及稳定性对巷道的外部力学环境影响较大，根据上区段采空区侧煤岩体的变形运移力学模型，建立三角块 B 受力简图，如图 2 所示。

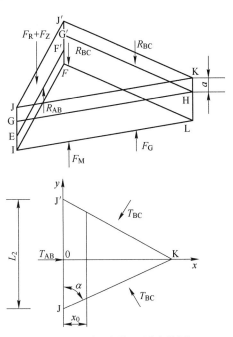

图 2　弧形三角块 B 受力简图

为了便于分析，对弧形三角块 B 受力作如下简化：

弧形三角块 B 与前后 C 块体及侧向 A 岩块接触，岩块与岩块之间的接触关系为塑性铰接关系；前后两 C 岩块对弧形三角块 B 的作用力相等，R_{BC}、T_{BC} 分别是 C 岩块对弧形三角块 B 的铅垂剪力和水平推力的合力，作用点为 JK 的中点，在高度方向为 $a/2$ 处；侧向 A 岩块对弧形三角块 B 的铅垂剪力和水平推力的合力为 R_{AB} 和 T_{AB}，作用点为 JJ′中点，在高度的 $a/2$ 处；弧形三角块 B 上方的软弱岩层自重的合力为

F_R，弧形三角块自重的合力为 F_Z，均作用于弧形三角块的重心；采空区矸石对弧形三角块 B 的支撑力为 F_G；位于弧形三角块下方的侧向煤体处于极限平衡状态，煤体对三角块 B 的支撑力为 F_M；位于弧形三角块下方、侧向煤体上方的直接顶处于弹性状态，传递弧形三角块与煤体之间的作用力；三角块 B 的旋转角度为 θ；采动支承压力的合力 F_C，在掘巷前和掘巷后为 0，采动影响期间不为 0。

2.3 弧形三角块的关键参数求解

根据力学平衡对弧形三角块进行受力分析，对各个力对旋转轴 EF 取矩，合力矩为 0，即

$$\sum M_{EF} = 2T_{BC}a\cos\alpha + \int_0^{x_0} \sigma_y\left[\frac{-2}{\tan\alpha}(x-L_2)\right]x\mathrm{d}x +$$
$$\int_{x_0}^{L_2\cos\theta} f_g\left[\frac{-2}{\tan\alpha}(x-L_2)\right]x\mathrm{d}x -$$
$$2R_{BC}\cos\theta\frac{L_2}{2} - (F_R+F_Z)\cos\theta\frac{L_2}{3} = 0 \tag{4}$$

式中，α 为三角块的底角，°；f_g 为单位面积矸石产生的支撑力，MPa；σ_y 为弧形三角块下方煤体的铅垂应力，σ_y 可以按照下式计算

$$\sigma_y = (C_0/\tan\varphi_0 + P_Z/A)\,\mathrm{e}^{\frac{2\tan\varphi_0}{mA}(x_0-x)} - C_0/\tan\varphi_0 \tag{5}$$

因此，可以求得 R_{BC} 如下：

$$R_{BC} = \frac{1}{L_2\cos\theta}\left\{2T_{BC}a\cos\alpha + \right.$$
$$\int_0^{x_0} \sigma_y\left[\frac{-2}{\tan\alpha}(x-L_2)\right]x\mathrm{d}x +$$
$$\int_{x_0}^{L_2\cos\theta} f_g\left[\frac{-2}{\tan\alpha}(x-L_2)\right]x\mathrm{d}x -$$
$$(F_R+F_Z)\cos\theta\frac{L_2}{3} = 0 \tag{6}$$

根据铅垂方向合力为 0，可以求得 R_{AB}

如下

$$R_{AB} = 2R_{BC} + F_R + F_Z + F_M - F_G \quad (7)$$

根据水平方向上合力为 0，可求得 T_{AB} 如下

$$T_{AB} = 2T_{BC}\cos\alpha \quad (8)$$

关键块 C 对弧形三角块 B 的水平推力 T_{BC} 可以用下式进行求解

$$T_{BC} = \frac{L_2(F_R + F_Z)}{2\left(h_Z - \dfrac{L_2 - \sin\theta}{2}\right)} \quad (9)$$

式中，F_Z 为弧形三角块上覆软弱岩层的重量，$F_Z = S_\triangle h_Z \gamma_Z$，MN；$F_R$ 为弧形三角块重量，$F_R = S_\triangle h_R \gamma_R$，MN；$h_Z$ 为弧形三角块 B 厚度，m；$S_\triangle$ 为弧形三角块 B 的面积，m^2；h_R 为弧形三角块 B 上覆软弱岩层的厚度，m；γ_R 为弧形三角块 B 上覆软弱岩层的容重，MN/m^3；γ_Z 为弧形三角块 B 的容重，MN/m^3。

因此，可以求出 T_{AB} 如下式

$$T_{AB} = \frac{L_2(F_R + F_Z)\cos\alpha}{h_Z - \dfrac{L_2\sin\theta}{2}} \quad (10)$$

弧形三角块 B 下方煤体对弧形三角块的支撑力 F_M 可以用下式计算

$$F_M = \int_0^{x_0} \sigma_y \left[\frac{-2}{\tan\alpha}(x - L_2)\right] dx \quad (11)$$

通过求解次方程可以得出 F_M 如下式所示

$$F_M = -\frac{2}{\tan\alpha}\left[-\frac{A_1}{A_2^2}(A_2 x_0 + 1) + \frac{A_1}{A_2^2}e^{A_2 x_0} + \frac{A_1 L_2}{A_2} - \frac{A_1 L_2}{A_2}e^{A_2 x_0} + A_3 x_0 L_2 - \frac{1}{2}A_3 x_0^2\right] \quad (12)$$

其中

$$A_1 = \frac{C_0}{\tan\varphi_0} + \frac{P_Z}{A}; \quad A_2 = \frac{2\tan\varphi_0}{mA}; \quad A_3 = \frac{C_0}{\tan\varphi_0}$$

冒落矸石对弧形三角块 B 的支撑力可以用下式进行求解

$$F_G = \int_{x_0}^{L_2\cos\theta} f_g\left[-\frac{2}{\tan\alpha}(x - L_2)\right] dx \quad (13)$$

式中，f_g 为单位面积矸石产生的支撑力，MPa。

3　弧形三角块的稳定性分析

根据三角块结构受力状况分析其稳定性。三角块结构失稳的方式主要有两种，即滑落失稳和转动失稳。滑落失稳指三角块 B 与岩块 A 之间的剪切力大于两岩块之间的水平推力所引起的摩擦力，三角块 B 沿岩块 A 滑落；转动失稳指三角块 B 转动角度过大，与岩块 A 之间的水平推力所引起的压应力大于两岩块接触处的有效抗压强度，块体被挤碎而失稳。

为分析三角块结构的稳定性，引入三角块结构稳定性系数的概念，将 A、B 岩块之间的摩擦力与三角块结构的剪切力 R_{AB} 之比定义为滑落稳定性系数 K_1，A、B 岩块之间的挤压应力与 A、B 岩块接触处的有效抗压强度之比定义为转动稳定性系数 K_2，即

$$K_1 = \frac{T_{AB}\tan\varphi}{R_{AB}} \quad (14)$$

$$K_2 = \frac{T_{AB}}{L_1 a\delta\sigma_c} \quad (15)$$

其中　$\alpha = \dfrac{1}{2}(h_1 - h_2\sin\theta)$

$$\theta = \arcsin\frac{y_0 - [y_0(1 - \eta)K_m + H_Z(K_Z - 1)]}{L_2}$$

式中，$\tan\varphi$ 为岩块间的摩擦系数，一般可取 0.3；L_1 为三角块 B 沿工作面推进方向的长度，m；δ 为因岩块在转角处的特殊受力条件而取的系数；σ_c 为岩块的抗压强度，MPa；a 为岩块 A、C 与三角块 B 的作用位置参数；L_2 为三角块 B 的倾向长度，m；h 为三角块 B 的厚度，m；θ 为三角块 B 的侧向回转角，°；η 为工作面的回采率；H_Z 为直接顶的厚度，m；K_Z 为直接顶的膨胀系

数；T_{AB} 为侧向 A 岩块对三角块 B 的水平推力的合力；R_{AB} 为侧向 A 岩块对三角块 B 的垂直剪力的合力。

如果 $T_{AB}>0$、$R_{AB}>0$、$K_1>1$ 表明三角块结构不会发生滑落失稳，K_1 越大，稳定性越好，$K_1<1$ 表明三角块结构发生滑落失稳，但如果 $R_{AB}<0$，即在垂直方向，三角块受到煤体和冒落矸石的支撑力之和，大于三角块与上覆软弱岩层的重量、前后岩块 C 对三角块的剪切力之和，三角块 B 不需要岩块 A 对其向上的作用力 R_{AB} 即能保持平衡，计算结果 $K_1<0$，表明三角块结构不会发生滑落失稳。

如果 $T_{AB}>0$，$K_2<1$ 表明三角块结构不会发生转动失稳，K_2 越小，稳定性越好，$K_2>1$ 表明三角块结构发生转动失稳，$K_2=1$ 表明三角块结构处于临界状态。

4 结论

（1）综放沿空煤巷上覆岩层弧形三角块的稳定性影响着综放沿空煤巷围岩的稳定，要解决综放沿空煤巷的围岩控制问题就必须解决上覆岩层弧形三角块的稳定性问题。

（2）通过建立开挖后老顶弧形三角块结构及其下部煤岩体的力学模型，对弧形三角块结构的稳定性进行分析，给出弧形三角块稳定性系数的计算方法，为工程实践提供了理论支持。

参 考 文 献

[1] 钱鸣高，缪协兴，何富连. 采场砌体梁结构的关键块分析 [J]. 煤炭学报，1994（3）：557~563.
[2] 钱鸣高，缪协兴，许家林. 岩层控制的关键层理论 [M]. 徐州：中国矿业大学出版社，2000.
[3] 钱鸣高，张顶力，等. 砌体梁的"S-R"稳定及其应用 [J]. 矿山压力与顶板管理，1994（3）：6~11.
[4] 姜福兴，宋振骐，宋扬. 老顶的基本结构形式 [J]. 岩石力学与工程学报，1993（4）：366~379.
[5] 宋振骐，蒋金泉. 煤矿岩层控制的研究重点与方向 [J]. 岩石力学与工程学报，1996（2）：33~39.
[6] 侯朝炯，李学华. 综放沿空掘巷围岩大、小结构的稳定性原理 [J]. 煤炭学报，2001（1）：1~7.
[7] 李学华. 综放沿空掘巷围岩大小结构稳定性的研究 [D]. 徐州：中国矿业大学，2000.
[8] 柏建彪. 综放沿空掘巷围岩稳定性原理及控制技术 [D]. 徐州：中国矿业大学，2002.

寸草塔一矿回采巷道围岩变形规律及支护技术

吴浩波[1]，闫建军[2]

(1. 中国矿业大学（北京）资源与安全工程学院，北京　100083；
2. 涿鹿金隅水泥有限公司，河北张家口　075600)

摘　要：为了解决寸草塔一矿回采巷道支护难的问题，组织对井下巷道围岩变形规律进行观测研究，并对观测数据进行分析，掌握了该矿受动压影响下的围岩变形规律，对巷道围岩应力分布进行计算机数值模拟，以此来合理选择回采巷道支护方式和锚杆支护参数，指导该矿回采巷道掘进和支护设计，使巷道支护方式更经济合理。

关键词：回采巷道；围岩变形规律；锚杆支护参数优化

1　工程概况

寸草塔一矿掘进巷道范围内的煤（岩）层总体为一向西南倾斜的近水平的单斜构造。地层走向 N27°E，倾向为 N63°W，倾角小于 5°，根据临近巷道揭露情况及钻孔资料分析，巷道内不会有落差大的断层出现，但落差小于 5m 的小型正断层将有可能出现。3-1 煤层在井田内全区发育且可采，赋存状态稳定，厚度变化不大，在掘进工作面范围内煤层厚度变化在 2.00～3.42m 之间，平均厚度为 2.83m，煤层结构为 2.20（0.2）0.43，夹矸的岩性为灰白色粉砂质泥岩，厚度达到 0.20m，本煤层直接顶为平均厚度 4.33m 的灰白粉砂岩砂质胶结，半坚硬，以石英为主、长石次之，有水平层理。老顶为侏罗系中下统延安组三岩段的岩层，即平均厚度为 11.0m 的灰白色细粒砂岩和灰色粉砂质泥岩互层，局部钙质胶结，半坚硬。直接顶稳定性较差易发生顶板局部冒落及掉渣现象。图 1 所示为 43112 工作面煤层柱状图。

寸草塔一矿辅运大巷，主要用于运输、

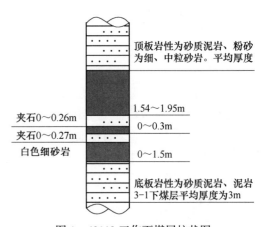

图 1　43112 工作面煤层柱状图

行人等用。掘进巷道位于 3-1 煤 11 盘区，所掘巷道为煤岩巷，巷道沿 3-1 煤层顶板掘进，采用锚、网联合支护巷道为矩形断面，断面尺寸为：$S = 5.2m \times 3.05m = 15.86m^2$。

2　松动圈测试

2.1　测试目的

由于回采巷道开挖后，使煤体的原有应力平衡状态得到破坏，巷道围岩应力重新分布，巷道周边一定的范围内会产生应力集中现象。其应力大于煤体的极限应力时，巷道周边一定范围的煤体就会发生变形破坏，此范围的应力会有所降低，应力得到释放，围岩将破碎产生裂隙从而形成松动圈。松动圈的大小除与围岩的强度、原岩应力的大小、巷道断面的大小、巷道断面的形状、掘进方式等多种因素的影响外，还与巷道的支护方式、支护参数有较大的关系[1]。

因此巷道围岩的松动圈的大小是确定支护强度的重要依据，尤其是确定锚杆长度的主要依据，同时也是对巷道围岩稳定性进行评价的重要依据。

2.2　测试原理

松动圈测试实质上是应用超声波在不同介质中传播速度不同，来预测围岩的破坏情况。测试物体是以弹性体为前提条件的，当煤体的尺寸较小、作用外力较小时，相应变形也较小，可以把煤体视为弹性体。超声波是由声波仪振荡器产生的高压电脉冲信号加在发射换能器，发射换能器受到激发产生瞬态的振动信号，该振动信号经发射换能器与煤体之间的耦合后在岩体介质中传播，从而携带煤体内部信息到达接收换能器，接收换能器把接收到的振动信号再转变成电信号传给声波仪，经声波仪放大处理后，显示出超声波穿过煤体的声时、波速等参数。

根据弹性理论，由弹性波的波动方程通过弹性力学空间问题的静力方程推导，可得出超声波纵波波速与介质的弹性参数之间的关系

$$V_p = \sqrt{\frac{E(1-\mu)}{\rho(1-\mu)(1-2\mu)}}$$

$$V_s = \sqrt{\frac{E}{2\rho(1+\mu)}}$$

式中，V_p 为煤体的纵波速度；V_s 为煤体的横波速度；E 为煤体的弹性模量；μ 为煤体的泊松比；ρ 为煤体的密度。

从上式中可以看出，超声波在煤体中的传播速度与煤体的弹性模量、泊松比以及密度有关，而煤体的弹性模量、泊松比和密度与煤块自身抗压强度、密实程度直接相关，因此煤体的波速就可以间接反映煤块抗压强度以及内部破坏情况，通过回采巷道两帮不同深度处声时和波速的变化规律，可以确定巷道周围围岩的松动圈大小。

2.3　测点布置

为了了解寸草塔煤矿回采巷道的围岩破坏情况，定于在 43112 工作面辅运顺槽 112 面前方 30 米处进行松动圈测试。基于现场条件，本次松动圈测试共布置 6 个测点，分别在巷道的两帮腰线位置，由于煤帮相对岩巷比较软，测量钻孔采用煤电钻打孔，钻孔方位保持向下倾斜 3°～5°，钻头直径 42mm。图 2、图 3 分别为 43112 工作面松动圈测试布置图和辅运巷道松动圈测试布置图。

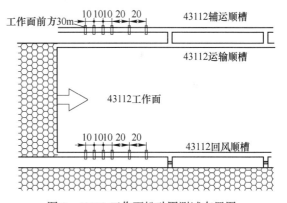

图 2　43112 工作面松动圈测试布置图

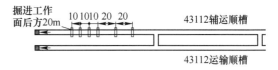

图 3　辅运巷松动圈测试布置图

2.4　测试结果分析

一次回采超前影响松动圈测试结果如表 1 所示。

表 1　一次回采超前影响松动圈测试结果表

测点号	割煤帮/m	煤柱帮/m
1	1.0	0.6
2	1.4	0.7
3	1.5	0.7

小结：一次回采超前阶段，巷道两帮松动破坏范围差别也较大，割煤帮大于煤柱帮，割煤帮松动圈在 1.0～1.5m，割煤帮平均为 1.3m，最大 1.5m，最小 1.0m，煤柱帮为 0.6～0.7m，平均为 0.7m，最大 0.7m，最小为 1.6m，巷道掘进稳定后，工作面的回采对两帮的影响不是很明显。

二次回采超前影响松动圈测试结果如表 2 所示。

表 2　二次回采超前影响松动圈测试结果表

测点号	割煤帮/m	煤柱帮/m
1	2.1	1.2
2	2.1	1.6
3	2.2	1.5
4	2.2	1.3

小结：二次采动影响超前阶段，巷道两帮松动破坏范围相差较大，割煤帮大于煤柱帮，割煤帮的松动圈在 2.1～2.2m，最大 2.2m，最小 2.1m，煤柱帮平均为 1.4m，最大值为 1.6m，最小为 1.2m。二次采动对巷道两帮的影响很明显。

3　数值模拟及支护参数合理选择

3.1　模型的建立

几何模型的建立，巷道开挖在煤层内，底板为煤层，确定计算模型的范围如下：

几何模型取宽 50m，高 60m，巷道截面为矩形，宽 5.4m，高 2.8m。

物理模型的确定，岩石力学弹塑性问题数值模拟中，物理模型选取可有较大的灵活性，不同类型的岩石应当采用不同类型的、最适宜的模型，模型是否正确和符合岩石的基本特性将直接影响到计算结果是否有价值。面对目前众多的模型，确定选取较为实用的摩尔-库仑塑性模型。

模拟步骤按照建立模型、定义材料模型及参数、加载及边界条件、开挖、求解，完成计算。表 3 为巷道顶板围岩参数统计表。

表 3　巷道顶板围岩参数统计表

顶、底板	岩性	厚度/m	体积模量/GPa	剪切模量/GPa	内聚力/MPa	内摩擦角/(°)	抗拉强度/MPa
第三层顶板	细粒砂岩	2.2	7.15	6.88	6.5	37	2.88
第二层顶板	粉砂岩	11	7.03	6.85	5.75	35	2.55
第一层顶板	砂质泥岩	4	6.4	6	4.43	30	2.25
煤层		2.8	6.15	4.83	3.86	28	2.0
第一层底板	砂质泥岩	3	6.4	4.83	4.43	30	2.25
第二层底板	细粒砂岩	26.72	7.15	6.88	6.5	37	2.88

3.2　数值模拟结果分析

对受采动影响后巷道周边围岩垂直应力及围岩塑性变化进行分析，图 4、图 5 分别为受采动影响巷道周边围岩垂直应力分布图和塑性区分布图。

采动后 43112 辅运巷道所受垂直应力为 5.0MPa，顶板塑性区高度为 1m，宽度为 5.4m。

图 4　垂直应力分布图

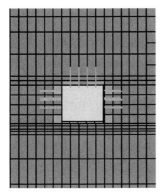

图 5　塑性区分布图

3.3　支护方式及锚杆参数合理选择

支护工艺：采用锚网支护。

锚杆参数为：

锚杆长度：2000mm；

锚杆直径：ϕ16mm；

托盘规格：120mm×120mm×8mm；

树脂型号：CK 型树脂；

药卷规格：ϕ35~400mm。

单体锚杆参数确定[2]：选取锚杆长度2000mm，锚深 1950mm。锚杆间排距 1m×1m（顶板正常情况下）。如遇顶板破碎、离层、冒落、裂缝构造发育区时要加强支护[3]。图6、图7分别为巷道支护平面图和巷道支护断面图。

4　工程应用监测结果

通过上述确立的最优方案，应用到工

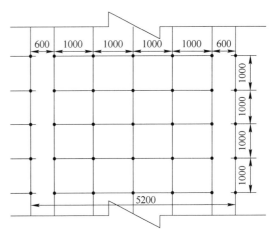

图 6　巷道支护平面图

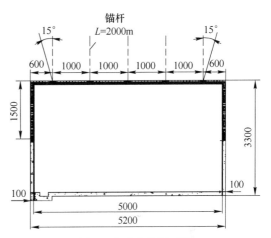

图 7　巷道支护断面图

程实践中，在 43112 工作面前方的辅运巷道中布置 2 个巷道超前观测站（Ⅰ测站和 n测站），Ⅰ测站布置在距工作面 60m 处，Ⅱ测站布置在距工作面 90m 处，每个测站同断面分别安装 3 个锚杆测力计，Ⅰ测站 1 号测力计安装在顶板靠近煤柱侧，2 号测力计安装在巷道顶板中部，3 号测力计安装在顶板靠近工作面侧，Ⅱ测站 3 个锚杆测力计安装位置同Ⅰ测站，通过锚杆测力计对最优支护方案进行锚杆载荷测试[4]。

通过分析锚杆载荷实测数据，可以得出随着工作面的向前推进，两个测站锚杆测力计的锚杆载荷实测值在观测期间总体比较稳定，变化不大，说明该段巷道围岩稳定性较好，巷道变形破坏轻微，维护效果良好。Ⅰ测站2号测力计锚杆载荷大于Ⅰ测站3号测力计锚杆载荷，也大于Ⅰ测站1号测力计锚杆载荷，Ⅱ测站3个锚杆测力计载荷也符合上述特征；表明锚杆载荷符合巷道顶板中部载荷>顶板工作面侧载荷>巷道顶板煤柱侧载荷。实践表明，采用预应力锚索对巷道实施补强加固支护措施后，巷道基本支护—锚杆支护载荷稳定，支护强度足够，巷道围岩整体趋于稳定，能够满足安全的要求，在完善提高的基础上可以应用于4-1煤层长壁工作面的巷道支护设计与支护实践[5]。

5　结论

针对寸草塔一矿回采巷道中存在的问题，确定围岩的变形机理及支护为研究的主要内容，通过FLAC数值模拟和现场实测，并对实测数据分析，对回采巷道的支护技术进行试验。

（1）通过现场测试工作面两巷受一次采动、二次采动后围岩松动圈的大小，从而为确定支护强度，尤其是为确定锚杆长度提供重要依据，同时也对巷道围岩稳定性进行评价提供了重要依据。

（2）采用FLAC数值模拟，对巷道的支护进行数值计算，分析了围岩应力变形规律[6]。在超前支承压力作用下，对锚杆参数进行优化，得出了适合该矿支护的锚杆支护参数为：顶板锚杆长为2m，帮锚杆长为2m，间排距为1m×1m为既经济又合理的指标。

（3）通过后期在43112辅运巷道的矿压观测及收集、整理数据，验证了支护参数的可行性及其在现场的适用性，为后期巷道的掘进及支护方案提供了参考案例。

参 考 文 献

[1] 马念杰，侯朝炯. 采准巷道矿压理论及应用 [M]. 北京：煤炭工业出版社，1995.

[2] 徐长磊，郭相参. 矿山巷道锚杆支护参数的设计方法 [J]. 中国矿业，2012（S1）：1004～4051.

[3] 李宏斌，乔博阳，王德雪，鱼琪伟. 塔拉壕矿软岩回采巷道支护参数优化研究 [J]. 煤炭技术，2016，35（4）.

[4] 杨玉亮. 采动巷道支护参数优化设计研究 [J]. 煤炭技术，2011（3）：1008～8725.

[5] 张忠温. 回采巷道围岩稳定性分类及支护型式确定 [J]. 矿山压力与顶板管理，2002（2）.

[6] 侯化强，王连国，陆银龙，等. 矩形巷道围岩应力分布及其破坏机理研究 [J]. 地下空间与工程学报，2011，7（S2）：1625～1629.

大柳塔矿活鸡兔井回采巷道支护参数设计

杨刚[1]，李仁义[2]

（1. 中国矿业大学（北京）资源与安全工程学院，北京　100083；
2. 扎赉诺尔煤业公司灵露煤矿，内蒙古呼伦贝尔　021000）

摘　要：以大柳塔煤矿活鸡兔井的地质条件为基础，针对21上308工作面辅助运输平巷为工程背景，运用理论分析，同时结合FLAC^{3D}数值模拟，对回采巷道的支护参数进行了系统性的计算分析，提出合理的巷道支护参数，经现场工业验证并监测研究表明：优化支护方案后，巷道围岩能够承受开采的扰动，巷道表面变形较小，优化支护方案效果显著，保障了工作面安全高效开采。

关键词：回采巷道；数值模拟；支护参数；现场监测

活鸡兔井是神华神东煤炭集团大柳塔煤矿所属的一个自然井，地处陕西省神木县境内大柳塔镇南端的乌兰木伦河畔，年设计生产能力50万吨，活鸡兔井井田面积63km^2，地质储量95亿吨，可采储量624亿吨。

21上308工作面为双巷布置工作面，双巷布置工作面能够有效解决运输、通风及瓦斯等问题，21上308辅助运输平巷具有连续推进距离长、巷道服务和维护周期长等特点[1~5]，且需要经历21上308一次采动和本工作面两次采动影响，使得提出合理的支护问题，使得提出合理的支护

设计十分重要。可为分析同类受两次采动影响巷道支护设计提供借鉴，研究成果对于现场生产实践具有一定的参考意义。

1　工程背景及地质概况

活鸡兔井试验巷道选择1-2上煤层，21上308工作面，埋深120m，平均采高3.1m，工作面长度为340m，运输平巷设计尺寸为5.4m×3.3m，全煤巷道断面设计为矩形断面，巷道沿煤底板掘进，工作面位置如图1所示。

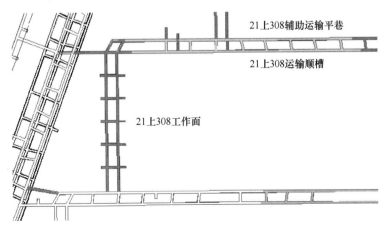

图1　工作面位置图

根据对活鸡兔井1-2上煤层的有效钻孔资料分析得知，1-2上煤层及其顶板赋存特征如下：

（1）1-2上煤层结构简单，厚度平均为3.7m。煤的宏观煤岩类型以暗煤为主，次有半暗煤及亮煤，局部地段的煤中含有黄铁矿结核或黄铁矿薄膜。煤层部分区域分布有冲刷砂岩带，冲刷带岩性以细、中、粗砂岩为主。

（2）直接顶厚0.94～3.4m，平均2.16m，主要由粉砂岩、粗砂岩、中砂岩、细砂岩、砂质泥岩和泥岩构成，部分地段的顶板中夹有植物化石，局部有0.2m厚的伪顶。老顶以中、粗砂岩为主，部分地段为细、粉砂岩或砂质泥岩。

顶板岩层结构组合类型主要有如下几种组合形式：1）由一定厚度各种粒度的砂岩互层组成的复合顶板；2）下部为强度较小厚度不大的泥岩、砂质泥岩或粉砂岩或强度相对较高的薄层细砂岩，上部为一定厚度各种粒度的砂岩互层组成的复合顶板；3）下部为中厚层状的泥岩或砂质泥岩，上部为各种粒度砂岩互层组成的复合顶板；4）下部为薄层状的细砂岩或粉砂岩，上部为中厚层状的泥岩或砂质泥岩。顶板岩层结构如图2所示。

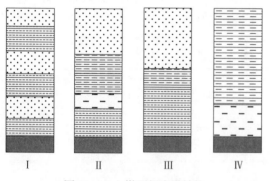

图2　1-2上煤顶板岩层结构

（3）直接底以粉、细砂岩为主，部分地段为粉砂岩，厚0.7～9.54m，遇水有一定程度的泥化，含植物化石，水平层理为主，部分地段为斜层理；老底以中细砂岩为主，部分地段为中、粗砂岩或粉砂岩，综合柱状图如图3所示。

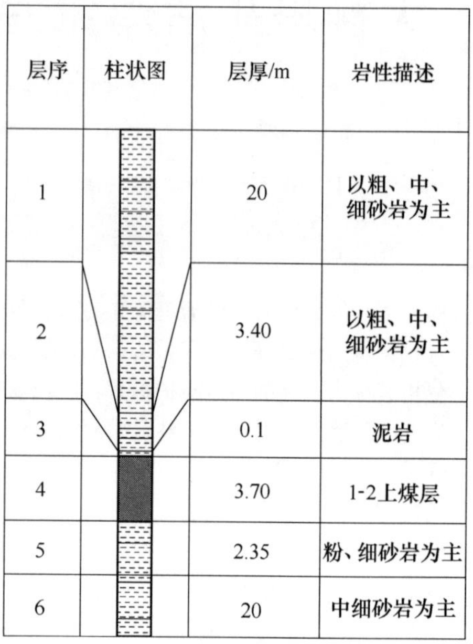

层序	柱状图	层厚/m	岩性描述
1		20	以粗、中、细砂岩为主
2		3.40	以粗、中、细砂岩为主
3		0.1	泥岩
4		3.70	1-2上煤层
5		2.35	粉、细砂岩为主
6		20	中细砂岩为主

图3　煤层综合柱状图

2　巷道支护参数设计

不同岩层的稳定性按简支梁结构计算。简支梁极限跨距为

$$L_1 = 2h\sqrt{\frac{R_T}{3(q_n)_x}} \quad (1)$$

式中，L_1为极限跨距；h为梁厚度；q_n为施加载荷；R_T为抗拉强度。

表1为不同顶板岩层的极限跨距计算结果，各岩层安全系数均按2考虑，可以看出，顶煤的极限跨距为1.58m，安全跨距为0.792m，不能保持稳定；伪顶的极限跨距为1.34m，安全跨距为0.673m，不能保持自身稳定；顶煤和伪顶作为不稳定层，悬挂在细砂岩层上面，共同的极限跨距为12.2m，安全跨距为6.1m，老顶的极限跨距为34.4m，安全跨距为17.2m，能保持自身稳定。因此，将细砂岩作为锚杆的承载结构。

表1 各岩（分）层极限跨距

编号	岩性	岩层厚度/m	计算跨距/m	安全跨距/m
1	煤	0.4	1.58	0.792
2	伪顶	0.2	1.34	0.673
3	细砂岩	2.16	12.2	6.1
4	砂岩	20	34.4	17.2

此种情况直接利用悬吊理论进行锚杆参数设计，需要支护的对象为顶煤0.4m，伪顶0.2m，锚杆长度为

$$L = L_1 + L_2 + L_3 \qquad (2)$$

式中，L_1 为锚固段长度，取0.3m；L_2 为不稳定层厚度之和；L_3 为锚杆外露段长度，取0.1m。

$$L = 0.7 + 0.3 + 0.1 = 1.1m$$

根据经验[6~9]，确定锚杆长度为1.8m。锚杆材质采用Q235圆钢，锚固力 $R_t = 50kN$，锚固方式为端锚；根据"三径"匹配，锚杆直径采用16mm。锚杆排距取1.2m，则每排锚杆根数为

$$n \geqslant \frac{Lb\sum(\gamma h)}{R_t} = \frac{55.47}{50} = 1.1 \qquad (3)$$

式中，L 为巷道设计宽度；γ 为不具备自稳能力岩层的容重；b 为锚杆排距；h 为不具备自稳能力岩层的厚度；R_t 为锚杆抗破断力。

考虑4倍的安全系数，则每排锚杆数为 $1.1 \times 4 = 4.4$，取 $n = 5$，每排5根锚杆，间距为1.1m，均匀布置。

3 巷道围岩变形破坏模拟

数值模拟模型长300m，宽250m，高40m，共52800单元块，58275个节点，数值模拟模型如图4、图5所示。模拟分别模拟一次和二次采动条件下的塑性区范围和支承压力变化规律。

21上308辅助运输平巷在经历一次采动时，超前段围岩的塑性破坏范围很小，巷道两侧塑性区均为0.5m，如图6所示。

21上308辅助运输平巷在经历二次采

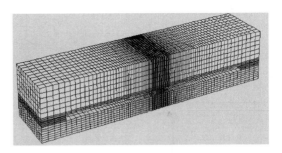

图4 数值计算模型

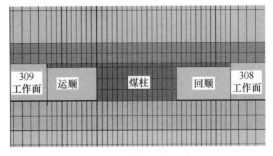

图5 工作面布置图

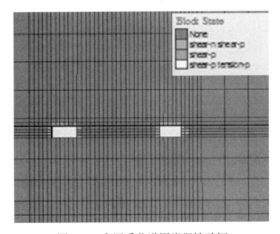

图6 一次回采巷道围岩塑性破坏

动时，超前段围岩的塑性破坏范围变化比较明显，煤壁帮塑性破坏深度为1.5m，煤柱帮塑性破坏深度为1.0m，如图7所示。

21上308辅助运输平巷在经历一次采动时，超前段围岩垂直应力两帮较大，范围为10~12MPa，对比上工作面回风平巷，垂直应力范围为18~19MPa，可知一次回采应力主要集中在回风平巷超前段，说明一次采动对21上308辅助运输平巷影响较小，如图8所示。

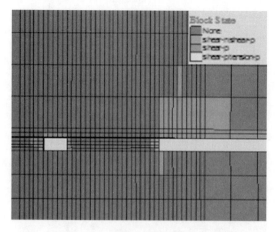

图 7　二次回采巷道围岩塑性破坏

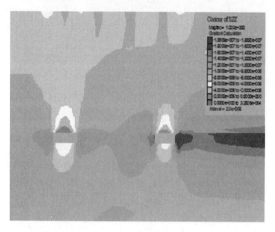

图 8　一次回采时巷道垂直应力变化

21 上 308 辅助运输平巷在经历二次采动时，超前段围岩垂直应力整体增加，煤壁帮要大于煤柱帮，煤柱帮垂直应力范围为 25～30MPa，煤壁帮应力可达到 30～35MPa，说明二次采动对 21 上 308 辅助运输平巷影响变化较大，如图 9 所示。

通过对塑性区及垂直应力分析表明，二次采动对运输平巷的影响要明显大于一次采动，且影响主要集中在两帮。

结合数值模拟结果，21 上 308 辅助运输平巷两帮进行支护，煤壁帮锚杆采用 ϕ16mm × 1600mm 的玻璃钢锚杆，排距 1.0m，间距 0.75m，呈五花布置。煤柱帮采取锚网支护，锚杆采用 ϕ16mm×1600mm 的 Q235 圆钢锚杆，排距 1.0m，间距

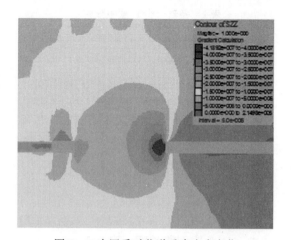

图 9　二次回采时巷道垂直应力变化

0.75m，呈五花布置。网采用 2000mm × 2000mm 金属网。

4　初步设计支护方案

（1）顶板支护方案：顶板采用锚、网、钢带联合支护，顶采用 ϕ16mm×1800mm 的 Q235 钢锚杆，间排距为 1100mm×1200mm，每排布置 5 根锚杆，锚固形式为端锚。树脂药卷采用 CK 型 ϕ23mm×350mm 一卷，顶网采用塑料网，规格为 1400mm×2000mm，顶钢带规格：ϕ12mm×80mm×4800mm 支护方案如图 10 所示。

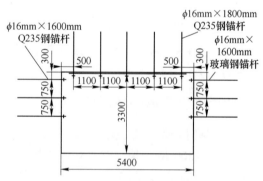

图 10　21 上 308 辅助运输平巷锚杆支护

（2）两帮支护方案：煤壁帮采用 Q235 圆钢锚杆、网联合支护，锚杆为五花布置，锚固形式为端头锚固。锚杆型号：ϕ16mm×1600mm 的 Q235 圆钢锚杆；树脂型号：CK 型 ϕ23mm×350mm。网的型号为 2000mm×

2000mm。

煤柱帮采用玻璃钢锚杆支护，锚杆为五花布置，锚固形式为端头锚固。锚杆型号：$\phi16mm×1600mm$ 的玻璃钢锚杆；树脂型号：CK 型 $\phi23mm×350mm$。

其他支护材料规格：锚杆托盘规格：120mm × 120mm × 8mm；锚索托盘规格：300mm × 300mm；煤壁帮网与顶网搭接200mm，顶网与帮网搭接处每隔200mm绑扎一道铁丝；当顶板局部冒顶，帮网与顶网不能搭接时，在没网搭接处必须补挂网，用帮锚杆将网压住，同时搭接每隔200mm绑扎一道铁丝。

5 现场实施效果

在 21 上 308 辅助运输平巷 46 联络巷设置深基点位移观测，随着工作面的推进，顶板各深基点的位移量逐渐增大，5.5m、3m、2m 处位移量分别为 4mm、2mm、2mm；煤壁帮各深基点的位移量逐渐增大，4.5m、2m、1m 处位移量分别为 7mm、4mm、3mm；煤柱帮各深基点的位移量逐渐增大，4.5m、2m、1m 处位移量分别为 7mm、2mm、2mm，如图 11～图 13 所示。

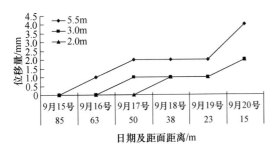

图 11 顶板深基点位移变化曲线

深基点观测结果表明，21 上 308 辅助运输平巷采用优化支护方案后，顶板深基点位移最大为 4～9mm，煤壁帮深基点位移最大为 6～7mm，煤柱帮深基点位移最大为 7mm，深基点位移变化小，巷道变形量不明显，锚杆、锚索、锚网及钢筋梯未出现

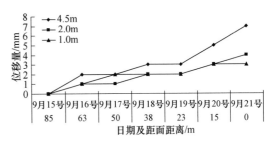

图 12 煤壁帮深基点移近变化曲线

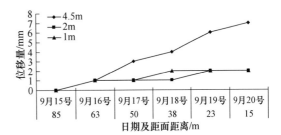

图 13 煤柱帮深基点位移变化曲线

支护失效的状况，说明支护设计符合现场生产需求。

6 结论

（1）通过理论分析对 21 上 308 辅助运输平巷顶板计算得出锚杆支护参数，结合数值模拟分析，对平巷两帮提出合理支护参数。

（2）通过监测现场各个深基点位移变化，表明在支护方案的作用下深基点位移变化小，支护效果良好，说明锚杆参数设计是合理的，能够保持巷道的安全稳定。

参 考 文 献

[1] 侯朝炯，郭励生，勾攀峰. 煤巷锚杆支护 [M]. 徐州：中国矿业大学出版社.

[2] 钱鸣高，石平五. 矿山压力与岩层控制 [M]. 徐州：中国矿业大学出版社，2003：58.

[3] 徐玉胜. 大采高工作面巷道布置方式 [J]. 煤矿开采，2009，14（3）：19～22.

[4] 柏建彪. 沿空掘巷围岩控制 [M]. 徐州：中国矿业大学出版社，2006：1～12.

[5] 王安. 现代化亿吨矿区生产技术 [M]. 北京：煤炭工业出版社，2005：151～260.

[6] 李学华，杨宏敏，郑西贵，等. 下部煤层跨采大巷围岩动态控制技术研究 [J]. 采矿与安全工程学报，2006，23（4）：393~397.

[7] 姚向荣，韩玉友. 跨采巷道矿压显现规律及原因分析 [J]. 矿业工程，2006，4（3）：27~28.

[8] 何满潮，袁和生，靖洪文，等. 中国煤矿锚杆支护理论与实践 [M]. 北京：科学出版社，2004：33~50.

[9] 刘洪涛. 基于锚固串群体围岩的煤巷锚杆支护参数研究 [D]. 北京：中国矿业大学（北京），2007.

浅埋煤层巷道围岩变形破坏特征及控制技术

刘方[1]，薛琪[2]

（1. 中国矿业大学（北京）资源与安全工程学院，北京　100083；
2. 山西高河能源有限公司，山西长治　046000）

摘　要：针对哈拉沟煤矿 02206 工作面回风顺槽埋深浅但变形严重的问题，首先分析了顶板岩梁的极限跨距，结果显示煤层基本顶为稳定岩层。然后采用基于锚固串群体结构的煤巷锚杆支护参数设计方法，确定了支护参数并进行了现场工业性试验。松动圈测试结果表明优化后的支护方案围岩控制效果较好。

关键词：浅埋煤层；回采巷道；锚固串群体结构；围岩控制

我国煤矿每年掘进巷道总长度达数万千米，巷道开挖会导致围岩运移及应力的重新分布，并形成塑性破坏区。如果破碎围岩巷道支护措施不当，围岩弱面将进一步扩展，产生新的裂隙，表现为松动圈范围大、变形严重等特点，最终导致失稳破坏[1]。许多专家学者采用理论分析、实验室试验及工程实践等方法对煤层巷道围岩破坏机理及其控制技术进行了研究。李树刚等[2]针对余吾煤业南二采区 S2206 工作面进风巷围岩破碎且受动压影响的具体情况，提出了有针对性的控制对策。郭正兴[3]针对长平煤矿Ⅲ43142 巷大断面高巷帮围岩破碎特点，确定了以 W 钢护板为两帮支护组合构件的锚杆索联合支护方案。马念杰等[4]采用对接长锚杆代替锚索的支护技术，解决了困难条件下巷道顶板下沉与锚索延伸能力不协调而易引发冒顶的难题。刘洪涛等[5]建立了顶板岩层稳定跨距计算力学模型，分析了岩层稳定性的主要影响因素，获得了稳定跨距判别计算公式，并将稳定岩层的位置变化作为冒顶隐患级别分划的指标，可及时发现巷道冒顶高风

险区域。赵志强[6]对大变形回采巷道围岩变形破坏机理进行了研究，获得了大变形回采巷道围岩塑性区形成及其受采动影响的发展规律，并揭示了"蝶形"塑性区随采动叠加应力场主应力方向旋转而引起回采巷道围岩非对称大变形的作用机理。可以看出煤层巷道破坏机理及控制技术的一直是采矿科技工作者关注的重点问题，本文以哈拉沟煤矿 02206 工作面回风顺槽为工程背景，对浅埋煤层巷道围岩变形破坏特征及控制技术进行研究，为类似条件下的巷道围岩控制提供参考。

1　工程背景

哈拉沟煤矿位于陕西省神木县大柳塔镇境内，是神华神东煤炭集团有限责任公司整合地方煤矿的基础上，经过技术改造后建成的一座特大型千万吨级矿井。哈拉沟煤矿于 2004 年 12 月 28 日建成投产，核定生产能力 1250 万吨，服务年限 52 年。井田面积 72.4km²，工业储量 9.95 亿吨，可采储量 6.8 亿吨，主采煤层为 1-2 上、1-2、2-2 和 3-1 四个煤层，煤层赋存稳定，倾角

较小，厚度大，煤质是具有低灰、特低硫、高发热量的富油煤，可做优质的动力煤使用。其中 2-2 煤呈条带状结构，层状构造，平均厚度 5.5m，煤层内没有夹矸，完整性好。矿井采用单一长壁后退式开采方法，综合机械化采煤工艺进行回采，全部垮落法管理顶板。

哈拉沟煤矿 02206 工作面回风顺槽沿着 2-2 煤层底板掘进，平均埋深 128m，断面形状为矩形，断面尺寸宽×高 = 5.4m×3.8m。直接顶为粉砂岩，平均厚度 6.1m，夹细砂岩条带和煤线，下部多为浅灰色粉砂岩，波状及交错层理，泥质胶结；基本顶为中粒砂岩，平均 13.85m，以石英长石为主，泥质胶结；直接底为粉砂质泥岩，厚度 2.36m；基本底为粉、细砂岩，厚度 8.09m。煤层顶底板综合柱状图见图 1。

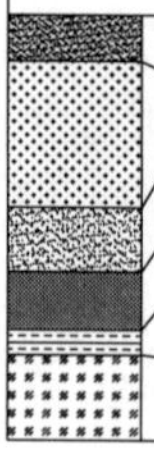

柱状	岩石名称	厚度/m	岩性描述
	粉、细粒砂岩	4.4	灰色、含白云母片及炭化植物化石
	中粒砂岩	13.85	灰白色，以石英长石为主，泥质胶结
	粉砂岩	6.1	夹细砂岩条带和煤线，下部多位浅灰色粉砂岩，波状及交错层理，泥质胶结
	2-2煤	5.5	黑色，褐黑色条痕，半暗型，沥青光泽
	粉砂质泥岩	2.36	灰色，含炭化植物碎片
	粉细砂岩	8.09	含白云母片及炭化植物化石，斜层理

图 1　煤层顶底板综合柱状图

02206 工作面回风顺槽顶板采用 Q235 圆钢锚杆支护，端头锚固，每排四根锚杆，间排距为 1200mm×1200mm，锚杆型号：$\phi 16mm×1800mm$。在人行道侧，顶板铺设金属网，规格为 1400mm×2500mm。负帮采用 Q235 圆钢锚杆、网联合支护，锚杆为五花布置，锚固形式为端头锚固。在工作面回采期间，回风顺槽变形有以下特征：

（1）顶板下沉明显，最大下沉量可达 500mm，局部出现网兜，甚至有漏矸现象，冒顶风险较高；

（2）超前支护段两帮收敛量大，局部地段巷帮鼓出后会挤压单体液压支柱；

（3）距离工作面较远地段的巷道处于掘进稳定期，随着到工作面距离的增加，松动圈范围有逐渐增大的趋势。

2　支护方案优化

2.1　顶板岩层稳定跨距分析

相关研究表明[5]，顶板岩梁的力学模型可按简支梁和固支梁两种模型考虑，并且可以按照弯矩来计算顶板岩梁的极限跨距。如果巷道顶板第 1 层岩层的稳定跨距大于巷道的实际跨度，则该层为稳定岩层，反之，该层为非稳定岩层，会发生冒落，并继续向上分析计算，直至找到稳定岩层。

按照固支梁计算时，最大弯矩和最大拉应力发生的梁的两端。当最大应力值达到的岩层的抗拉强度极限值时，固支梁会发生断裂，则极限跨距为

$$L_x = h_x \sqrt{\frac{2\sigma_{tx}}{q_x}} \qquad (1)$$

按照简支梁计算时，最大弯矩和最大拉应力发生在梁的中间。当最大应力值达到岩层的抗拉强度极限值时，顶板岩梁会在中间被拉断，则极限跨距为

$$[L] = 2h_x \sqrt{\frac{\sigma_{tx}}{3q_x}} \qquad (2)$$

式中，q_x、L_x、h_x、σ_{tx} 分别为第 x 层岩层的实际作用载荷（MPa）、跨度（m）、岩层厚度（m）和单向抗拉强度（MPa）。

根据 02206 工作面回风顺槽顶板钻孔资料以及 02205 工作面回风顺槽和 02204 工作面运输顺槽掘进过程实践经验，在三元沟沟谷地段上覆基岩变薄，距离风化基岩较近，顶板较为破碎，直接顶粉砂岩厚度为 0.5m。采用文献 [5] 中给出的极限跨距计算公式并考虑了 1.2 倍安全系数，可以得出不同顶板岩层条件下的最大极限跨距计算结果，见表 1。

表1　不同顶板岩层条件下的极限跨距

编号	岩性	岩层厚度/m	安全跨距/m
1	煤	1.7	5.26
2	粉砂岩	0.5	1.4
3	中粒砂岩	13.85	18.97

从表1中可以看出，顶煤厚度最大为1.7m时所对应的极限跨距为5.26m，未达到巷道跨度5.4m，无法保持自身稳定；上层的粉砂岩为0.5m时极限跨距为1.4m，也为不稳定岩层；而中粒砂岩为稳定岩层，进行支护参数设计时，应考虑将下位岩层悬吊至中粒砂岩上。

2.2　基于锚固串群体结构的支护参数设计

基于锚固串群体结构的煤巷支护参数设计方法的思路是在对锚固串群体生成块体梁进行研究，并得出块体梁接触边界的强度增值系数与块体梁厚度之间的关系基础上，当上覆载荷已知时，即可确定满足设计要求的锚杆支护参数[7]。

2.2.1　顶板载荷分析

根据不稳定岩层计算顶板载荷 q_{max}

$$q_{max} = Lb\sum\gamma H \qquad (3)$$

式中，L 为巷道跨度，5.4m；b 为锚杆排距，1.2m；γ 为岩层容重；H 为不稳定岩层厚度。

带入数据，可得顶板载荷 q_{max} 为18.714t。

2.2.2　生成块体梁稳定的最小厚度 $[h]$

当结构平衡时，锚固串群体生成块体梁的最小厚度 $[h]$ 可以根据块体梁的自身稳定能力来计算

$$[h] = \sqrt{\dfrac{n_1}{n_2\sqrt{m}-1}} \qquad (4)$$

根据公式（4），确定生成块体梁最小厚度 $[h]$，各岩层选取的力学性质如表2

所示，锚固串群体内任一点的强度增值系数 m 取为3。

表2　岩石力学参数表

岩层	σ_c	k'	η_1	η_2	η_4	E	L	q_{max}	γ
煤	7.5	11	0.75	0.8	0.75	6200	5.4	18.714t	1.42
砂质泥岩	41.3	15.9	0.75	0.8	0.85	9210	5.4	18.714t	1.80

h 值计算可通过采用 Matlab 开发的程序实现（主界面见图2）。通过程序计算得出煤的生成块体梁能满足安全稳定性的最小厚度 $[h]_煤 = 1.0382$m，砂质泥岩的生成块体梁能满足安全稳定性的最小厚度 $[h]_粉砂 = 0.4156$m，为了安全起见，取其最大值，因此，生成块体梁最小厚度为 $[h] = 1.0382$m。

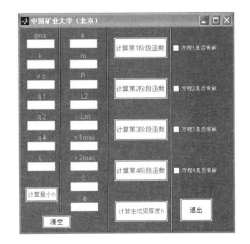

图2　Matlab主界面

2.2.3　不同支护条件下锚固串群体生成梁厚度的确定

根据哈拉沟矿的地质条件，分析了锚杆有效长度为1.7m、1.8m、1.9m、2.0m，间距为1.1m、1.2m条件下的最大生成块体梁厚度。计算时，锚杆排距选为1.2m。

利用生成梁厚度 h 求解软件，最大生成块体梁厚度如表3所示。

表3　不同支护参数形成的最大生成块体梁厚度

锚杆有效长度 L_{m} /m	锚杆间距 b /m	锚杆生成梁厚度 h/m	锚杆有效长度 L_{m} /m	锚杆间距 b /m	锚杆生成梁厚度 h/m
1.7	1.2	0.94028	1.8	1.2	1.0015
	1.1	1.0566		1.1	1.1335
1.9	1.2	1.089	2.0	1.2	1.1623
	1.1	1.2096		1.1	1.285

从表中分析，可以看出：

（1）当锚杆长度为 1.7m 时，间距为 1.2m 所形成锚固串群体生成块体梁厚度达不到顶板所需的要求，间距为 1.1m 刚能满足支护要求。

（2）当锚杆长度为 1.8m 时，间距为 1.2m 所形成锚固串群体生成块体梁同样达不到顶板稳定的要求，间距为 1.1m 时可以满足要求。

（3）锚杆长度为 1.9m 时，排距为 1.1m、1.2m 的生成块体梁都能满足要求。

（4）锚杆长度为 2.0m 时，排距为 1.1m、1.2m 的生成块体梁都能满足要求。

因此，当顶岩（煤）破碎时，综合经济、安全因素，确定锚杆的有效长度取为 1.9m，考虑外露长度，锚杆长度取 2.0m，排距为 1.2m，间距为 1.2m。

2.2.4　煤层巷道支护参数优化

哈拉沟煤矿 02206 工作面回风顺槽采用锚网支护，选用 20MnSi 左旋螺纹钢锚杆，直径为 20mm，锚固力 $R_{\mathrm{t}} = 141\mathrm{kN}$。顶锚杆规格为 $\phi20\mathrm{mm}\times2000\mathrm{mm}$ 的螺纹钢锚杆，锚杆间排距为 1200mm×1200mm。负帮采用锚杆、网联合支护，五花布置，锚杆型号：$\phi16\mathrm{mm}\times1600\mathrm{mm}$ 的 Q235 圆钢锚杆。回风顺槽优化后的支护方案如图3所示。

3　现场工业性试验

在 02206 工作面回风顺槽 30 联巷前方

(a) 支护布置图

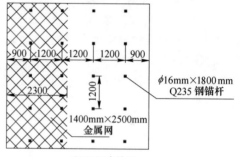

(b) 帮部支护图

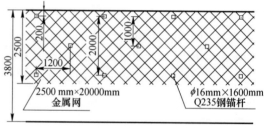

(c) 顶板支护图

图3　02206 回风顺槽优化后支护布置图

40m 范围内的巷道采用优化后的支护方案（即 1 号和 2 号测站），再往前至 29 联巷之间的巷道使用原支护方案（即 3 号和 4 号测站），分正、负两帮观测监测巷道松动圈变化情况，进而比较这 2 种支护方案的优劣性，测站布置如图4所示。

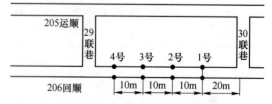

图4　掘进阶段松动圈测点布置

测试结果如表4所示，1、2号测站正

帮松动圈范围平均 0.45m，负帮松动圈范围平均 0.65m；3、4 号测站正帮松动圈范围平均 0.65m，负帮松动圈范围平均 0.85m。1、2 号测站松动圈范围明显较小，这表明优化后的支护方案对围岩的控制效果较好。

表 4　松动圈测试结果

测点	正帮/m	负帮/m
1 号	0.4	0.7
2 号	0.5	0.6
3 号	0.7	0.8
4 号	0.7	0.9

4　结论

（1）根据 02206 工作面回风顺槽所处工程地质环境，顶板岩层稳定跨距分析结果显示中粒砂岩为稳定岩层，进行巷道支护时，应将下位岩层悬吊在基本顶上。

（2）基于锚固串群体结构的煤巷锚杆支护参数设计方法对支护参数进行设计，松动圈测试结果表明优化后的支护方案围岩控制效果较好。

参 考 文 献

［1］陶树，汤达祯，许浩，等. 沁南煤层气井产能影响因素分析及开发建议［J］. 煤炭学报，2011，36（2）：194～198.

［2］李树刚，成小雨，刘超，等. 破碎围岩动压巷道锚索支护与注浆加固技术研究［J］. 煤炭科学技术，2016，44（1）：67～72.

［3］郭正兴. 大断面高巷帮破碎围岩巷道支护技术研究［J］. 煤矿开采，2015，20（3）：81～84.

［4］马念杰，赵志强，冯吉成. 困难条件下巷道对接长锚杆支护技术［J］. 煤炭科学技术，2013，41（9）：117～121.

［5］刘洪涛，马念杰. 煤矿巷道冒顶高风险区域识别技术［J］. 煤炭学报，2011，36（12）：2043～2047.

［6］赵志强. 大变形回采巷道围岩变形破坏机理与控制方法研究［D］. 北京：中国矿业大学（北京），2014.

［7］刘洪涛. 基于锚固串群体围岩的煤巷锚杆参数设计方法研究［D］. 北京：中国矿业大学（北京），2007.

三巷式布置保留回采巷道矿压显现规律研究

闫建军[1]，李仁义[2]

（1. 涿鹿金隅水泥有限公司，河北张家口　075600；

2. 扎赉诺尔煤业公司露煤矿，内蒙古呼伦贝尔　021000）

摘　要： 为了准确掌握保德矿"三巷式"布置方式中回采巷道的矿压显现规律、为解决回采巷道围岩控制难题和进行支护设计提供指导，采用深部围岩多基点位移计、表面位移监测等现场测试手段，系统测试了保德矿回采巷道在不同采动影响阶段的围岩变形特征，分析了保留回采巷道在采动影响下的矿压显现规律，测试结果表明：保德矿回采巷道围岩变形与传统矿压显现规律有所不同，影响剧烈区域主要发生在回采工作面后方200m距离以后，且围岩变形具有明显的非均匀性，巷道顶底板和两帮的变形不对称，一侧的变形量明显大于另一侧。

关键词： 保德矿；回采巷道；矿压显现；非均匀性

1　绪论

神东煤炭公司保德煤矿位于山西省保德县境内，是神东公司的高产高效现代化矿井，该矿主采8号煤层，采用综合机械化放顶煤开采，回采工作面推进速度快，开采强度大，长度为300m的采煤工作面每天可开采12～15m。为了解决矿井的瓦斯问题，保德矿回采巷道采用"三巷式"布置方式，如图1所示，即专门布置了一条专用瓦斯抽排巷，有两条回采巷道需要保留为下一回采工作面的开采服务。传统的留设区段煤柱的两巷式巷道布置方式的矿压显现规律研究已有较为成熟的成果[1~5]，与常规的留设区段煤柱的两巷式布置方式相比，这种"三巷式"的布置有两条巷道要保留下来，经受多次采动影响，巷道围岩应力分布和宏观结构运动更加复杂，导致矿压显现规律有所区别[6,7]，两条保留巷道的稳定性维护问题显得尤为重要。

保德矿开采实践表明，巷道掘进至回采工作面推过前，巷道围岩变形量均较小，当回采工作面推过一定距离（200～300m）后，保留巷道变形破坏趋于严重，如图2所示，顶板下沉量大、底鼓严重、两帮变形明显，部分区域变形量在1000mm以上，同时伴随有大量的锚索破断现象，并有冒顶事故发生，严重影响着后续回采工作面的顺利推进和安全开采。

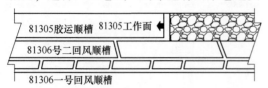

图1　保德矿工作面回采巷道"三巷布置"方式

(a) 顶板一侧发生台阶下沉　　(b) 顶板下沉发生冒顶

图2　保留巷道变形破坏情况

本文通过采用深部围岩多基点位移计、表面位移监测等测试手段，系统监测的保德矿回采巷道服务周期内全程的变形特征，获得了较为准确的矿压显现规律，为解决这类保留巷道的支护难题和支护设计具有较好的指导意义。

2 保留巷道围岩变形监测方案

为了准确掌握保留回采巷道服务周期全程的变形规律，采动影响前，选取在81305工作面主运平巷具有代表性的地段进行巷道围岩变形监测，监测站距离掘进头25m。采动影响时期，选取81305二号回风平巷进行巷道围岩变形监测，第一测站位于81304工作面后方100m，相隔100m以后布置第二监测站，测点布置如图3所示。

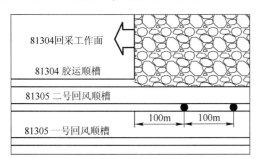

图3　巷道围岩变形监测站布置示意图

为详细掌握巷道不同位置，在巷道顶板中间、顶板靠近正帮、顶板靠近负帮、正帮上部、正帮下部，负帮上部、负帮下部等不同位置进行巷道围岩深部位移监测，顶板基点最大深度为10m，巷道基点最大深度为6m。由于底板深部位移监测难度较大，在底板靠近正帮、底板靠近负帮通过表面位移观测进行观测，具体基点位置和分布见图4。

3 保留巷道围岩变形监测结果

3.1 巷道掘进至回采工作面推过阶段围岩变形规律

从图5所示巷道顶底板变形监测曲线

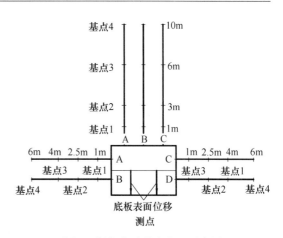

图4　深部位移基点布置示意图

可以看出，监测初期围岩变形迅速增加，5~7天以后各层位顶板变形逐渐趋于稳定，增长不明显。监测初期正帮侧顶板总变形量可达63mm，中部位置顶板总变形量为94mm，负帮侧顶板总变形量则达到67mm，均在支护体的承受范围之内，中部位置顶板下沉量大于两侧顶板下沉量，同时顶板变形层位主要集中在0~6m，占总位移量的80%~90%。观测期间，正帮侧底板变形量为57mm，负帮侧底板变形量为48mm，小于相应位置顶板下沉量，从变形速度上看，监测初期变形速度较大，一定时期之后变形速率减缓，逐渐趋于稳定，在剩余监测时期内巷道围岩基本保持稳定。

从图6所示巷帮深部位移监测曲线可以看出，监测初期巷道帮部变形同样迅速增加，变形速率较大，7~10天后巷帮变形速率明显减小，基本趋于平缓，监测期间，正帮上部变形量为45mm，正帮下部总变形量则达到60mm，负帮上部总变形量为74mm，负帮下部总变形量则达到42mm，相比顶板，巷道帮部变形减缓的时间稍晚，但总体变化趋势与顶板变形基本相同，初期变形速度大，一定时期以后变形速率减缓，逐渐趋于稳定，在剩余的监测周期内，直至回采工作面推过，巷道围岩基本保持稳定。

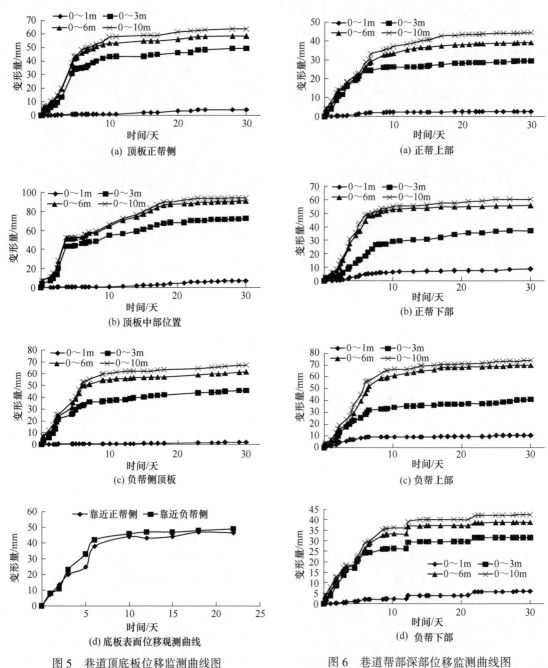

图5 巷道顶底板位移监测曲线图

图6 巷道帮部深部位移监测曲线图

3.2 回采工作面后方采动影响阶段围岩变形规律

3.2.1 工作面后方100m测站监测结果与分析

从图7所示巷道顶底板深部位移监测曲线可以看出，在工作面推进5~10天以后

（此时测站位于工作面后方150~200m），顶板变形速率突然增大，在监测25天之后（此时测站位于工作面后方350m左右），顶板变形基本趋于平稳。采动影响后围岩变形迅速增加，其变形剧烈程度远大于掘进影响阶段，整个监测期间正帮侧顶板总变

形量可达 372mm，中部位置顶板总变形量为 500mm 左右，负帮侧顶板总变形量则达到 512mm，顶板变形层位主要集中在 0 ~ 6m，占总位移量的 70% ~ 80%。同时巷道顶板变形表现出明显的不均匀性，负帮侧顶板下沉量大于正帮侧顶板下沉量，顶板变形速度方面，顶板靠近负帮侧的变形速度大于靠近正帮侧。

巷道底板表面位移观测曲线表明，观测期间，正帮侧底板变形量达到 817mm，负帮侧底板变形量为 402mm，均小于相应位置的顶板下沉量，正帮侧底鼓量大于负帮侧底鼓量，从变形速度上看，底板靠近负帮侧的变形速度也小于正帮侧，监测的第 5 天（测站位于工作面后方约 150m）时，变形速度增大，随着工作面的推进，仍以一定的速率增长，在监测 21 天后（测站位于工作面后方约 310m）有速率变化明显降低的趋势，如图 7（d）所示。

巷帮深部位移监测显示，在工作面推进 5~6 天以后（此时测站位于工作面后方 150m 左右），巷帮变形速率突然增大，在监测 20 天之后（此时测站位于工作面后方 300m 左右），巷帮变形基本趋于平稳增加趋势，不再有剧烈变化，如图 8 所示。与顶板变形规律基本相同，采动影响期间帮变形同样迅速增加，变形速率较大，变形剧烈程度略小于顶板，监测期间，巷帮变形表现出明显的不均匀性，正帮上部变形量可达 322mm，正帮下部总变形量则达到 490mm，正帮下部的变形量大于正帮上部的变形量，采动影响期间，正帮上部的变形速度小于正帮下部的变形速度。负帮上部总变形量为 460mm，负帮下部总变形量则达到 324mm，负帮下部的变形量小于负帮上部的变形量，采动影响期间，负帮上部的变形速度大于负帮下部的变形速度。

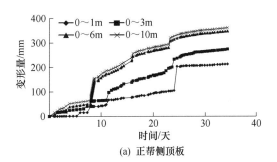

(a) 正帮侧顶板

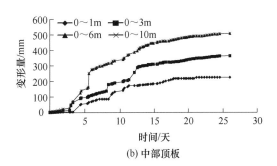

(b) 中部顶板

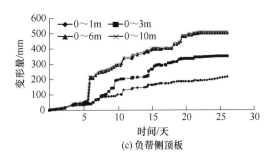

(c) 负帮侧顶板

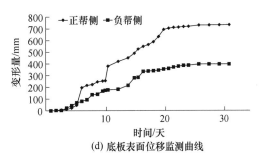

(d) 底板表面位移监测曲线

图 7 巷道顶底板深部位移监测曲线图

3.2.2 距离工作面 200m 测站监测结果与分析

从图 9 所示巷道顶板深部位移监测曲线可以看出，采动影响后围岩变形迅速增加，其变形剧烈程度远大于掘进影响阶段，

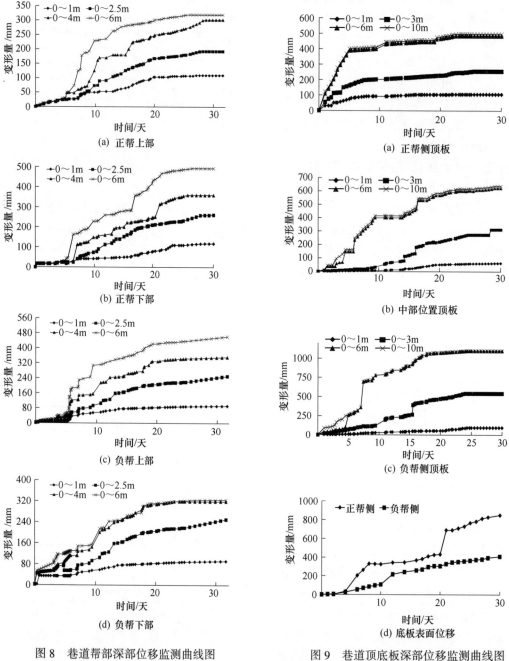

图 8　巷道帮部深部位移监测曲线图

图 9　巷道顶底板深部位移监测曲线图

自仪器安装起，随着工作面推进（此时测站位于工作面后方 200m 左右），顶板变形速率迅速增大，在监测 20 天之后（此时测站位于工作面后方 400m 左右），顶板变形基本趋于平稳，整个监测期间正帮侧顶板总变形量可达 485mm，中部位置顶板总变形量为 624mm，负帮侧顶板总变形量则达到 1069mm，顶板变形层位主要集中在 0~6m，约占总位移量的 90% 以上。同时巷道顶板变形表现出明显的不均匀性，负帮侧顶板下沉量大于正帮侧顶板下沉量，顶板变形速度方面，顶板靠近负帮侧的变形速度大于靠近正帮侧。

　　巷道底板表面位移观测曲线表明，观测期间正帮侧底板变形量达到 717mm，负帮侧底板变形量为 398mm，均小于相应位置的顶板下沉量，正帮侧底鼓量大于负帮侧底鼓量，从变形速度上看，底板靠近负帮侧的变形速度也小于正帮侧，监测的第5天（测站位于工作面后方约 250m）时，变形速度增大，随着工作面的推进，仍以一定的速率增长，在监测 19 天后（测站位于工作面后方约 400m）有速率明显降低的趋势，如图 9（d）所示。巷道帮部深部位移监测曲线如图 10 所示。

3.3 保留回采巷道非均匀变形规律

　　根据以上统计数据，选取两个测站获得的保留巷道受一次采动影响后的最大变形量，分别描绘距原工作面 100m、200m 位置测站巷道受一次采动影响断面变形后期轮廓图（图 11、图 12），图中可以看出近负帮侧顶板下沉大于近正帮侧顶板，负帮靠近顶板区域突出，相反的在正帮侧近底板的下侧帮部变形较大，非对称变形表现明显。其中距原工作面 200m 位置测站的巷道断面变形轮廓，非对称变形极其明显。至监测周期结束时，巷道的变形基本稳定，变形量不再增加，靠近负帮侧顶板最终变形量达到了 1069mm，远大于底鼓量，而两测站的正负帮都有 500mm 左右的变形发生。

4 结论

　　（1）从时间上看，保德矿回采巷道围岩变形呈现出明显的阶段性，回采工作面前方巷道围岩整体变形量较小，回采巷道围岩变形主要发生在回采工作面后方 200m 距离以后，保留巷道围岩变形迅速增加，整体变形量一般都在 300mm 以上，局部达 1000mm 以上。

　　（2）从空间上看，保德矿回采巷道受

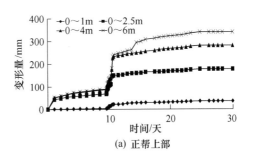

(a) 正帮上部

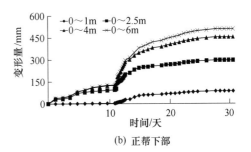

(b) 正帮下部

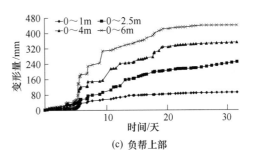

(c) 负帮上部

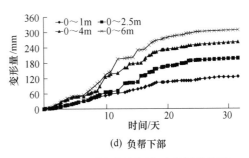

(d) 负帮下部

图 10　巷道帮部深部位移监测曲线图

采动影响后，围岩变形呈现出明显的"非均匀性"，变形分布特征：顶板下沉量大于两帮，负帮整体变形量大于正帮；顶板靠近负帮侧下沉量大于靠近正帮侧的下沉量，底板靠近正帮侧的底鼓量大于靠近负帮侧的底鼓量；正帮下部的变形量大于正帮上部的变形量，负帮上部的变形量大于负帮

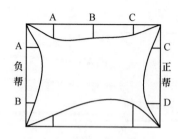

图 11 100m 测站巷道变形轮廓图

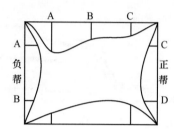

图 12 200m 测站巷道变形轮廓图

下部的变形量。

参 考 文 献

[1] 赵志强. 大变形回采巷道围岩变形破坏机理

与控制方法研究 [D]. 北京：中国矿业大学（北京），2014.

[2] 马念杰，赵志强，冯吉成. 困难条件下巷道对接长锚杆支护技术 [J]. 煤炭科学技术，2013，41（9）：117~121.

[3] 曹永模，华心祝，杨科，等. 孤岛工作面沿空巷道矿压显现规律研究 [J]. 煤矿安全，2013（1）：43~46.

[4] 侯朝炯. 巷道围岩控制 [M]. 徐州：中国矿业大学出版社，2013.

[5] 王德璋，李俊杰. 动压巷道矿压显现规律及支护技术 [J]. 煤炭科学技术，2011，39（4）：40~43.

[6] 黄庆享，李冬，秦晓强，等. 急倾斜临界角沿空回采巷道矿压显现规律 [J]. 建井技术，2005，25（6）：18~20.

[7] 伍永平，曾佑富，黄超慧，等. 深部高应力软岩巷道矿压显现规律研究 [J]. 西安科技大学学报，2013，26（2）：146~150.

[8] 张农，李宝玉，李桂臣，等. 薄层状煤岩体中巷道的不均匀破坏及封闭支护 [J]. 采矿与安全工程学报，2013（1）：1~6.

双排平行深孔卸压防治巷道底鼓技术研究

詹平，薛琪

（山西高河能源有限公司，山西长治　046000）

摘　要：巷道底鼓是制约煤矿安全高效生产的重要问题。为了解决布尔台矿巷道底鼓的难题，针对布尔台矿巷道底鼓的类型和现场实测结果，分析了巷道发生底鼓的影响因素，认为采动影响叠加产生的高应力是布尔台矿巷道底鼓的主要原因。结合底鼓的主要影响因素和钻孔卸压理论，提出双排平行深孔卸压技术，数值模拟结果表明该技术能够释放和转移浅部围岩应力，起到控制底鼓的作用。布尔台矿现场试验表明：双排平行深孔卸压技术能够起到卸压效果，控制巷道底鼓效果良好。双排平行深孔卸压技术能够为类似条件下的高应力巷道底鼓控制问题提供借鉴和参考。

关键词：巷道底鼓；高应力；钻孔卸压；双排平行深孔卸压技术

底鼓现象是巷道围岩稳定性课题中的特殊问题，长期以来在地下工程围岩稳定性理论和实践的探索研究中，国内外许多专家学者对煤矿巷道底鼓机理和控制技术作了大量的研究工作，取得了许多重要的研究成果，提出了许多底鼓控制实用技术[1~5]。但由于巷道围岩性质、应力环境及地质环境的极其复杂性，目前没有也不可能提出一种能解释一切底鼓的统一机理，每种底鼓机理都是基于一定条件提出的，因而只有进行具体的分析才能深入揭示底鼓的机理。

神华集团布尔台矿巷道底鼓尤为严重，底鼓使巷道断面缩小，阻碍运输，影响通风和人员行走。巷道多次底鼓，底鼓量高达800~1500mm，甚至有的高应力巷道底鼓量接近于2000mm，给超前支护、运输、通风带来了极大的困难，同时也给安全生产带来了隐患。因此对布尔台矿巷道底鼓机理进行研究，并提出切实有效的防治措施具有重要意义。

1　工程概况

布尔台矿是神华集团新建设的年产20Mt大型现代化矿井，主采2-2煤层和4-2煤层。2-2煤层开采厚度平均3m，埋藏深度平均240m，最大343.5m，直接顶板为砂质泥岩，厚27.4m；底板以粉砂岩为主，遇水容易膨胀，受采动影响，巷道底鼓尤为严重，底鼓使巷道断面缩小，阻碍运输，影响通风和人员行走，巷道围岩均为泥质胶结，均属于软弱岩石。布尔台煤矿22102综采工作面回风顺槽巷道受相邻工作面采动影响多次发生底鼓，底鼓量高达800~1500mm，受22102综采面的采动影响，22103回风顺槽也出现了严重的巷道底鼓，底鼓量接近于2000mm，给超前支护、运输、通风带来了极大的困难，同时也给安全生产带来了隐患。井下巷道底鼓实况如图1所示。

图 1　井下巷道底鼓实况

2　巷道底鼓影响因素分析

2.1　顶底板岩性与开采深度的影响

布尔台矿 2-2 煤层的顶底板均为泥质胶结的软弱岩层，巷道顶板为 27.36m 厚的砂质泥岩，平均强度为 39.66MPa，巷道底板为 4.1m 厚的粉砂岩，平均强度 13.48MPa，强度均较小。已有的地应力测试和矿山压力测试表明，巷道掘巷完成后，会在巷道周边形成应力集中，在 343.5m 的埋深下，最大应力集中能够达到 5 以上，应力集中后巷道应力可以达到 46.35MPa，超过了巷道顶底板的岩石强度，因此，在这种集中应力的作用，巷道围岩必然会产生变形破坏，尤其是底板强度更弱，更容易发生破坏。巷道受到采动影响时，巷道底板混凝土（15～200mm）产生"人"字形的鼓起断裂。

2.2　巷道宽度和煤柱宽度的影响

巷道断面尺寸是巷道产生底鼓的重要影响因素，巷道的跨度越大越容易产生底鼓，布尔台煤矿的回采巷道高 3m，跨度达

5.2m，在大跨度条件下更容易产生底鼓。布尔台矿 2-2 煤层一盘区 22101 回采工作面、22102 回采工作面与 22103 回采工作面，巷道间的煤柱宽度为 20m，在回采工作面推进过程中，前方的影响剧烈范围也在 20m 左右，因此留设 20m 宽度的煤柱使巷道位于回采工作面采动影响的剧烈区域，使巷道在巨大的采动影响下发生变形破坏，强大的采动应力通过煤柱传到底板，致使底板发生底鼓。

2.3　地质构造与支护形式的共同影响

地质构造和支护对于巷道的变形破坏也具有重要的影响。布尔台煤矿井下的断层、褶曲等构造非常发育，与神东矿区其他煤矿的煤层条件有很大的区别，原因是布尔台矿位于鄂尔多斯煤田一条主要的构造带上，受其影响，煤层的顶底板裂隙发育、围岩破碎、岩层强度较低，受采动影响条件下巷道容易产生变形破坏，而且原有的支护方式没有采取针对性的措施，没有根据围岩条件对围岩进行及时封闭，同时没有根据巷道围岩和应力情况在巷道底板、帮角等位置采取针对性的控制措施，造成巷道底板缺少支护，巷道底板的变形速度远远大于顶板和两帮，表现出明显的底鼓。

2.4　开采技术对巷道的影响

布尔台是神东矿区的主力矿井，在矿井建设过程中，始终坚持早出煤、快达产的理念，为了尽快实现 20Mt 的设计能力以及缓解采掘紧张的局面，开始将 22101 回采工作面、22102 回采工作面、22103 回采工作面布置于一盘区，位置关系见图 2，三个工作面顺序开采，首先开采 22101 回采工作面，然后开采 22102 回采工作面，等22102 回采工作面推进一定距离后，开始布置 22103 回采工作面，并进行滞后开采，

但由于矿井刚刚开始生产，对于矿压显现规律的认识不深，对于回采工作面的超前影响范围不很明确，造成两工作面的滞后错局安排不合理，前方工作面开采后，采空区上覆岩层尚未稳定，后方的回采工作面便开始推进开采，造成前后两个工作面的采动影响相互叠加，采动叠加引起的高应力，造成本来强度就较低的底板发生严重底鼓。

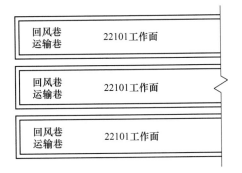

图 2　工作面位置关系示意图

综上分析，布尔台矿 2-2 煤层 22103 回风巷道底鼓是由内在因素与外在因素共同作用的结果，其中采动影响叠加引起的高应力是巷道发生底鼓最主要的影响因素，因此要大幅度减轻或避免巷道底鼓，要从降低围岩压力入手，改善围岩的应力条件。

3　高应力巷道底鼓控制

巷道底鼓的控制，国内外学者提出了好多种方法和途径。总体上可概括为加固法和卸压法 2 大类。根据布尔台矿 2-2 煤支护形式与现场试验研究，采用钻孔卸压防治高应力巷道底鼓。

3.1　钻孔卸压机理

钻孔卸压是通过在巷道围岩内打钻孔而起到卸压作用，当巷道围岩打钻孔后，钻孔周边的应力会重新分布而出现塑性区与破碎松动区，进而围岩在高应力作用下会向孔内移动，进而能够形成一个缓冲的卸压带，使得高应力向围岩深部转移，这样底板围岩就处于低应力区而降低底鼓危险，当各孔间的间距很小时，钻孔卸压的作用类似于切缝卸压。钻孔卸压根据钻孔的位置不同分为底板钻孔卸压和帮钻孔卸压。底板钻孔卸压时可以在巷道底板中部打垂直的钻孔，也可以在巷道靠近两帮的基角处打倾斜的钻孔。前苏联研究资料表明[6]，在巷道底板中部的垂直钻孔布置时，为取得良好的卸压效果，相邻钻孔间距离应小于钻孔直径的 0.75 倍，钻孔长度应大于巷宽的一半，底板钻孔施工难度大，效率低，因此本文研究通过帮钻孔卸压来实现巷道围岩压力卸载和转移。

帮钻孔卸压是在巷道两帮打一定规格的钻孔开控制巷道底鼓，这种方法是通过钻孔达到破裂和软化煤体的结构，而使得巷道两帮的塑性区增大，也就使得两帮所受的高应力区向围岩更深部转移，从而消除或减缓底板所受到的巷道两帮压力进而控制底鼓发生的措施。开卸压孔后，巷道围岩应力重新分布，其应力分布较卸压前应力峰值转向围岩深部，这样靠近巷道两帮的围岩处于低应力区，缓解了两帮的承载高压，进而减缓或消除巷道底板岩层受高水平力而臌出，达到控制底鼓效果。

3.2　双排平行深孔卸压技术

通过卸压钻孔理论分析，要实现通过钻孔进行卸压的前提条件是形成卸压槽，利用卸压槽进行卸压。因此，提出了双排平行深孔卸压技术控制底鼓，在巷道两帮打深孔卸压，要求钻孔彼此都平行，都能够在一个平面上，钻孔之间的煤体在压力作用下实现破碎均匀，最后形成卸压槽起到卸压作用。钻孔卸压施工图如图 3 所示。

3.3　深孔卸压数值模拟分析

采用 FLAC 三维数值模拟软件对钻孔卸

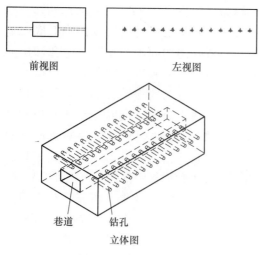

前视图　　　　　　　　　　　左视图

巷道　　　　钻孔

立体图

图3　钻孔卸压施工图

压情况进行分析，模拟受 22102 工作面回采时，22102 运输顺槽及 22103 回风顺槽塑性破坏及垂直应力分布情况，在图4～图9中，左侧巷道为 22102 运输顺槽，右侧巷道为 22103 回风顺槽。

如图4～图6所示，未进行钻孔卸压时

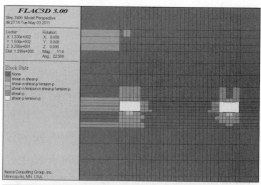

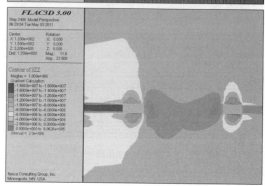

图5　未卸压时工作面旁巷道塑性破坏区
及垂直应力分布图

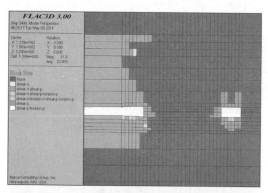

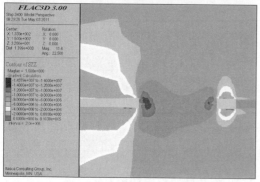

图4　未卸压时工作面后方 10m 处旁巷道
塑性破坏区域及垂直应力分布图

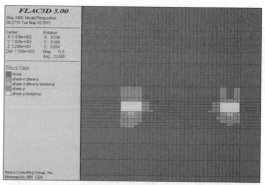

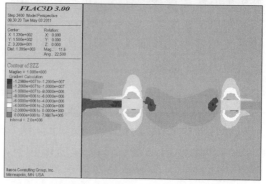

图6　未卸压时工作面前方 10m 处旁巷道
塑性破坏区域及垂直应力分布图

受 22102 工作面采动影响时，工作面后方 10m 处、工作面及工作面前方 10m 处旁边 22102 运输顺槽及 22103 回风顺槽的塑性破坏及其垂直应力分布情况，工作面后方旁巷道处的塑性破坏比前方大，在工作面后方 10m 处，22103 回风顺槽底板塑性破坏深度已达 0.5m，并且出现明显的底鼓现象，底鼓量为 0.1m。此时煤柱的应力集中情况最大，煤柱最大峰值位置位于靠近 22102 运输顺槽 2.7m 处和靠近 22103 回风顺槽 2.1m 处，大小分别为 14.7MP 和 14.1MP。

　　如图 7~图 9 所示，进行钻孔卸压后受 22102 工作面采动影响时，工作面后方 10m 处、工作面及工作面前方 10m 处旁边 22102 运输顺槽及 22103 回风顺槽的塑性破坏及其垂直应力分布情况，其中卸压钻孔在 22103 回风顺槽中，其参数为深 10m，直径 100mm，孔间距 200mm，钻孔位置为巷道两帮中央，垂直于巷帮打孔，从图中可以看

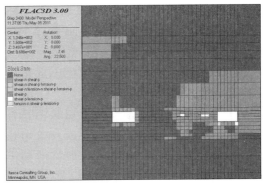
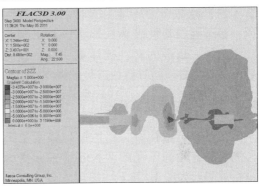

图 8　钻孔卸压后工作面旁巷道塑性破坏区及垂直应力分布图

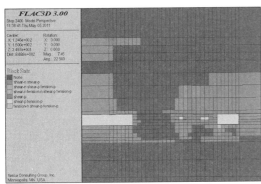
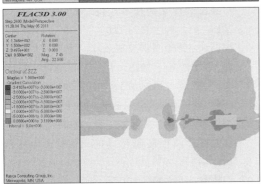

图 7　钻孔卸压后工作面后方 10m 处旁巷道塑性破坏区域及垂直应力分布图

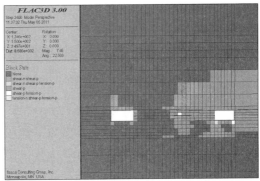
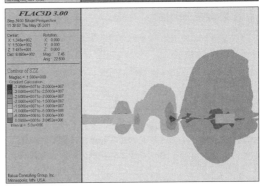

图 9　钻孔卸压后工作面前方 10m 处旁巷道塑性破坏区域及垂直应力分布图

出：经过巷帮卸压，22103 回风顺槽巷道塑性破坏范围增大，但消除了底鼓现象，从应力分布图中可以明显发现，煤柱所受应力向煤柱深部转移，最大峰值位于远离正帮 11.2m 处。

综上分析可知：采动对巷道影响具有延迟效应，比较卸压前后可以发现，钻孔卸压控制底鼓效果明显，煤柱所受采动带来的应力峰值向煤柱深部转移，极大的缓解了围岩浅部应力环境。同时，钻孔卸压后，巷道围岩塑性破坏区加大，对于帮孔卸压来说，顶板的塑性破坏更明显，在现场施工时，必须同时对顶进行加强支护。

3.4　现场试验及效果监测

在开卸压钻孔后，利用锚杆锚索受力监测仪对有无卸压孔的两种巷道锚索受力进行观测，如图 10 所示，可以发现，有卸压孔时锚索受力在工作面推进后 120m 达到最大，最大受力在 28.4t，而无卸压孔时，锚索受力自工作面推进后不断增大，工作面推进 100m 后，锚索受力超过 40t，部分锚索失效出现破断，进而丧失锚固能力。对比表明当 22102 工作面回采时通过有卸压孔巷道前后的顶板锚索受力较小，说明帮卸压孔能够将巷道围岩应力转移至深部，使巷道处于较低应力环境下，起到了卸压效果，但总体上，由于施工的卸压孔范围太短，卸压幅度不是很大，扩大试验范围后效果会更加明显。

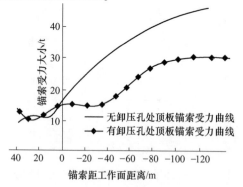

图 10　底鼓巷道钻孔卸压对顶板锚索受力影响

4　结论

（1）布尔台矿 2-2 煤层 22103 回风巷道底鼓是由内在因素与外在因素共同作用的结果，其中采动影响叠加产生的高应力是巷道发生底鼓最主要的影响因素，大幅度减轻或避免巷道底鼓，要从降低围岩压力入手，改善围岩的应力条件。

（2）结合底鼓的主要影响因素和钻孔卸压理论，提出双排平行深孔卸压技术，数值模拟结果表明该技术能够释放和转移浅部围岩应力，起到控制底鼓的作用。布尔台矿现场试验表明：双排平行深孔卸压技术能够起到卸压效果。双排平行深孔卸压技术能够为类似条件下的高应力巷道底鼓控制问题提供借鉴和参考。

参 考 文 献

［1］王卫军，侯朝炯，冯涛. 动压巷道底鼓［M］. 北京：煤炭工业出版社，2003：72~78.

［2］赵志强. 大变形回采巷道围岩变形破坏机理与控制方法研究［D］. 北京：中国矿业大学（北京），2014.

［3］杨青松，高明仕，刘波涛，等. 高应力巷道底板卸压槽防治底鼓的机理研究及实践［J］. 煤炭工程，2011（8）：69~71.

［4］马念杰，侯朝炯. 采准巷道矿压理论及应用［M］. 北京：煤炭工业出版社，1995.

［5］马念杰，赵志强，冯吉成. 困难条件下巷道对接长锚杆支护技术［J］. 煤炭科学技术，2013，41（9）：117~121.

［6］侯朝炯. 巷道围岩控制［M］. 徐州：中国矿业大学出版社，2013.

［7］侯朝炯，何亚男. 加固巷道帮、角控制底鼓的研究［J］. 煤炭学报，1995，20（3）：1~5.

［8］李树清，冯涛，王从陆，等. 葛泉矿软岩大巷底鼓机理及控制研究［J］. 2005，24（8）：1451~1455.

［9］柏建彪，李文峰，王襄禹，等. 采动巷道底鼓机理与控制技术［J］. 采矿与安全工程学报，2011，28（3）：1~5.

赵固一矿回采巷道加长锚杆支护方案

张弘[1]，李正[2]

(1. 中国矿业大学（北京）资源与安全工程学院，北京　100083；
2. 中煤平朔煤业有限责任公司井工二矿，山西朔州　036000)

摘　要：针对赵固一矿深井特厚冲击层顶板条件下，地压大、巷道变形严重，两帮和底板在未受到采动影响时已经发生大的变形，现有的支护方案存在一定的缺陷：锚杆支护强度不足，达不到设计要求、锚索延伸率不足，不能很好地适应巷道变形，易发生锚固失效等。因此，研制出新结构的加长锚杆，加长锚杆在不损失杆体力学性能的条件下，具有延伸率大，锚固范围长等特点，通过现场工业性试验并对长锚杆受力进行监测，发现长锚杆能够与围岩形成共同承载结构并能协调围岩变形，取得了较好的试验效果，保障了巷道的稳定性。

关键词：回采巷道；支护参数优化；加长锚杆

赵固一矿隶属焦作煤业集团公司，设计生产能力 240 万吨，主采二 1 煤层，厚 6.0m 左右，矿井于 2008 年 5 月建成投产。由于地压大，顶底板不稳定，锚杆支护效果不好，采用锚杆-锚索支护技术，两帮依旧出现变形，顶板出现离层。无论是永久巷道还是回采巷道，在掘进初期未受采动影响时即发生了极大的变形，影响了现场的生产工作。后期对巷道的维护费用投入巨大，造成了一定的经济损失。

而巷道又是井工煤矿开采的必要通道，畅通、稳定的巷道是煤矿安全、高效开采的保障。据不完全统计，我国国有煤矿每年新掘进的巷道总长达 12000km。随着井工煤矿开采深度、开采范围与开采强度增加，出现了越来越多的巷道维护条件极其困难[1~5]。针对这一情况，我国开发出多种巷道围岩控制技术，包括支护法、加固法、应力控制法、联合支护法。通过多年的研究与实践，已形成了以锚杆与锚索支护为主体支护，多种支护方式并存的巷道支护格局，解决了大量巷道支护难题，支撑了

煤矿安全、高效生产。

长期以来，对于深部困难条件巷道支护的主要策略则是不断加强支护强度，以增加巷道顶板的刚度，减小巷道的变形量，主要手段有增加锚索数量、增大锚索直径等[6~14]。但随着巷道支护技术的发展，新型支护技术和支护手段的不断出现，其中加长锚杆支护技术代表了我国煤炭行业巷道支护研究的先进水平。通过加长锚杆支护技术，为提高赵固一矿生产现场巷道支护的技术水平提供了有力支持。

1　工程概况

赵固一矿 11031 工作面位于矿井东翼 11 盘区，东邻 11051 工作面采空区，西为 11031 工作面采空区，北为东翼回风大巷，南邻 DF37 断层保护煤柱，主采二 1 煤层，平均煤层厚度 6.1m，平均埋深 560m，煤层平均倾角 1.5°，属于近水平发育的稳定型煤层。工作面上方伪顶主要为 0.5m 的泥岩、炭质泥岩，零星分布，一般随采随落。直接顶为泥岩、砂质泥岩，厚度为 1.7~

4.9m，老顶为厚度 13m 左右的中大占砂岩。煤层直接底为砂质泥岩，厚度 13.7～16.7m，老底为 1.8～2.2m 厚的 L_9 灰岩。根据现场调研结果，赵固一矿顶板类型为Ⅲ、Ⅳ两类，即为不稳定和极不稳定两类，且由于赵固一矿属于特厚冲击层顶板，原岩应力较大，巷道在开掘过后变形严重，两帮和底板在未受到采动影响时已经发生大的变形，不能满足生产要求，因此需要一种能够协调围岩变形的支护体把大变形破碎围岩锚固到深部稳定岩层上，维护巷道的稳定性，保证矿井的安全回采，而加长锚杆由于其延伸率高的特性，能够满足赵固一矿 11031 的支护需求，但现有的加长锚杆都存在一定的缺陷：锚杆支护强度不足，达不到设计要求、延伸率不足，不能很好地适应巷道变形、连接构件与杆体结构不匹配而成为薄弱环节等，因此，就需要研制出新结构的加长锚杆来满足赵固一矿回采巷道的支护需求。

2　支护原则

煤巷锚杆支护绝对不能以"不变"应"万变"，必须根据井下地质条件的不同或发展变化，对"症"下"药"，做到"岩变我变"。根据总结目前锚杆参数的设计方法的基础上提出根据不同的顶板类型采用不同的锚杆参数设计的方法，分别详细分析赵固一矿顶板条件下的支护参数设计过程和验算方法。

单层岩层的稳定跨距可以用材料力学方法求得，在固支梁条件下为

$$L_1 = h\sqrt{\frac{2R_T}{(q_n)_x}} \tag{1}$$

在简支梁条件下为

$$L_1 = 2h\sqrt{\frac{R_T}{(q_n)_x}} \tag{2}$$

式中，L_1 为极限跨距；h 为梁厚度；R_T 为岩梁抗拉强度；q_n 为均布载荷。

赵固一矿 11031 工作面的顶板条件属于不稳定的Ⅲ、Ⅳ两类顶板，对于Ⅲ顶板，自身极限跨距大于巷道宽度的岩层离巷道表面已经超过了锚杆长度，对上面的岩层起到一定承载作用，如图 1 所示，在这样的条件下只要能让稳定岩层以下的岩层保持稳定即可。该条件下锚杆通过施加预应力后，在杆体两端将形成圆锥形分布的压应力，如果沿巷道周边布置的锚杆间距足够小，各个锚杆的压应力维体相互交错，但是由于锚杆的数量还是比较少，锚杆端部所能影响的范围比较窄，为了使巷道表面作用面积，采用钢带、网和锚杆共同支护的方式。构成一个整体支护结构，增强了整体支护能力，大大减小了巷道围岩的变形。改善巷道的支护条件。锚梁网组合支护的主要作用机理是：巷道横向及纵向两个方向的锚杆群相互联系，在巷道围岩锚固区内形成整体的支护结构，该支护结构一方面可加固巷道的围岩、控制巷道围岩内部破坏范围和塑性区的进一步扩大；另一方面，由于锚杆预紧力和锚杆工作阻力的作用，可提高巷道围岩的 C、ϕ 值，增加巷道顶板和两帮的承载力。

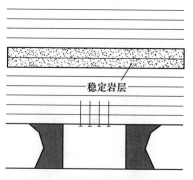

图 1　Ⅲ类顶板岩层结构图

对于Ⅳ类顶板，其顶板条件极不稳定，在离巷道顶板 6m 范围内没有自身跨距能大于巷道的稳定岩层，如图 2 所示，所以在该情况下必须考虑稳定岩层下面的岩层稳

定，指导思想是下面破碎的岩层形成块体梁并利用长锚固体把块体梁悬吊在稳定的岩层中。采用锚杆与加长锚杆相结合的支护方式做到协调支护，提高支护效果。增强支护巷道的安全性。

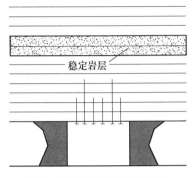

图2　Ⅳ类顶板岩层结构图

3　长锚杆特性

长锚杆是一种经特殊形式加工制造的杆体与连接装置、树脂锚固剂、特制螺母、托盘配套，用于煤矿井下支护的新型锚杆。无纵肋螺纹钢式树脂锚杆金属杆体是由锚尾螺纹、杆体、连接头、连接螺栓组成，如图3所示。

加长锚杆锚尾螺母及托盘和普通锚杆一样，利用现有的设备很方便地进行安装。杆体的长度根据巷道的高度和锚杆的设计长度加工分成两段或更多段用螺栓进行连接，利用锚杆钻机的扭力自然的把两段连接在一起，加长锚杆连接头的承载力不小于杆体极限抗拉力的90%，远大于锚固力值，杆体加长后可以保证其锚固力值不降低。

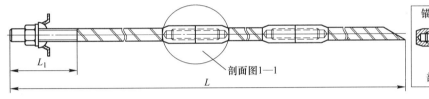

图3　加长锚杆各连接件

加长锚杆使用无纵肋螺纹钢式树脂锚杆金属杆体，选用屈服强度大于335MPa，抗拉强度不小于490MPa的无纵肋左旋螺纹钢，其外形尺寸符合锚杆专用螺纹钢的要求。杆体的延伸率大于15%，杆体直线度≤2mm/m。杆体直径20mm，锚固力＞105kN；尾部螺纹直径M22mm，尾部螺纹承载力≥105kN；连接头尺寸直径26.5±5mm，连接头长度50mm，连接螺栓规格M18×2，连接螺栓长度60±5，连接头的承载力≥139kN；托盘的承载力≥105kN，尾部螺纹的承载力≥105kN。

4　支护方案设计

4.1　原支护方案

11031工作面回采巷道设计净宽4500mm、净高3500mm、净断面积15.75m^2，原支护方案采用锚网索支护，其中顶板锚杆为六根 ϕ20mm×2400mm 高强锚杆，间排距为 800mm×900mm，平行布置；锚索为三根 ϕ17.8mm×7300mm 锚索，间排距为 1600mm×1800mm，排距 1800 mm，帮部使用 ϕ20mm×2400mm 的高强锚杆 5 根，间排距为 800mm×900mm，具体支护参数如图 4 所示。

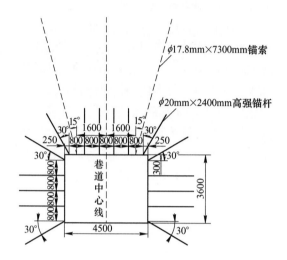

图 4　巷道原支护方式方案

4.2　加长锚杆支护方案

采用原有支护方案后，由于地压大、巷道围岩破坏范围大，锚杆锚固范围不足，不能有效锚固住破坏围岩，同时锚索延伸率不足，锚索在高应力作用下容易被拉断造成锚固失效，因此采用加长锚杆大延伸率特点对巷道支护方案进行重新设计如图 5 所示，顶板使用 ϕ20mm×4900mm 的加长锚杆 6 根，间排距为 800mm×900mm，帮部使用 ϕ20mm×3500mm 的超长锚杆 5 根，间排距为 800mm×900mm。

4.3　长锚杆支护方案的优越性

4.3.1　力学结构性能优越

加长锚杆长度较大能够很好的和围岩形成统一的支护承载结构，使锚杆和围岩充分发挥其自撑作用，改善围岩自身条件，在结构上提高巷道的安全性。

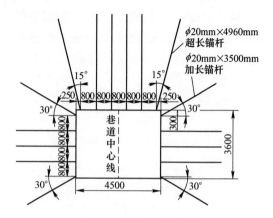

图 5　加长锚杆支护方案

4.3.2　安全性好

（1）根据自然平衡拱理论和巷道所处的地质条件，在非构造区域计算出巷道冒高 3m 左右，长锚杆长 5m，远大于计算巷道冒顶高度；

（2）加长锚杆可塑性较好，在拉拔试验中加长锚杆可以达到 0.6m 的伸长量，因此使用加长锚杆可以允许围岩发生较大变形；

（3）加长锚杆支护方案中，巷道肩部的锚杆设计成有一定角度，这样的设计可以使围岩形成楔形拱，增加了围岩的自撑能力，使锚杆围岩形成统一的支护体。

4.3.3　经济性

原方案：（49.4×6）/0.9+（177×3+360）/1.8＝825 元/m；

新方案：（49.4×3+120×3）/0.9＝565 元/m；

节约：825−565＝260 元/m。

4.3.4　快速性

（1）打孔长度降低。

原方案（2.4×6）/0.9+（7.3×3）/1.8＝28.2m/m；

新方案（2.4×3）/0.9+（5×3）/0.9＝24.7m/m。

加长锚杆设计打孔长度比原支护方案每米减少 3.5m。

（2）安装时间降低。打孔长度每米减

少 3.5m，降低了打孔时间，同时锚索安装时需要使用拉拔计进行张拉才能保证锚索的初锚力，加长锚杆不需要这一工序，从而节省了安装时间。

所以，使用加长锚杆加快了巷道的施工速度。

5　工程试验

为了检测所设计支护方案是否有效，选择 11031 下巷为实验巷道并在 11031 下巷布置 3 个锚杆受力监测点 22418、22409、22406。

如图 6 所示，11031 下巷 900m 处顶板加长锚杆受力曲线显示，安装后锚杆初始锚固力 3.5t，较设计初始锚固力偏低，安装后锚杆锚固力持续增加，达到 9t 时逐渐趋于稳定。

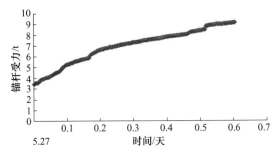

图 6　下巷 900m 处顶板加长锚杆受力曲线

如图 7 所示，11031 下巷 850m 处顶板加长锚杆受力曲线图表明，锚杆初始锚固力 3.5t，锚杆安装后锚杆受力逐渐增加，第 9 天锚杆受力曲线出现回弹后又逐渐增加，变化范围在 1t 左右。

如图 8 所示，11031 下巷 750m 顶板加长锚杆受力曲线图表明，安装时锚杆初始锚固力 7.5t，安装后锚杆受力逐渐降低，由于安装位置围岩较为破碎，导致锚杆受力减小。

通过检测可以发现，大部分加长锚杆的初始锚固力基本在 3~7t 之间浮动，说明初始锚固力符合设计要求，若锚杆安装完成

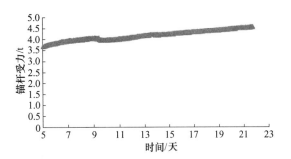

图 7　下巷 850m 处顶板加长锚杆受力曲线

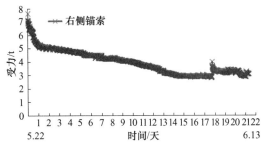

图 8　下巷 750m 处顶板加长锚杆受力曲线

后初始锚固力较大，则锚杆和围岩有一个相互作用的阶段，在此阶内锚杆受力会出现降低的变化，当锚杆围岩形成统一承载结构后锚杆受力会逐渐增加，最后趋于稳定。

有些加长锚杆安装后初始锚固力不足，不符合锚杆初始锚固力的要求，随着巷道掘进，加长锚杆受力逐渐增加，此时围岩和锚杆共同作用成为一个共同体后，共同承担形成承载结构，此时加长锚杆的受力也将随着巷道的掘进而逐渐增加随后趋于稳定，并未出现长锚杆被拉断，锚固失效的现象。因此说明长锚杆优化方案能够保证巷道安全稳定，同时降低了回采巷道的支护成本，取得了较好的技术经济效益。解决了赵固一矿 11031 回采巷道难于支护的技术难题。

6　结论

（1）赵固一矿原有支护方案由于地压大、巷道围岩破坏范围大，锚杆锚固范围

不足，不能有效锚固住破坏围岩，同时锚索延伸率不足，锚索在高应力作用下容易被拉断造成锚固失效，不能满足生产要求。

（2）针对赵固一矿条件，研制出的新结构的加长锚杆，加长锚杆在不损失杆体力学性能的条件下，具有延伸率大、锚固范围长等特点。

（3）使用以加长锚杆为核心的支护方案后，加长锚杆锚固长度较大，能够很好的和围岩形成统一的支护承载结构，使锚杆和围岩充分发挥其自撑作用，改善围岩自身条件，在结构上提高巷道的安全性，最终解决了赵固一矿 11031 回采巷道难于支护的技术难题。

参 考 文 献

［1］侯朝炯. 巷道围岩控制 ［M］. 徐州：中国矿业大学出版社，2013.

［2］孙晓明，杨军，曹伍富. 深部回采巷道锚网索耦合支护时空作用规律研究 ［J］. 岩石力学与工程学报，2007（5）：895~900.

［3］张永安，谢小平. 困难地质条件下软煤巷道合理支护技术 ［J］. 煤矿安全，2013（2）：96~99.

［4］王海东. 高应力松软煤层回采巷道锚网索支护研究 ［D］. 阜新：辽宁工程技术大学，2005.

［5］卫修君. 复杂困难条件下的巷道支护 ［J］. 煤炭科学技术，2002（8）：31~33，41.

［6］张成军，吴拥政，褚晓威. 应力异常区软弱顶板巷道全锚索支护技术 ［J］. 煤炭科学技术，2012（6）：8~11.

［7］康红普，林健，吴拥政. 全断面高预应力强力锚索支护技术及其在动压巷道中的应用 ［J］. 煤炭学报，2009（9）：1153~1159.

［8］何满潮，杨军，杨生彬，赵菲菲，王树仁. 济宁二矿深部回采巷道锚网索耦合支护技术 ［J］. 煤炭科学技术，2007（3）：23~26，30.

［9］李国峰，蔡健，郭志飚. 深部软岩巷道锚注支护技术研究与应用 ［J］. 煤炭科学技术，2007（4）：44~46.

［10］郭志飚，李乾，王炯. 深部软岩巷道锚网索-桁架耦合支护技术及其工程应用 ［J］. 岩石力学与工程学报，2009（S2）：3914~3919.

［11］陈士海，乔卫国，孔德森. 大兴煤矿软岩巷道锚索带网支护技术应用研究 ［J］. 岩土力学，2006（S2）：902~904.

［12］王金华. 全煤巷道锚杆锚索联合支护机理与效果分析 ［J］. 煤炭学报，2012（1）：1~7.

［13］高谦，刘福军，赵静. 一次动压煤矿巷道预应力锚索支护设计与参数优化 ［J］. 岩土力学，2005（6）：859~864.

［14］王连国，李明远，王学知. 深部高应力极软岩巷道锚注支护技术研究 ［J］. 岩石力学与工程学报，2005（16）：2889~2893.

保德煤矿回采巷道支护锚杆参数优化研究

霍天宏

（中国矿业大学（北京）资源与安全工程学院，北京 100083）

摘 要：针对保德煤矿 88109 工作面回采巷道变形严重及出现局部冒顶等问题，通过现场调研巷道围岩变形及锚杆、锚索受力数据，依据锚网支护加固原理及锚索支护补强原理对原支护方案进行分析，通过数值模拟分析巷道围岩塑性区分布形态及巷道支护方式对其的影响，针对保德煤矿回采巷道围岩分布情况提出优化支护方案并进行工业性实验。现场实测表明，采用优化支护方案，巷道围岩基本保持稳定，未出现较大变形及局部冒顶情况，取得了良好的效果，节约了支护成本，提高了掘进效率，对于类似地质条件和开采条件的矿井具有一定的借鉴意义。

关键词：保德煤矿；回采巷道；巷道支护；锚杆；参数优化

煤矿巷道支护经历了木支护、砌碹支护、型钢支护到锚杆支护的漫长过程。多年来国内外的实践经验表明，锚杆支护是经济、有效的支护技术[1,2]。锚杆支护作为一种有效的、技术经济优越的采准巷道支护方式，自美国 1912 年在 Aberschlesin（阿伯施莱辛）的 Friedens（弗里登斯）煤矿首次使用锚杆支护顶板至今已有 100 多年的历史。随着巷道支护技术的发展，新型支护技术和支护手段不断出现，其中超长锚杆支护技术代表了我国煤炭行业巷道支护研究的先进水平。现今锚杆支护已经成为煤矿巷道首选的、安全高效的主要支护方式。

目前，国外巷道支护主要以锚杆支护为主，可以有效减小塑性区变形冒落，起到维护巷道稳定的作用。锚杆，锚固在岩体内并起到维护围岩稳定作用的杆状构物，目前多以圆钢螺纹钢和玻璃钢为主，木质锚杆也有部分应用。锚杆支护系统，就是利用锚杆作为主要构件对地下工程的围岩完成支护作用。目前锚杆应用日趋成熟，最常用的锚杆应用原理有悬吊理论、组合梁理论、加固拱理论、最大水平理论、围岩强度强化理论、松动圈支护理论和联合支护理论。

马念杰等针对特殊条件下巷道围岩变形情况，利用数值模拟分析软件研究了特定条件下围岩塑性区的分布状态，发现塑性区分布呈星形分布，并以此为依据做了关于深部巷道蝶形塑性区研究。宫守才等人分别对巷道不同特殊条件下的塑性区情况进行分析和整理，确定了不同的支护方案[3~7]。

本文针对 88109 回采巷道原有支护情况所导致的巷道变形严重及出现局部冒顶等问题，通过现场调研巷道围岩变形及锚杆、锚索受力数据，针对性地提出了建设性的巷道锚杆支护优化方案，通过理论分析和数值模拟验证其有效性和合理性。最后，根据提出的优化支护方案，进行工业性实验，现场实测，进一步实践验证其参数优化的合理性。

1 工程概况及原有支护参数

保德煤矿 88109 工作面主要开采的 8 号煤层，为二叠纪煤层，宽缓向斜构造，煤层走向近南北。煤层结构较为复杂，煤层内生裂隙发育，顶板砂质泥岩层理较发育，煤厚为 4.14～5.36m，平均厚度为 5.07m，倾角为 2°～5°。老顶为厚度 10.97m 的粉砂岩及中粒砂岩，灰白色，以长石、石英为主；直接顶为平均厚度 8.03m 的砂质泥岩，变化较大，厚度从 1.1～10.35m，灰～深灰色，水平层理；伪底为 0.10～0.20m 的薄层泥岩，灰褐色，遇水易膨胀变软；直接底为 15.57m 的泥岩，灰白色，半坚硬，块状结构水平层理，泥质胶结，遇水易膨胀变软。老底为 13.21m 的含砾粗砂岩，灰白色，钙质胶结，以长石、石英为主要成分。保德煤矿一盘区煤层柱状图及岩性描述见表 1。

表 1 保德煤矿一盘区煤层柱状图及岩性描述

一盘区煤层(综合)柱状图			岩性描述
岩性	柱状	层厚/m	
粗砂岩		10.97	总体为粗粒石英砂岩，含少量长石
泥岩与细砂岩互层		1.1～10.35	泥岩与细砂岩互层，近水平层理
煤层		0.4～0.9	致密块状结构，为高灰煤
泥岩		0.2～0.4	泥岩，外生裂隙发育，厚度不稳定
半亮-半暗型煤		0.6～1.5	半亮-半暗互层，下部为光亮型条带状煤
泥岩与炭质泥岩		0.1～0.2	泥岩与炭质泥岩互层，厚度变化大
半亮-光亮型煤		0.5～0.95	致密块状均一结构，中上部煤质较好
砂质泥岩		0.05～0.2	砂质泥岩，厚度稳定
8-1煤光亮型煤		1.1～1.8	层理及线理结构，内生裂隙发育
泥岩		0.25～0.35	泥岩，厚度变化大
8-2煤光亮型煤		0.7～1.2	光亮型煤，致密块状结构
灰褐色泥岩		0.1～0.2	灰褐色泥岩，遇水膨胀变软
泥岩		0.67～2.0	泥岩，深灰色，半坚硬，水平层理

地应力实测结果表明，保德矿的地应力场属于水平构造应力场，地应力是以水平压应力为主导，最大主应力的方向为 119.35°，最大主应力值为 10.82MPa，测量位置开采深度为 202m，相当于 430m 采深，是垂直应力的 1.88 倍，接近于 2 倍，地应力明显增大；主应力方向与试验巷道夹角较大；8 号煤层抗压强度为 7MPa，水平应

力超过单向抗压强度，在掘进阶段，巷道变形大，维护困难。回采后，巷压力显现增加。保德煤矿实测地应力见表 2。

表 2 保德煤矿实测地应力表

主应力类别	主应力值/MPa	方位角/(°)	倾角/(°)
最大主应力 σ_1	10.82	119.35	39.37
中间主应力 σ_2	5.75	-63.65	50.59
最小主应力 σ_3	4.79	208.14	-1.47

通过现场调研得知，保德煤矿整条回采巷道均采用同一支护参数，造成了巷道内大部分地方支护强度过剩，造成支护材料浪费，同时还会造成部分段支护强度不足，导致在巷道掘进与回采期间常出现冒顶情况，有时冒高达 8～10m。保德煤矿回采巷道顶板为弱粘结型，并且不稳定岩层较厚、变化范围大，锚固范围内的岩体未控制好，造成破坏进一步向煤岩体深部发展，最后造成锚杆和煤岩体一起冒落，锚杆失效，若采用单一的锚杆支护参数设计方案可能会出现在某些区域锚杆支护强度不够，而另一些区域支护又过剩的不协调现象，此时已不适合使用单一悬吊理论进行支护参数的设计。因此根据现场实际，可根据不稳定岩层的厚度变化来进行参数优化，从而选择锚杆（索）支护参数。

保德煤矿 88109 工作面回风平巷巷道断面均设计为矩形，跨度为 5.0m，高度为 3.5m，断面面积 17.35 m²。该巷道原支护方式为负帮采用圆钢锚杆、网联合支护，锚固形式为端头锚固，正帮采用玻璃钢锚杆、网联合支护，顶板采用锚杆、锚索、钢带联合支护，锚索采用五花布置，采用三个超快锚固剂进行端锚。原保德煤矿 88109 工作面回风平巷锚杆支护图如图 1 所示。

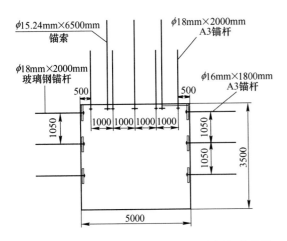

图1 保德煤矿88109工作面回风平巷锚杆支护图

$$\begin{cases} \sigma_r = \dfrac{P}{2}\left[(1+\lambda)\left(1-\dfrac{a^2}{r^2}\right)+ \right. \\ \qquad\qquad \left. (\lambda-1)\left(1-4\dfrac{a^2}{r^2}+3\dfrac{a^4}{r^4}\right)\cos2(\theta-\alpha)\right] \\ \sigma_\theta = \dfrac{P}{2}\left[(1+\lambda)\left(1+\dfrac{a^2}{r^2}\right)- \right. \\ \qquad\qquad \left. (\lambda-1)\left(1+3\dfrac{a^4}{r^4}\right)\cos2(\theta-\alpha)\right] \\ \tau_{r\theta} = \dfrac{P}{2}\left[(1-\lambda)\left(1+2\dfrac{a^2}{r^2}-3\dfrac{a^4}{r^4}\right) \right. \\ \qquad\qquad \left. \sin2(\theta-\alpha)\right] \end{cases}$$

式中，σ_θ、σ_r、$\tau_{r\theta}$ 分别为围岩中任意点的径向应力、环向应力和剪应力，MPa；r、θ 为任一点的极坐标；a 为巷道半径，m；P 为最大围压，MPa；α 为最大围压与竖直方向的夹角（顺时针为正值）；λ 为最小与最大围压的比值。

2 支护理论分析

地下岩体处在复杂和强烈的自重应力和构造应力场中。地下赋存的煤层或岩层在应力作用下，体积和形状发生变化而变形，这种变形是外力做功的结果。岩体受外力作用而产生弹性变形时，在岩体内部会储存弹性应变能。将巷道及回采空间简化为各种理想的单一形状的孔，如圆形、椭圆形及矩形等，这样各巷之间的影响也就可以视为孔与孔之间的影响。文献［8，9］指出，在原岩应力场、构造应力场以及采动应力场的影响下，巷道围岩常常处于双向非等压的应力环境中。在传统的巷道围岩支护理论中，巷道围岩所受的上覆岩层的压应力是引起围岩产生破坏的核心因素。因此，传统的巷道支护设计中也把巷道围岩所受的压力作为十分重要的影响因素去考虑。在岩土塑性力学中，巷道围岩的塑性破坏的主要决定因素是偏应力，而围岩应力不只是要考虑原岩应力，还应该考虑与偏应力的叠加。这种理念对岩石塑性破坏研究具有重要的意义。依据深部采动巷道围岩应力环境，马念杰等[10~12]运用弹性力学理论，运用双向非等压条件下圆形巷道围岩某一点的应力状态的表达式

为了保持巷道周边围岩的稳定，根据马念杰教授的塑性区理论，必须控制由于巷道开挖形成的围岩塑性区的发展，并确保巷道围岩塑性区不发生恶性失稳。根据采动巷道顶板变形破坏特征及其相关理论分析，认为采动巷道在顶板稳定性控制方面常会出现锚杆因受长度有限，不能锚固到塑性破坏区之外的稳定岩体及锚索由于延伸性能不足，难以适应围岩变形而破断等问题，针对这些问题，提出了如下的支护设计原则：

（1）锚杆（索）承载力大于围岩的破坏岩石重量。锚杆和锚索所能够承载的重量必须大于顶板岩层中的不稳定的岩体的重量。巷道开掘后，围岩应力重新分布，在进行人工支护之前，顶板围岩会因为应力超过自身强度而产生变形破坏，破裂严重的围岩失去层间联系因重力作用而发生垮落，其高度即为巷道顶煤的在自然条件下的破坏深度，锚杆的作用就是将破裂区内围岩悬吊在

上部稳定岩层上，锚杆的所需要提供的承载力要大于破裂区内围岩的重量。

（2）锚杆（索）长度须大于巷道围岩破坏松动范围。选择合理的锚杆和锚索的长度，使得锚杆和锚索能够穿透围岩的塑性区，锚固到合理的层位中。巷道围岩变形破坏是围岩塑性区形成及发展的结果，塑性区的形态、范围决定了巷道破坏的模式和程度。采动巷道在复杂的应力和岩体环境下，其围岩破坏区域多为不规则形态，围岩破坏深度不同，产生的变形量也不同，顶板围岩因破坏范围大小不一，进而表现出不均匀变形。因此，锚杆的长度必须大于围岩塑性区的最大半径才能够保证锚杆可以锚固到稳定的岩层中。

（3）锚杆（索）延伸量大于围岩的变形量。锚杆的延伸率一般在 15% 左右，而锚索的延伸率则只有 3%～5%。因此在支护设计中应该充分考虑到锚索的延伸率的问题，适当的采取让压等措施以保证锚索的延伸率。围岩在产生强烈变形的同时也伴随有巨大的膨胀压力，普通锚索因无法抗拒和适应围岩的变形而失效破坏，因此在实际的生产实践中经常采用补强支护或二次支护等方式，让围岩产生一定量的可控变形，从而能够保证锚索具有一定的适应围岩变形的能力。

（4）锚杆（索）须具有较大的抗冲击能力。锚杆和锚索设计时应考虑到冲击矿压，适当的加大安全系数，使得在发生冲击矿压时，锚杆和锚索仍能保持稳定。冲击矿压是聚积在矿井巷道和采场周围煤岩体中的能量突然释放，冲击矿压可分为由采矿活动引起的采矿型冲击矿压和由构造活动引起的构造型冲击。由于发生冲击矿压的时间、地点、震源等的复杂多样性和突发性，使得冲击矿压的预测工作变得极为困难复杂。如何保证发生冲击矿压现象时巷道在变形较大的情况下不发生失稳破坏一直是国内外专家学者研究的重要方向之一。因此在巷道的支护设计中应当加大安全系数，保证巷道安全。

3 数值模拟分析

根据 88109 面回风巷与试验巷道设计锚杆支护参数，对一次采动时辅运巷和二次采动的胶运巷的顶板垂直应力和塑性变化进行模拟研究，模拟先开采 88109 工作面，然后开采 88110 工作面。

运用 FLAC³ᴰ数值模拟方法，模拟了巷道宽度为 5.0m，高度为 3.5m，根据采动影响后巷道围岩应力大小变化的经验，为模型加载。竖向载荷为 15MPa，侧压力系数为 0.4 情况下一次采动影响巷道应力和塑性区变化以及二次采动影响巷道应力和塑性区变化以及分布规律。根据 88109 回风巷的地质条件，巷道模型高度取煤层上方 22m，煤层下方 36.5m，长取 60m，宽取 2m。模型上方边界施加 14.3MPa 固定载荷及上覆岩层重量，下方固定位移，x、y 方向固定位移，模型采用的巷道岩石力学参数见表 3，本构模型为摩尔-库仑模型。

表 3 岩石力学参数表

岩层	厚度/m	密度/kg·m⁻³	体积模量/GPa	剪切模量/GPa	抗拉强度/MPa	内聚力/MPa	内摩擦角/(°)
粉砂岩	10.97	2710	9.5	9.3	2.6	8.21	36.3
砂质泥岩	8.03	2500	3.5	1.9	2.0	2.5	32
煤	5.07	1540	1.25	1.6	2.4	3.5	23
泥岩	15.57	2420	4.2	3.0	2.7	2.90	32

图 2 为一次采动影响巷道应力和塑性区变化，可以看出，一次采动后，辅运巷垂直应力为 2.0MPa，顶板塑性区高度为 0.5m，宽度为 4.0m；胶运巷垂直应力为 2.0MPa，顶板塑性区高度为 0.5m，宽度为 3.4m。

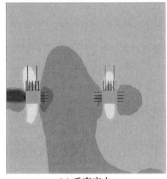

(a) 垂直应力

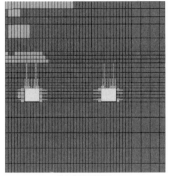

(b) 塑性破坏

图 2　一次采动影响应力和塑性区变化

图 3 为二次采动影响巷道应力和塑性区变化，可以看出，二次采动后，胶运巷垂直应力为 2.0MPa，顶板塑性区高度为 0.5m，宽度为 4.4m。

一次采动和二次采动后应力变化不大，塑性区高度没有变化，只是宽度略有增加，说明顶板采用 4 根锚杆，间距为 1.1m 的支护参数是合理的。

综上，对巷道支护参数进行优化。优化后支护方案中顶板采用锚杆、锚索、钢带联合支护，共布置五根锚杆，锚固形式为端头锚固。锚杆间排距为 1000mm × 1000mm。顶锚杆型号：φ18mm×2000mm 的

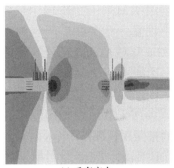

(a) 垂直应力

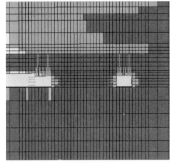

(b) 塑性破坏

图 3　二次采动影响应力和塑性区变化

A3 钢锚杆；树脂型号：CK 型 φ23mm × 350mm。锚索采用五花布置，间排距为 2500mm×1500mm，锚索型号：φ15.24mm× 6500mm，树脂型号：CK 型 φ23mm × 500mm，采用三个超快锚固剂进行端锚，如图 4 所示。

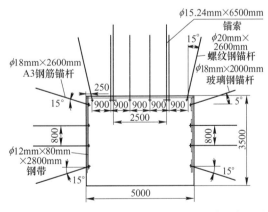

图 4　保德煤矿 88109 回风顺槽优化后顶板支护布置图

4　巷道矿压观测

巷道矿压显现规律观测分为掘进、一

次回采、二次回采三个阶段。在 88109 回采巷道中设置一个 V 号矿压观测站，V 号站设在 12m 煤柱范围内，分别测定巷道在掘进、一次回采以及二次回采过程中，板、两帮的深基点位移。其中，88109 工作面已开始回采，回采巷道距切眼距离为 200m，当工作面推至距观测站 100m 时开始一次回采影响阶段观测，到工作面推过最后一个观测站 400m 位置观测结束。

在试验巷道掘进过程中，对顶板、两帮各测站进行了深基点位移观测，测试结果表明，顶板、两帮深基点位移为零，没有变化。

V 号在工作面超前 0 ~ 100m 范围内，各深基点基本上没有变化。当工作面推过测点后，受侧向采空区顶板垮落、下沉影响，顶板深基点位移始终没有发生变化；两帮深基点位移逐渐增加，到 -250m 时变形稳定。割煤帮 5m、4m、2.5m、1m 深基点的位移为 20mm、20mm、18mm、10mm，煤柱帮 5m、4m、2.5m、1m 深基点的位移为 18mm、19mm、16mm、19mm，侧向采动影响范围为 0 ~ -240m。一次采动阶段深基点位移随工作面变化图，如图 5 所示。

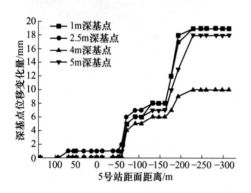

(a) V 号站割煤帮深基点位移随工作面变化图

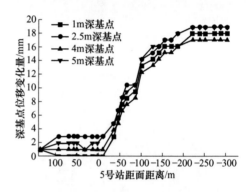

(b) V 号站煤柱帮深基点位移随工作面变化图

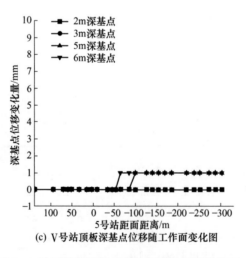

(c) V 号站顶板深基点位移随工作面变化图

图 5　一次采动阶段深基点位移随工作面变化图

88110 工作面于 88109 工作面回采后 5 个月进行回采，当工作面推进至距观测站 80m 时开始二次回采影响阶段观测。88110 工作面回采时，V 号观测站二次回采阶段深基点变化如图 6 所示。

深基点测试结果表明，88110 二次回采

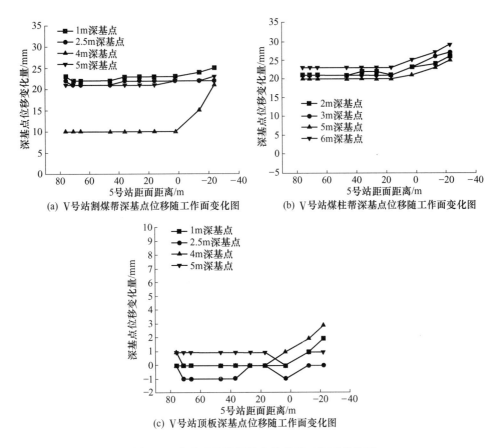

(a) V号站割煤帮深基点位移随工作面变化图

(b) V号站煤柱帮深基点位移随工作面变化图

(c) V号站顶板深基点位移随工作面变化图

图6　二次采动阶段深基点位移随工作面变化图

过程中，在工作面超前影响阶段，试验巷道各深基点位移没有变化，说明超前应力对试验巷道没有影响；当工作面推过测点后，试验巷道两侧均为采空区，各深基点位移开始逐渐增大，但变化速率较小，即使此时煤柱变形很大，由于已处在采空区中，对生产也不会造成影响。

综上，通过巷道矿压监测得出，巷道围岩位移总量都不大，优化方案的位移发生量较小。实践表明，优化方案中锚杆支护效果良好，能够保证巷道安全稳定，节省了锚杆的使用数量，大大提高了巷道的掘进效率，同时降低了回采巷道的支护成本，取得了较好的技术经济效益，有利于煤矿的经济建设。

5　结论

（1）以88109回采巷道作为计算模型，经过支护理论分析以及数值模拟计算，确定了优化方案，研究表明，优化支护参数后，围岩塑性区和垂直位移比优化前减小，优化后支护参数更加合理。

（2）在88109回采巷道进行了巷道矿压观测，观测结果表明，锚杆锚索支护参数优化后，巷道位移略有减小，位移总量不大。因此，优化后的支护参数能够保证巷道的安全稳定。

参 考 文 献

[1]　康红普，工金华．煤巷锚杆支护理论与成套技术［M］．北京：煤炭工业出版社，2007.

[2] 侯朝炯，郭励生，勾攀峰，等. 煤巷锚杆支护 [M]. 徐州：中国矿业大学出版社，1999.

[3] 侯朝炯，马念杰. 煤层巷道两帮煤体应力和极限平衡区的探讨 [J]. 煤炭学报，1989（4）：21~29.

[4] 郑桂荣，杨万斌. 煤巷煤体破裂区厚度的一种计算方法 [J]. 煤炭学报，2003，28（1）：37~40.

[5] 宫守才. 煤帮塑性区弹塑性位移解 [C]. 西部矿山建设工程理论与实践论文集. 徐州：中国矿业大学出版社，2009.

[6] 姜耀东，陆士良. 巷道底鼓机理的研究[J]. 煤炭学报，1994，19（4）：343~351.

[7] 王卫军，侯朝炯. 回采巷道底鼓力学原理及支护研究新进展 [J]. 湘潭矿业学院学报，2003，18（1）：1~6.

[8] 钱鸣高，石平五. 矿山压力与岩层控制[M]. 徐州：中国矿业大学出版社，2003：58.

[9] 马念杰，李季，赵志强. 圆形巷道围岩偏应力场及塑性区分布规律研究 [J]. 中国矿业大学学报，2015，44（2）：206~213.

[10] 马念杰. 软化岩体中巷道围岩塑性区分析 [J]. 阜新矿业学院学报（自然科学版），1995，14（4）：18~21.

[11] 马念杰、赵志强、冯吉成. 困难条件下巷道对接长锚杆支护技术 [J]. 煤炭科学技术，2013，41（9）：117~121.

[12] 刘洪涛，马念杰，王建民，樊龙，陶晗. 回采巷道冒顶隐患级别分析 [J]. 煤炭科学技术，2012（3）：6~9，104.

寸草塔二矿回采巷道支护参数优化研究

唐青豹

（中国矿业大学（北京）资源与安全工程学院，北京　100083）

摘　要： 寸草塔二矿3110回风顺槽埋深146m，巷道直接顶和老顶分别为粉砂岩和细粒砂岩。掘进期间回风顺槽支护参数不合理，ϕ15.24mm锚索锚固力不可靠，巷道存在安全隐患。针对以上问题，对巷道支护参数进行优化调整，节约了支护成本，提高了掘进效率。

关键词： 回采巷道；数值模拟；支护参数；优化

回巷道开挖后，煤体的原有应力平衡受到破坏，巷道围岩应力重新分布，巷道周围一定范围内会出现应力集中现象[1~3]。当周围应力大于煤体的极限应力时，巷道围岩一定范围的煤体就会发生变形破坏。近年来，我国许多学者专家在对巷道支护方向做出许多研究成果，在巷道支护方面做出许多理论方面的研究[4~7]。

寸草塔二矿3110回风顺槽目前采用ϕ15.24mm锚索支护，该锚索应用不合理，不能有效地控制巷道顶板，存在安全隐患，容易冒顶，现有锚杆索支护参数影响了煤矿生产的技术经济效益。本文针对3110回风顺槽具体进行了理论分析和数值模拟分析，对支护参数进行优化，取得了良好的效果。

1　工程概况和原有的支护参数

寸草塔二矿3110回风顺槽位于寸草塔二矿井田东南部，布置在3-1煤层。如图1所示，本巷道相应的地面位置是沙丘土地，埋深146m，区域内无水体和建筑物。所在煤层为一平缓单斜构造，平均煤厚2.8m，结构简单，坚固性系数$f=2\sim3$；顶板为粉砂岩，深灰色含白云片，泥质胶结，厚度

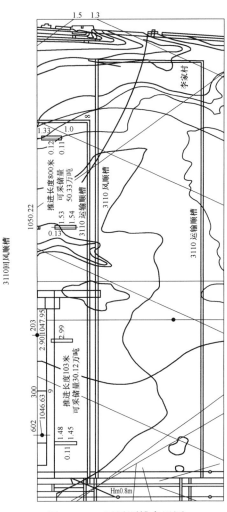

图1　3110回风顺槽布置图

6~6.5m；底板为细中粒砂岩，白灰色泥质胶结，厚度6.5m；煤层顶板伪顶为泥质粉砂岩，深灰色泥质胶结，硬度$f=2$，厚度0.5m直接顶为粉砂岩，深灰色含白云片，硬度$f=3$，厚度6m；老顶为细粒砂岩，灰色石英长石，硬度$f=6$，厚度12m。寸草塔二矿3-1煤层柱状图如图2所示。

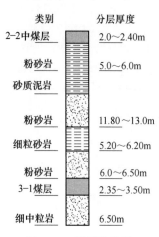

类别		分层厚度
2-2中煤层		2.0～2.40m
粉砂岩		5.0～6.0m
砂质泥岩		
粉砂岩		11.80～13.0m
细粒砂岩		5.20～6.20m
粉砂岩		6.0～6.50m
3-1煤层		2.35～3.50m
细中粒岩		6.50m

图2　3-1煤层柱状图

3110回风顺槽巷道顶部及副帮采用锚杆、挂网支护，巷道净断面尺寸为：5200mm×3000mm（矩形），$S_{掘}=15.6m^2=5.2m×3m$，掘进长度2085m，顶部锚杆间排距为1100m×1000mm，锚杆支护工程量为5套/m，矩形布置，锚杆规格为直径为$\phi16mm$，长为1800mm，树脂型号为ZK2350，锚杆铁托板规格为140mm×140mm×8mm，网片规格为8号－5000mm×2200mm，网格为45mm×45mm，副帮挂网加木托板支护，锚杆支护间排距为2000mm×750mm，三花布置，锚杆规格与顶部规格相同，金属网为8号铅丝，网片规格2000mm×10000mm，网格为45 mm×45 mm，木托板规格为500mm×200mm×50mm，锚杆支护工程量为2套/m。

2　3110回风顺槽围岩松动圈研究

回采巷道开挖后，使煤体的原有应力平衡状态得到破坏，巷道围岩应力重新分布，巷道周边一定的范围内会产生应力集中现象[9]。在对3110回风顺槽围岩松动圈的测试中，测试结果如表1所示。

表1　松动圈测试结果

时期	测试结果/m	
	割煤帮	煤柱帮
掘进稳定期	1.3	0.6
一次采动期	1.0	0.6
二次采动期	2.1	1.2

图3（a）为掘进稳定期煤柱帮测试数据，图3（b）为掘进稳定期割煤帮测试数据，掘进影响稳定阶段，巷道两帮的松动圈差别比较大，割煤帮比煤柱帮大，割煤帮松动圈在1.2～1.4m，平均值为1.3m，最大值为1.4m，最小1.2m，煤柱帮松动圈在0.6～0.8m，平均为0.7m，最大值为0.8m，最小为0.6m。图3（c）为一次采动期煤柱帮测试数据，图3（d）为一次采动期割煤帮测试数据，一次回采超前阶段，巷道两帮松动破坏范围差别也较大，割煤帮大于煤柱帮，割煤帮松动圈在1.0～1.5m，割煤帮平均为1.3m，最大1.5m，最小1.0m，煤柱帮为0.6～0.7m，平均为0.7m，最大为0.7m，最小为1.6m，巷道掘进稳定后，工作面的回采对两帮的影响不是很明显。图3（e）为二次采动期煤柱帮测试数据，图3（f）为二次采动期割煤帮测试数据，二次采动影响超前阶段，巷道两帮松动破坏范围相差较大，割煤帮大于煤柱帮，割煤帮的松动圈在2.1～2.2m，最大2.2m，最小2.1m，煤柱帮平均为1.4m，最大值为1.6m，最小为1.2m。二次采动对巷道两帮的影响很明显。

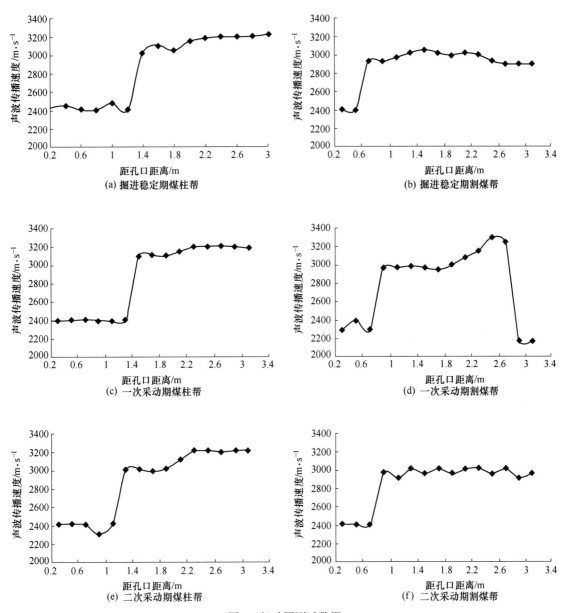

图3　松动圈测试数据

3　回风顺槽支护参数优化研究

回风顺槽钻孔资料显示，煤层顶板伪顶为泥质粉砂岩，深灰色泥质胶结，硬度 $f=2$，厚度0.5m；直接顶为粉砂岩，深灰色含白云片，硬度 $f=3$，厚度6m；老顶为细粒砂岩，灰色石英长石，硬度 $f=6$，厚度12m。伪顶和直接顶属于软岩，老顶较硬，

原有支护方案中的锚杆和锚索不能满足支护要求，需要对支护参数进行优化。

3.1　锚杆支护参数的优化研究

根据每根锚杆悬吊载荷大小确定锚杆间距 a 和排距 b，即锚杆悬吊载荷 G 的大小不能超过锚杆的承受能力 Q，则考虑安全系数 K 情况下的悬吊岩石的载荷为

$$G = abl_2\gamma = 28.8\text{kN}$$

锚杆的承载力为

$$Q \geqslant abKl_2\gamma = 86.4\text{kN}$$

式中，a 为锚杆间距，$a = 1600\text{mm}$；b 为锚杆排距，$b = 1000\text{mm}$；l_2 为有效长度，$l_2 = 1.2\text{m}$；γ 为悬吊岩石容重，$\gamma = 20\text{kN/m}^3$；K 为锚杆安全系数，$K = 3$。

$\phi18\text{mm}\times2000\text{mm}$ 螺纹钢锚杆破断载荷大于 155kN，故间排距 $1600\text{mm}\times1000\text{mm}$ 的锚杆承载力满足要求。

3.2 锚索支护参数的优化研究

通过比较锚索悬吊的载荷和锚索的承载能力，并从松散、破碎岩石出发，推导得到天然拱的高度

$$h_0 = \frac{10\left[p + H\tan\left(\dfrac{\pi}{4} + \dfrac{\theta_f}{2}\right)\right]}{R} = 3.08\text{m}$$

锚索悬吊的载荷为

$$P_v = 2\gamma h_0 p\left[1 - \frac{1}{3}\left(\frac{p}{q}\right)^2\right] = 286.4\text{kN}$$

锚索承载力为

$$R_t \geqslant P_v ck/n = 171.84\text{kN}$$

式中，k 为锚索安全系数，$k = 1.2$；n 为每排需要的锚索数量；c 为锚索排距，$c = 2.5\text{m}$；R 为岩石的单轴抗压强度，$R = 15\text{MPa}$；q 为隧硐宽度的 $1/2$ 或当需考虑侧压力时为滑动楔形上顶宽度的 $1/2$，$q =$ 4.6m；p 为巷道掘进宽度的 $1/2$，$p = 2.6\text{m}$；H 为巷道掘进高度，$H = 3\text{m}$；θ_f 为岩（煤）体的内摩擦角，$\theta_f = 22°$。

计算得 $R_t \geqslant 214.8\text{kN}$，$\phi15.24\text{mm}$ 锚索最大破断载荷 230kN，故优化后的 2-3-2 布置的锚索能够满足承载需求。

优化后支护方案中锚杆为 $\phi18\text{mm}\times2000\text{mm}$ 的螺纹钢锚杆，间排距 $1600\text{mm}\times1000\text{mm}$，矩形布置，4 根/m；副帮金属锚杆 $\phi16\text{mm}\times2000\text{mm}$，间排距 $1000\text{mm}\times1000\text{mm}$，三花布置，2.5 根/m，正帮玻璃钢锚杆 $\phi18\text{mm}\times2000\text{mm}$，间排距 $1000\text{mm}\times1000\text{mm}$，三花布置，2.5 根/m。锚索为规格 $\phi15.24\text{mm}\times6500\text{mm}$，间排距 $2500\text{mm}\times2000\text{mm}$，每排 2 根，2.5m 一排。使用的联巷、调车硐室锚索支护形式与正巷一致（不用的不打锚索），开口交叉点支护两排，一排 3 根，一排 2 根，排距 2m，共计 5 根锚索。

4 数值模拟

寸草塔二矿 3110 回风顺槽沿煤层走向施工，煤层平均厚度 2.8m，回风顺槽宽 5.2m，高 3m，煤层底板为细、中粒砂岩，底板厚度 6.5m，伪顶为泥质粉砂岩，厚度为 0.5m，直接顶为粉砂岩，厚 6m，老顶为细粒砂岩，厚 12m。模型高 27.8m，宽 50m，长 7m；本构模型为摩尔-库仑模型。各岩层的力学参数如表 2 所示。

表 2 各岩层力学参数

岩性	密度/kg·m⁻³	弹性模量/MPa	抗压强度/MPa	泊松比	抗拉强度/MPa	内聚力/MPa	内摩擦角/(°)
细粒砂岩	2620	4000	30	0.22	2.2	1.8	26
粉砂岩	2500	10500	61.3	0.28	1.65	1.7	25
煤	1310	1450	14.5	0.37	1	1.4	22
细、中粒砂岩	1310	21800	63.3	0.21	2.4	1.7	25

边界条件，四周铰支，底部固支，上部为自由边界。本次数值模拟分析寸草塔二矿 3110 回风顺槽掘进后顶板破坏变形规律，为顶板支护参数优化提供依据。模拟

依次为建模，开挖，支护和应力平衡。按照支护参数优化前后进行两次模拟，在计算完成后，对巷道围岩塑性区进行分析，如图4所示。

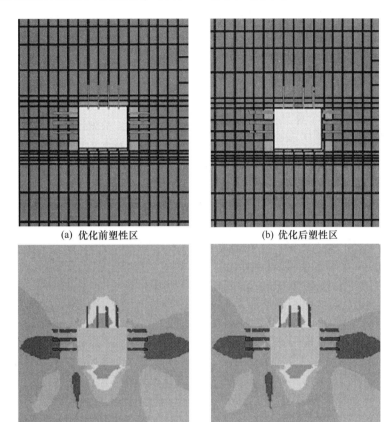

(a) 优化前塑性区　　　　　　(b) 优化后塑性区

(c) 优化前垂直位移　　　　　　(d) 优化后垂直位移

图4　优化前后塑性区和垂直位移对比

图4（a）为采用优化前原支护方案围岩的塑性区分布，顶板围岩塑性区分布，顶板围岩塑性区高度3m，两帮围岩塑性区范围1.8m。图4（b）为采用优化后的支护方案的围岩塑性区分布，顶板围岩塑性区高度变化不大，但顶板塑性区范围较原支护方案明显减小。两帮围岩塑性区范围1.8m，优化支护参数后顶板塑性区范围比优化前减小。

图4（c）为采用矿方原支护方案围岩的垂直位移分布，巷道顶板上方0~1.25m垂直位移为30mm，1.5~3.5m垂直位移为2.5mm。图4（d）为采用优化支护方案后围岩的垂直位移分布，巷道顶板上方0~1.25m垂直位移为27mm，1.5~3.5m范围垂直位移为20mm，优化支护参数后垂直位移比优化前减小。

经过数值模拟对比支护优化前后巷道围岩塑性区和围岩位移发现，优化支护参数后围岩塑性区和垂直位移比优化前减小，优化后支护参数更合理。

5　结语

（1）通过理论计算得出，矿方原支护方案锚索支护强度不够，存在安全隐患，进而对锚杆锚索支护参数进行优化设计，锚杆间排距由1.2m调整到1.6m，锚杆消耗量由6.87根/m减少到5.63根/m，提高了效率的同时大大降低回采巷道的成本，减少了打眼作业，降低了劳动强度和改善工作面环境，锚索支护密度有所增加，锚索消耗量由 1 根/m 减少到 0.8 根/m，锚索施工对掘进效率和支护成本影响较小。

（2）以 3110 回风顺槽为计算模型，巷道开挖后，采用原方案和优化方案进行巷道支护，对比数值模拟计算。研究表明，优化支护参数后围岩塑性区和垂直位移比优化前减小，优化后支护参数更合理。

参 考 文 献

[1] 何满潮，邹正盛，邹友峰. 软岩巷道工程概论 [M]. 徐州：中国矿业大学出版社，1993.

[2] 何满潮，袁越，王晓雷，等. 新疆中生代复合型软岩大变形控制技术及其应用 [J]. 岩石力学与工程学报，2013，32（3）：433～441.

[3] 马念杰，侯朝炯. 采准巷道矿压理论及应用 [M]. 北京：煤炭工业出版社，1995.

[4] 黄庆享，张沛，董爱菊. 浅埋煤层地表厚砂土层"拱梁"结构模型研究 [J]. 岩土力学，2009，33（9）：2722～2726.

[5] 李宏斌，乔博洋，王德雪，等. 塔拉壕矿软岩回采巷道支护参数优化研究 [J]煤炭工程学报，2016，35（4）.

[6] 蔡志炯. 金庄矿特厚煤层回采巷道支护参数优化 [J]. 江西煤炭科技学报，2015（3）.

[7] 石建军，马念杰，闫德忠，等. 巷道围岩松动圈测试技术及应用 [J]. 煤炭工程学报，2008（3）.

高应力破碎围岩大断面巷道支护技术研究

刘元祥

（中国矿业大学（北京）资源与安全工程学院，北京 100083）

摘　要：以赵固二矿深部高应力破碎围岩巷道变形量大、支护体破坏严重和巷道多次维修的难题为工程背景，基于矿压显现监测、理论分析和 FLAC^{3D} 数值模拟技术，研究分析赵固二矿的变形机理和适合的巷道支护形式，设计出合理的巷道支护方案。通过数值模拟对比分析，确定了较优的支护方案，有助于降低支护成本，保证巷道断面尺寸，提高围岩的稳定性。

关键词：高应力；大断面巷道；数值模拟；二次支护

我国煤矿地质条件极为复杂，采深逐年增加，原来在浅部表现为硬岩特性的矿井，在深部表现为软岩特性，因此，我国软岩工程分布极其广泛。软岩支护问题成为制约我国煤矿安全、高效开采的一个重要难题[1~3]。由于开采深度加大，岩体应力急剧增加，巷道维护十分困难，常常是前掘后翻，需要多次返修，维护费用很高，矿井出现了越来越多的用传统方法难以控制的巷道，并且随着矿井开采逐渐向深部延伸，原岩应力与构造应力不断升高，巷道围岩体表现出明显的大变形、大地压、高水压、长时间持续流变的软岩特性，高应力软岩巷道的支护与维护问题显得越来越突出[4~6]。通过对赵固二矿巷道的现场调研，对该巷道的支护方式进行了优化设计，并通过数值模拟明了优化后的支护方式是合理的，能够实现巷道的稳定性控制，以求能对国内类似条件下的大断面巷道进行有效支护提供参考。

1　工程概况

赵固二矿是河南煤化焦煤集团新建矿井，巷道埋深 700~850m，地质构造复杂、围岩松软破碎、底板高水压，属于高应力大断面破碎围岩巷道。初期施工，岩巷采用高强锚杆、锚索+喷射混凝土一次支护，普通工钢棚+喷射混凝土二次支护，煤巷采用锚网索支护，巷道四周来压，变形破坏严重，严重影响了矿井建设。因此，找到一种适合赵固二矿特殊地质条件下高复合应力破碎围岩大断面软岩巷道的支护方式尤为重要。

赵固二矿主采煤层二$_1$煤顶底板岩性柱状图如图 1 所示。顶板：二$_1$煤层伪顶主要为 ≤0.5m 的泥岩、炭质泥岩，本区仅零星分布，一般随采随落。直接顶板厚度一般1~6.5m，以泥岩顶板为主，占赋煤面积70%，其砂岩分布面积约占含煤面积20%，砂质泥岩占含煤面积15%。老顶多为厚度0.94~19.85m、平均 7.46m 的粗、中、细粒砂岩（大占砂岩）。底板：二$_1$煤层底板以泥岩、砂质泥岩为主，到 L9 灰岩顶面之间的岩层组合厚度较薄，为 9.1~17.27m，平均12.84m。

传统的高应力巷道多采用二次支护理论，但目前很多巷道二次或多次支护仍不能有效控制巷道围岩变形与破坏，特别对于高应力大断面破碎围岩巷道支护更加困难。因此研究分析赵固二矿的变形机理和适合的巷道支护形式，有助于降低支护成本，保证巷道断面尺寸，提高围岩的稳定性。

岩石名称	层厚/m	柱状
中粒砂岩	3.2	
砂质泥岩	10	
细粒砂岩	2	
中粒砂岩	6.68	
泥岩	3.64	
二₁煤	6.5	
泥岩	3.3	
砂质泥岩	9.2	

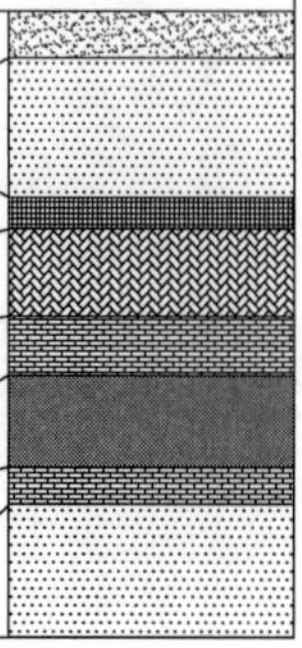

图1　煤层柱状图

2　矿压显现规律研究

赵固二矿属于埋深大、水压大、构造应力复杂的煤层地质赋存条件，巷道的矿压显现特征有其自身的特点。进行了巷道表面位移和深基点位移观测。

2.1　表面位移观测

2.1.1　观测方法及测点布置

观测方法：采用巷道断面十字交叉法，分别量测同一断面上巷道两帮移近量及顶底板移近量。

测站分别布置在主排水泵房，首先在巷道工作面处设置一排，向巷道后方间隔5m设置一排，以后随巷道的掘进每隔5m设置一排，每个巷道内共设置观测点3组。

2.1.2　数据分析

图2~图4为1~3号观测站宽度和高度变形量图。高度变形最大分别达到了2210mm、1456.7mm、2210mm，宽度变形量分别达到了706.8mm、316.6mm、706.8mm，高度变形量大，前20天左右变化波动非常大，20天到50天左右之间变化速率逐渐减

小，50天左右后基本稳定。

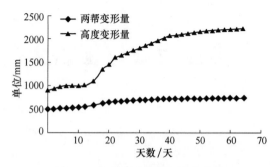

图2　1号观测站巷道变形曲线图

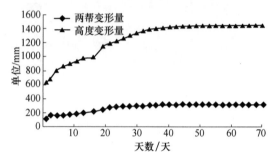

图3　2号观测站巷道变形曲线图

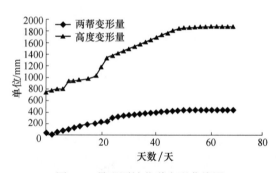

图4　3号观测站巷道变形曲线图

2.2　深基点位移观测

2.2.1　观测站布置

巷帮变形范围一般为巷道半跨的3~5倍范围，根据本矿具体条件，在每一测站的巷道两帮分别钻孔，安设不同深度的观测基点。根据煤帮变形破坏剧烈程度预计，设计顶板采用1.0m、2.0m、3.0m、4.0m、5.0m、6.0m 六基点式，两帮采用1.0m、2.0m、3.0m、4.0m、5.0m、6.0m 六基点式，如图5所示。测量时利用钢卷尺读取

测量外露钢丝长度。

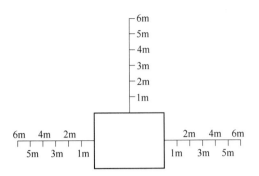

图 5　深基点位移计测点布置图

测站分别布置在主排水泵房，首先在巷道工作面处设置一排，向巷道后方间隔 10m 设置一排，每个巷道内共设置观测点 2 组。

2.2.2　数据分析

图 6 和图 7 为第一观测站深基点位移表和曲线图，图 8 和图 9 为第二观测站深基点位移表和曲线图。图中可以得出在巷道浅部位移发生的比较小，位移主要发生在 4~

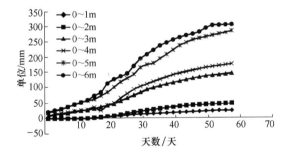

图 6　第一观测站左帮深基点位移变化曲线图

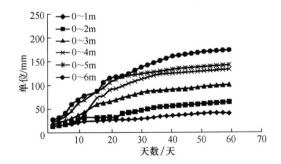

图 7　第一观测站顶板深基点位移变化曲线图

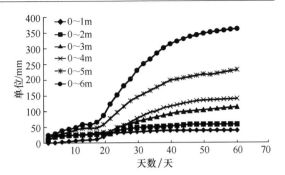

图 8　第二观测站左帮深基点位移变化曲线图

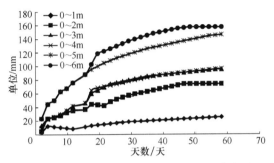

图 9　第二观测站顶板深基点位移变化曲线图

6m 之间，位移量达到总位移量的 70%。图 9 为顶板深基点变形曲线，图中可以得出总巷道位移量比较大，位移在 4~6m 范围内位移较大。

2.3　结论

由表面位移观测结果分析得出，巷道围岩变化量非常大，高度变化最大达到了 1848mm，已经影响巷道的正常使用，变形速率最大达到了 90mm/d，属于极不稳定。由深基点位移观测结果分析得出，巷道围岩位移多发生在围岩深部 0~6m 范围内，说明在锚杆作用范围内，岩体出现整体移动，而锚索在一定程度上锚固在深部稳定的岩体中，并不能维持围岩变形。

3　支护方案对比分析

通过现场表面位移观测和深基点位移观测等矿山压力显现规律的研究可得，高应力大断面巷道围岩变形破坏严重，需要有效的支护形式来保证巷道围岩的稳定性，确保巷道的安全。针对赵固二矿高应力破碎围岩的特殊条件，现提出以下三种支护方案：A类支护：一次锚网喷、二次半圆拱U型棚与注浆加固复合支护（巷道原支护方式）；B类支护：一次锚网喷、二次马蹄形全封闭工钢棚与注浆加固复合支护；C类支护：一次锚网喷、二次曲腿多心拱马蹄形全封闭工钢棚与注浆加固复合支护。通过FLAC³D来比较三种支护方案对巷道围岩的控制效果，进而确定最优的巷道支护方案。

3.1　数值模拟模型构建

模拟的对象是在相同的地质条件下不同支护形式支护的岩巷。巷道位于煤层顶板的岩层中，巷道顶板主要为砂质泥岩和中粒砂岩，巷道底板主要中粒砂岩、泥岩、$二_1$煤和砂质泥岩（如图1所示）。为了简化计算，数值模拟中取厚度较大的岩层作为模拟对象，同时把厚度较小但岩性相近的岩层划为同一层，模型断面尺寸为：20m×20m×1m，建立的网格模型如图10所示。$二_1$煤层埋深约700m，施加在模型的上边界的地应力以自重引起的铅直应力为主，约为17.5MPa。模型水平边界限制x方向的位移；底边为固定约束，x、y和z三个方向上无位移；模型沿轴向z向没有位移。

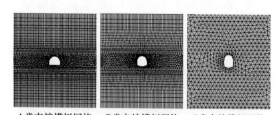

A类支护模拟网格　　B类支护模拟网格　　C类支护模拟网格

图10　三种支护方案下数值模拟网格模型

3.2　三种支护方案支护效果数值模拟结果分析

由于巷道受到强烈的工作面采动影响，

结合现场的地应力测试，确定巷道模型三种受力条件来模拟采动影响下三种支护形式的作用效果。三种受力条件分别为：$\lambda = 0.8$，$\lambda = 1$，$\lambda = 2.2$，分别代表巷道不同服务时期受采动影响的受力状态。

图11为三种支护形式在三种应力状态下巷道围岩塑性区的数值模拟结果。由图可以看出，不管在怎样的应力条件下，A类支护形式下巷道围岩塑性区范围最大，巷道围岩最不稳定；C类支护形式下巷道塑性区范围最小，巷道围岩最稳定。根据数值模拟结果，本文还统计了三类支护形式下巷道围岩位移、应力的分布情况来比较分析三种支护形式对巷道围岩稳定性影响，下面讲具体阐述。

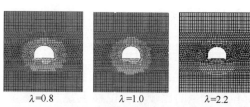

λ=0.8　　　　λ=1.0　　　　λ=2.2

A类支护形式下巷道围岩塑性区

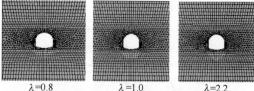

λ=0.8　　　　λ=1.0　　　　λ=2.2

B类支护形式下巷道围岩塑性区

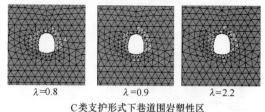

λ=0.8　　　　λ=0.9　　　　λ=2.2

C类支护形式下巷道围岩塑性区

图11　三种支护方案数值模拟结果

3.2.1　A类支护形式下支护效果分析

表1为A类支护形式下巷道围岩位移、应力统计表。由表可得，随着侧压系数的变大，支护形式A巷道围岩位移及围岩应力集中值有变大的趋势；当侧压系数为2.2时巷道围岩位移最大，此时巷道顶底板

位移最大值分别为 104mm、158.8mm，两帮位移最大值分别为 137mm、132.5mm；侧压系数 2.2 时，垂直应力集中在巷道两帮 1.5～2.5m 处，最大应力集中系数为 1.83；水平应力集中在巷道顶板 2.5～5m、底板 4.5～9m 处，最大应力集中系数为 1.94。巷道围岩塑性区范围随侧压系数的增大，由巷道两帮向巷道顶底板转移。

表 1　A 类支护形式下巷道围岩位移、应力统计

侧压系数	垂直位移 /mm		水平位移 /mm		最大垂直应力 /MPa	最大水平应力 /MPa
	顶板	底板	左帮	右帮		
$\lambda=0.8$	93.6	95.6	114.4	107.5	30	27.7
$\lambda=1.0$	103.4	121.1	127.3	158.2	29.6	29.1
$\lambda=2.2$	104	158.8	137	132.5	32.4	33.9

3.2.2　B 类支护形式下支护效果分析

表 2 为 B 类支护形式下巷道围岩位移、应力统计表。由表可得，随着侧压系数的变大，支护形式 B 巷道围岩位移及围岩应力都有变大的趋势。当侧压系数为 2.2 时巷道围岩位移最大，此时巷道顶底板位移最大值分别为 63.9mm、77.9mm，两帮位移最大值分别为 80mm、73.5mm。侧压系数 2.2 时，垂直应力集中在巷道两帮 1～5m 处，最大应力集中系数为 3.5。巷道围岩塑性区范围随侧压系数的增大，由巷道两帮向巷道顶底板转移。

表 2　B 类支护形式下巷道围岩位移、应力统计

侧压系数	垂直位移 /mm		水平位移 /mm		最大垂直应力 /MPa	最大水平应力 /MPa
	顶板	底板	左帮	右帮		
$\lambda=0.8$	56.4	52.8	60.4	55.4	54.4	51.8
$\lambda=1.0$	68.9	70.3	79.7	75.9	59.9	59.7
$\lambda=2.2$	63.9	77.9	80	73.5	61.4	66

3.2.3　C 类支护形式下支护效果分析

表 3 为 C 类支护形式下巷道围岩位移、应力统计表。由表可得，支护形式 C 条件下，侧压系数 $\lambda=0.8$ 时，巷道围岩位移最大；当 $\lambda>1.0$ 时，巷道围岩变形和围岩应力集中最大值有变大的趋势，但 $\lambda=1.0$、$\lambda=2.2$ 时巷道围岩变形量差别不大，除型钢支架上产生部分应力集中外，巷道周围应力升高区分布较为均匀。巷道围岩塑性区范围随侧压系数的增大，由巷道两帮向巷道顶底板转移。

表 3　C 类支护形式下巷道围岩位移、应力统计

侧压系数	垂直位移 /mm		水平位移 /mm		最大垂直应力 /MPa	最大水平应力 /MPa
	顶板	底板	左帮	右帮		
$\lambda=0.8$	105.9	56.6	89.5	77.1	47.5	53.2
$\lambda=1.0$	41.9	30.1	64.3	62.9	36	61
$\lambda=2.2$	62.2	36.7	72.3	60.7	50.1	63

3.2.4　三种支护方案对比

与支护性形式 A 相比较可以看出，支护形式 B 巷道围岩位移变小，围岩最大应力集中系数增大，巷道围岩应力增高区变大。说明支护形式 B 由于支护形式 A，支护形式 A 情况下，巷道围岩环境得到改善，承载能力增强，支护结构大大改变了巷道围岩的受力状态，提高了围岩的强度。与支护形式 B 相比较可以看出，当 $\lambda=0.8$ 时，支护形式 C 围岩变形量较大，这是由于两帮岩体破坏较大，在顶压的作用下曲腿容易发生变形，进而导致巷道顶板变形；当 $\lambda=1.0$ 和 $\lambda=2.2$ 时，支护形式 C 围岩变形量较小；从围岩塑性区分布方面可以看出，支护形式 C 围岩塑性区小于支护形式 B 围岩塑性区。说明在当 $\lambda=1.0$ 和 $\lambda=2.2$ 时，支护形式 C 要优于支护形式 B。

4　结论

依据赵固二矿的具体地质条件，在三

种侧压系数影响下，分别对三种支护形式做了模拟分析，得出如下结论：

（1）一次锚网喷、二次马蹄形全封闭工钢棚与注浆加固复合支护和一次锚网喷、二次曲腿多心拱马蹄形全封闭工钢棚与注浆加固复合支护支护效果优于一次锚网喷、二次半圆拱 U 型棚与注浆加固复合支护。

（2）当侧压系数 $\lambda < 1.0$ 时，采用一次锚网喷、二次马蹄形全封闭工钢棚与注浆加固复合支护；当侧压系数 $\lambda \geqslant 1.0$ 时，采用一次锚网喷、二次曲腿多心拱马蹄形全封闭工钢棚与注浆加固复合支护支护。

（3）随着侧压系数的增大，巷道围岩塑性区分布范围都有从巷道两帮向巷道顶底板转移的趋势。说明当 $\lambda < 1.0$ 时加强巷道两帮的支护，当 $\lambda > 1.0$ 时加强巷道顶底板的支护，更能提高巷道的稳定性。

参 考 文 献

[1] 冯利民，黄玉东，张得现，等．高应力软岩巷道围岩变形机理及支护技术研究［J］．煤炭工程，2014（9）．

[2] 张鹏，吕冬超，高东栋，等．赵固二矿大断面岩巷围岩控制技术［J］．现代矿业，2013（535）．

[3] 陈新明，郜进海．高应力大断面破碎围岩巷道二次强力支护支架设计［J］．北京理工大学学报，2012（6）：565～570.

[4] 林登阁．高应力松散破碎围岩巷道支护技术［J］．建井技术，2001（5）：26～28，36.

[5] 王晓红，张双全．高应力破碎围岩回采巷道支护技术研究［J］．科技信息，2013（4）：397～398.

[6] 曾靖皓，刘长武，何涛．破碎围岩大断面回采巷道加强支护形式与参数研究［J］．国土资源科技管理，2013（2）：84～89.

门克庆煤矿深部回采巷道支护设计与分析

李腾龙

（中国矿业大学（北京）资源与安全工程学院，北京　100083）

摘　要：针对门克庆煤矿 3-1 煤 2 盘区泄水巷埋深大（705m）、巷道围岩稳定性差、受多次采动影响的特点，运用 FLAC³ᴰ 数值模拟分析，掌握了巷道开挖后顶板变形变化、围岩应力与塑性区范围分布特点，为支护参数选择提供了理论依据和基础数据，并以此提出了锚网索联合支护设计方案。经过现场支护效果监测认为，锚网索联合支护方案对于门克庆煤矿回采巷道围岩支护效果显著。

关键词：回采巷道；数值模拟；支护参数；锚网索联合支护

1　工程概况

门克庆煤矿井田为一向西倾斜的单斜构造，地层倾角 1°~3°。煤矿 3-1 煤 2 盘区泄水巷埋深 705m，煤层平均厚度为 4.4m，结构简单，一般不含夹矸，局部含 1~2 层夹矸。层位稳定，厚度在井田内变化不大，具体表现为煤层厚度在井田的东西两侧较厚，但在先期开采地段的中部煤层厚度较薄。该巷道断面形状为矩形，掘进断面尺寸 5000mm×3600mm。泄水巷服务年限相对较长（2.5 年以上），同时要经受多次采动的影响，且巷道埋深超过 700m 围岩稳定性较差。针对这些问题，制定合理且可行的支护设计方案显得尤为重要。

2　巷道顶板岩层结构探究

为观测巷道顶板内部的破坏及裂隙发育情况，采用钻孔电子窥视仪（防爆式）可确定巷道顶板的岩性分布和松动破坏范围[1]，为支护设计、围岩稳定性评价提供依据，对于矿井巷道支护，防治顶板垮落等安全隐患具有相当重要的意义。

根据现场施工条件，在 3-1 煤 2 盘区泄水巷 900m 处实施顶板窥视。依据窥视录像绘制钻孔柱状图，如图 1 所示。

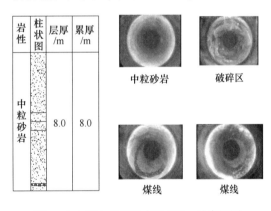

图 1　3-1 煤 2 盘区泄水巷 900m 处窥视图

由图 1 可知，3-1 煤 2 盘区泄水巷 900m 处，8m 钻孔岩性单一，为煤与中粒砂岩，顶板上方 90mm 处有一条 5cm 破碎带，在中粒砂岩中有 3 条小煤线。巷道局部区域顶板浅部（0.5m 以下）有裂隙发育，顶板整体性较好。

通过现场取岩芯，并进行岩石物理力学实验，确定 3-1 煤 2 盘区泄水巷顶底板岩层的物理力学参数见表 1。结合 3-1 煤顶板钻孔窥视数据绘制出煤层综合柱状图，见图 2。煤层直接底为粉砂岩，平均厚度 1.55m，直接顶同样为粉砂岩，均厚 7.95m。

表 1　煤顶底板岩石物理力学参数

岩性	密度 /kg·m⁻³	单轴抗压强度 /MPa	单轴抗拉强度 /MPa	弹性模量 /GPa	泊松比	凝聚力 /MPa	内摩擦角 /(°)
粉砂岩（顶）	2377	70.59	4.92	16.24	0.22	12.9	29
煤	1269	21.51	0.65	5.13	0.2	3.4	34
粉砂岩（底）	2326	44.34	2.9	15.19	0.17	10.2	31

埋深/m	岩性	厚度/m	柱状	岩性描述
688.95	中粒砂岩	13.70		灰白色，石英为主，长石次之，分选好，交错层理，次棱角状，钙泥质胶结
693.55	细粒砂岩	4.60		灰白色，石英为主，长石次之，水平层理，波状层理，分选好，钙泥质胶结
701.50	粉砂岩	7.95		灰色，块状，断口平坦
705.90	煤	4.40		黑色，半亮、半暗煤为主，玻璃光泽，含黄铁矿，阶梯状断口。结构：0.69(0.36)3.30
707.45	粉砂岩	1.55		灰色，块状，含植物化石，水平层理，波状层理

图 2　3-1 煤钻孔综合柱状图

3　数值模拟

3.1　模型建立

采用 FLAC³D 数值模拟[2] 软件，以门克庆 3-1 煤 2 盘区泄水巷为计算模型，模拟回采巷道开挖后，巷道平衡稳定后的破坏状态和应力环境。巷道埋深 705m，煤层平均厚度为 4.4m。顶板岩性自下而上依次为：粉砂岩，厚度为 7.95m；细砂岩，厚度为 4.60m；中砂岩，厚度为 13.70m。底板自

上而下依次为：粉砂岩 1.55m；中砂岩，11.50m。本模型高度为 62.5m、长度为 50m、宽度为 100m。模型四边水平位移固定，底面垂直固定，并施加实测初始地应力场，采用 Mohr - Coulomb 模型为本构模型。具体岩石力学参数的选取参照表 1。

3.2　数值模拟结果与分析

模拟回采巷道为无支护状态下的围岩变形、应力分布与塑性区变化特征。回采巷道开挖以后，巷道围岩内部的应力重新分布，周边围岩势必产生塑性破坏，一定时间后围岩逐渐趋于稳定，如图 3 所示，反映出 3-1 煤 2 盘区泄水巷道形成围岩塑性区破坏范围、垂直方向位移和水平应力分布。

(a) 开挖后塑性区　　　(b) 开挖后垂直方向位移

(c) 开挖后水平应力

图 3　开挖后塑性区、垂直位移和水平应力分布图

2 盘区泄水巷围岩垂直方向位移规律如图 3（b）所示。掘进期间泄水巷顶板 0～0.5m 范围垂直方向位移为 10～10.9mm，0.5～2m 范围垂直方向位移为 8～10mm；底板 0～3m 范围垂直方向位移为 0～1.7mm；由图 3（a）所示，泄水巷顶板和两帮的塑性破坏范围不大，巷道顶板的塑性区范围为 2m，两帮的塑性区范围为 2m。由悬吊理论[3,4]可知，该巷道使用 2.3m 长的锚杆能够锚固到稳定岩层内，只要支护适当，不

会发生顶板冒顶和片帮的现象；3-1 煤 2 盘区泄水巷围岩水平应力分布见图 3 (c)，顶板 2~5.5m 范围内水平应力最大，0~1m 范围内为应力降低区；两帮在 0~1m 范围内水平应力最小，随着煤体向深部延伸，水平应力逐渐升高，在 2m 范围以外水平压力逐渐趋于稳定。

综上所述，2 盘区该回采巷道开挖平衡后，顶板塑性区范围为 2m，两帮塑性区范围为 2m，顶板 0~2m 范围内垂直位移 8~10.9mm，顶板 0~1m 为水平应力降低区，帮部 0~1m 为水平应力降低区。

4　2 盘区回采巷道支护参数理论计算

4.1　回采巷道顶板锚杆支护参数设计

4.1.1　锚杆长度计算

依据悬吊理论，顶锚杆通过悬吊作用，达到支护效果的条件，应满足

$$L \geqslant L_1 + L_2 + L_3 \tag{1}$$

式中，L 为锚杆总长度，m；L_1 为锚杆外露长度（包括钢带、托板、螺母厚度），m，取值 0.1m；L_2 为有效长度，m；L_3 为锚入岩（煤）层内深度，m，取值 1m。

巷道顶锚杆有效长度 L_2 的确定

$$f \geqslant 3 \text{ 时，} L_2 = KB/(2f)$$

$$f \leqslant 2 \text{ 时，} L_2 = \frac{1}{f}\left[\frac{B}{2} + H\cot\left(45° + \frac{\phi}{2}\right)\right] \tag{2}$$

式中，K 为安全系数，取值 3；f 为普氏系数，取值 7；B 为巷道跨度，m，取值 5m；H 为巷道掘进高度，m，取值 3.7m；ϕ 为内摩擦角，(°)，取值 30°。

通过计算得出 $b = 1.07$m。代入 $L \geqslant L_1 + L_2 + L_3$，得出 $L \geqslant 2.17$。锚杆直径 d 按公式 (3) 计算

$$d = L/110 = 2250/110 = 20.4 \tag{3}$$

选取 $\phi20$mm×2250mm 左旋螺纹钢锚杆可满足工程需求。

4.1.2　锚杆间排距计算

锚杆锚固力 N 根据测定的锚杆杆体屈服载荷，从而计算得来，具体地

$$N = \pi/4(d^2\sigma_\text{屈})$$
$$= 0.25 \times 3.14 \times (0.02)^2 \times$$
$$335 \times 106 = 105\text{kN}$$

式中，$\sigma_\text{屈}$ 为杆体材料的屈服极限，MPa；d 为杆体直径。

按照规范[5]规定，锚杆间排距应小于或等于锚杆长度的 1/2，锚杆间距：$b \leqslant 1/2L$。这里 $b \leqslant 0.5 \times 2250 = 1125$mm，取锚杆间距为 800mm，巷道宽度 5.4m，每排选用 7 根锚杆。锚杆排距表示为

$$a = Nn/k\gamma BL_2$$
$$= 105 \times 10^3 \times 7/4 \times 24 \times 10^3 \times 5 \times 1.07$$
$$= 1.43\text{m}$$

式中，γ 为岩石的容重，取值 24kN/m³；k 为安全系数，取值 4。

最终确定锚杆间排距为 800mm × 1000mm。

4.2　回采巷道顶板锚索支护参数设计

(1) 锚索长度的确定
$$X = X_1 + X_2 + X_3$$
$$= 0.3 + 5 + 2 = 7.3\text{m}$$

式中，X_1 为锚索外露长度，取 0.3m；X_3 为锚索锚固长度，取 2m；X_2 为潜在不稳定岩层高度，m，$X_2 = B = 5$m。

(2) 锚索排距
$$L \leqslant nF_2/[BH\gamma - (2F_1\sin\theta)/L_1]$$
$$\leqslant 2 \times 355/[5 \times 2.2 \times 24 -$$
$$(2 \times 70 \times \sin75°)/1] \leqslant 3.6\text{m}$$

式中，L 为锚索排距，m；B 为巷道最大冒落宽度，取值 5m；H 为巷道最大帽落高度（最大取锚杆长度），取值 2.2m；γ 为岩体容重，取值 24kN/m³；L_1 为锚杆排距，取值 1m；F_1 为锚杆锚固力，取 70kN；F_2 为锚索极限承载力，取值 355kN；θ 为角锚杆与

巷道顶板的夹角, 75°; n 为锚索数量, 取 2。

根据锚索间排距计算, 选择锚索排距 3m≤3.6m, 符合规范要求。

（3）锚索间距

$$m = 0.95B/n$$
$$= 0.95 \times 5/2 = 2.4m$$

式中, n 为排数, 取 2; B 为巷道宽度, m。

最终选择 ϕ17.8mm×8300mm 锚索, 间排距为 2400mm×3000mm。将计算选取的 ϕ20mm × 2250mm 左旋螺纹钢锚杆和 ϕ17.8mm×8300mm 锚索按照理论计算间排距绘制巷道支护断面图, 如图4所示。

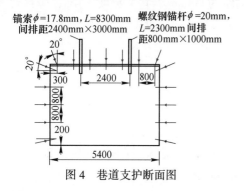

图 4　巷道支护断面图

5　2 盘区回采巷道支护设计监测

巷道两帮及顶板内部相对位移是指围岩的内部多点间的位移量, 内部位移监测的主要目的是探测围岩的松动范围, 以此判断支护合理性、优化支护设计参数[6]。选取处于掘进期间的 3-1 煤 2 盘区泄水巷为试验回采巷道, 进行巷道深基点位移观测, 验证该锚网索联合支护方案的合理性。

5.1　监测方法

采用机械式离层仪进行深基点位移监测, 在测站处的顶板及两帮分别施工 ϕ28 钻孔, 孔深 8m, 安设不同深度的观测基点。根据现场条件, 设计煤帮采用 1m 和 2.3m 两个基点, 顶板采用 2m、4m 和 8m 三个基点, 如图 5 所示, 监测各个基点相对位移量, 得出巷道围岩内部松动破坏范围。

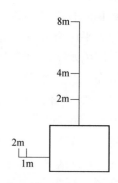

图 5　泄水巷顶板、帮部离层仪基点布置图

5.2　测点布置与监测结果分析

利用深基点位移监测试验巷道在掘进期间围岩内部破坏情况, 分析巷道围岩不同层位的移动变形特征, 确定围岩的离层层位和松动范围[7]。根据门克庆煤矿的地质开采情况, 针对 3-1 煤 2 盘区泄水巷进行安装和观测。测点布置如图 6 所示。

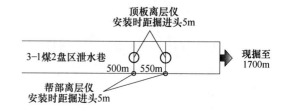

图 6　3-1 煤 2 盘区泄水巷深基点布置图

离层仪安装后, 前 10 天, 每天下井采集数据, 之后 2～3 天采集一次数据。将采集数据绘制成时间-离层位移变化曲线, 见图 7～图 10。

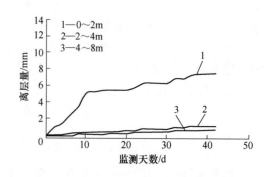

图 7　3-1 煤 2 盘区泄水巷 500m 处顶板离层曲线图

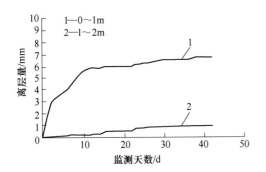

图 8　3-1 煤 2 盘区泄水巷 500m 处帮部离层曲线图

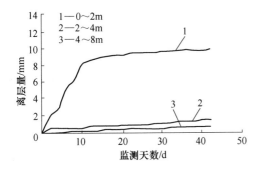

图 9　3-1 煤 2 盘区泄水巷 550m 处顶板离层曲线图

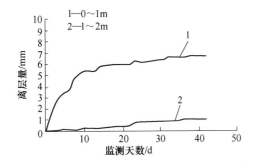

图 10　3-1 煤 2 盘区泄水巷 550m 处帮部离层曲线图

由图 7、图 8 可知，3-1 煤 2 盘区泄水巷 500m 顶板离层仪安装时距掘进工作面 5m，随着工作面继续推进，监测前期顶板与帮部位移量均表现出先逐渐增大，后趋于稳定的趋势。顶板 0～2m 段下沉量达 7.5mm，2～4m 段发生位移量为 1mm，4～8m 段发生位移量为 0.5m，总位移量为 9mm，总位移量较小；帮部位移 0～1m 段发生位移量为 6.5mm，1～2m 段发生位移量为 0.5mm，总位移量为 7mm。

3-1 煤 2 盘区泄水巷 550m 测点顶板与帮部位移量见图 9、图 10，顶板位移 0～2m 段位移变化量大于帮部 0～1m 段位移量，顶板 2～4m 段和 4～8m 段位移量、帮部 1～2m 段位移变化量均较小。顶板总位移量为 11mm，帮部总位移量为 7.5mm。

总体来看，工作面掘进期间，0～10d 阶段 0～2m 和 0～1m 监测点顶板与两帮围岩变形剧烈，顶板深部与两帮深部位移量较小。通过以上分析可知，该锚网索联合支护设计方案合理有效，能够较好地控制围岩变形。

6　结论

（1）钻孔窥视分析顶板岩性，为支护设计、开挖围岩稳定性评价提供实践基础。

（2）以 2-1 煤 2 盘区泄水巷为计算模型，进行数值模拟，得出巷道开挖后，无支护状态下顶板塑性区破坏范围，垂直位移与水平应力的变化点，为合理支护参数设计提供理论依据。

（3）应用悬吊理论并结合实际地质条件，理论计算出回采巷道支护设计参数，提出锚网索联合支护方案。

（4）针对理论计算所得支护参数进行现场应用，通过深基点位移监测得出，支护方案区域围岩几乎没有变形，离层量相差不大且很小，达到较好的支护效果。

参 考 文 献

［1］ 王少磊，张文龙．顶板窥视及分类在煤巷支护设计中的应用［J］.陕西煤炭，2010（1）：48～49.

［2］ 王涛，韩煊，赵先宇，等．FLAC3D 数值模拟方法及工程应用——深入剖析 FLAC3D 5.0 ［M］.北京：中国建筑工业出版社，2015.

［3］ 侯朝炯，郭励生，勾攀峰，等．煤巷锚杆支护［M］.徐州：中国矿业大学出版社，1999.

［4］ 马念杰，侯朝炯．采准巷道矿压理论及应用［M］.北京：煤炭工业出版社，1995.

［5］ 煤巷锚杆支护技术规范 MT/T 1104—2009

[S]. 国家安全生产监督管理总局, 2009.

[6] 南华, 杜卫新, 周英. 易自燃巨厚煤层综放面平巷支护研究 [J]. 矿业安全与环保, 2007 (34): 34~40.

[7] 康红普, 王金华, 林健. 煤矿巷道支护技术的研究与应用 [J]. 煤炭学报, 2010, 35 (11): 1809~1814.

上湾煤矿 51203 工作面辅运巷支护参数设计

史超

（中国矿业大学（北京）资源与安全工程学院，北京　100083）

摘　要：针对上湾煤矿 51203 工作面辅运巷支护参数设计的问题，对上湾煤矿进行了地应力测试，分析了煤层顶底板岩性，设计了 51203 工作面辅运巷支护材料参数和支护方案，并对支护效果进行了监测。结果显示：51203 工作面直接顶为细粉砂岩和泥岩，直接顶以上以砂岩为主，底板为泥岩和黏土岩，致密。上湾矿水平应力测试结果为 5.31MPa，是实测垂直应力的 1.48 倍。数值模拟显示设计的支护方案二次采动后仍然有效，通过深基点位移监测、表面位移监测和松动圈监测等手段，验证了支护参数的可行性及其在现场的适用性，对相似条件的巷道支护具有一定借鉴意义。

关键词：回采巷道；数值模拟；支护参数；地应力；二次采动

神东矿区蕴藏着丰富的煤炭资源，煤田中开采的大部分是基岩较薄的煤层，上湾煤矿上覆岩层基岩较薄，含厚冲击砂层，属于典型的浅埋深薄基岩煤层[1,2]。煤矿工作面采用双巷布，且开采强度大，回采巷道受二次采动影响严重，由于浅埋薄基岩的特点，这种动压影响显现的更为剧烈。工作面回采过程中，虽然顶板移近量小，但在工作面两端平巷发生过多次巷道冒顶事故。因此，需对上湾煤矿回采巷道支护问题进行设计研究。

本文以羊场湾煤矿 1^{-2} 煤层为工程背景，在分了煤岩力学特性和地应力参数的基础上，对受两次采动影响的回采巷道支护参数进行了优化设计[3,4]。

1　工程背景

神东矿区上湾煤矿年产量 1400Mt/a，井田面积大约 106.17km^2 设计可采储量 10.55 亿吨，井田地质构造简单，主要可采煤层厚度大，煤质优良，赋存稳定。矿井采用斜井-平硐联合开拓方式布置，水文地质条件简单，煤层埋藏浅，顶底板较为稳定，瓦斯含量低，是我国煤层自然赋存条件最好的矿井之一。

煤层厚度 5.44 ~ 8.33m，平均厚度 6.69m，倾角 0°~ 3°，附近钻孔没有揭露构造，厚度稳定，为较稳定煤层。煤层顶底板以砂质泥岩、粉砂岩为主，局部为泥岩，泥岩抗压强度低，吸水后会更低。直接顶为灰、灰白色、细粒砂岩、泥岩，厚度 0.66~11.27m，平均 3.71m。直接顶以上以砂岩为主，灰色或灰白色，泥质胶结，成分以石英和长石为主，厚度 11.2 ~ 45.7m，平均为 37.45m。

底板为泥岩和黏土岩，灰色，致密块状。上覆基岩为一套浅蓝、浅黄绿及灰紫色的各粒级砂岩、砂质泥岩组成，砂岩的成分以石英长石为主，圆度中等，分选中等，泥质胶结。底部常为一层灰~灰白色的中细粒砂岩。

根据对上湾煤矿现主采 1^{-2} 煤层的有效

钻孔资料分析得知，上湾煤矿 1^{-2} 煤层及其顶板赋存特征如下：煤层顶板岩石主要为粉砂岩、细砂岩及灰色、灰黑色泥岩，结构致密块状。底板为泥岩和黏土岩，灰色，致密块状。岩层结构及柱状图如图 1 所示。

煤层	岩性描述		典型柱状
	岩性	厚度/m	
1⁻²煤层	顶板	细粒砂岩	3.61	
		粉砂岩	3.80	
		砂质泥岩	1.21	
		粉砂岩	2.74	
	煤层	煤	6.69	
	底板	泥岩	1.91	

图 1　上湾煤矿煤层柱状图

地应力测试结果显示，上湾矿水平应力为 5.31MPa，相当于 210m 采深，测量位置开采深度为 90m，是计算垂直应力的 2.3 倍，是测定垂直应力的 1.48 倍，说明地应力明显大；主应力方向与试验巷道夹角较大；1^{-2} 煤层抗压强度为 25.4MPa，强度较高，在掘进和一次采动影响阶段，巷道变形不大，但是受二次采动影响后，变形将加大，容易发生片帮现象。

2 支护参数设计及方案设计

2.1 支护参数设计

2.1.1 锚杆参数设计

51203 工作面辅运巷为二次回采影响巷道，巷道断面为矩形断面，净断面宽度 5.2m，高度 4.4m，掘进断面面积 22.88m²，采用锚杆、锚索、网、钢带联合支护。

直接顶为粉砂岩且平均厚度小于 3.71m，即直接顶不稳定，老顶岩层自身稳定。不稳定岩层厚度加大，可通过锚索将不稳定岩层悬吊在老顶岩层上。

因此，锚杆支护采用端锚型式，根据经验[5,6]，确定锚杆长度为 2.1m；锚杆材

质采用 A3 圆钢，锚固力 $R_t = 50$kN，锚固方式为端锚；根据三径匹配，锚杆直径采用 16mm。锚杆排距取 1.0m，每排均匀布置 4 根锚杆，间距 1.1m。

2.1.2 锚索及其他参数设计

为保证巷道支护安全，采用加打锚索的方式进行补强支护。考虑到煤层厚度变化，施工过程中经常留设底煤，需要锚固的顶煤厚度为 1.79m，则锚索长度为：

$$l \geqslant l_w + l_t + l_z = 0.7 + 1.79 + 3.71 + 0.3$$
$$= 6.5 \text{m} \tag{1}$$

式中，l_w 为锚固于稳定岩层的长度，取 0.7m；l_t 为上方顶煤与砂质泥岩层的厚度，顶煤厚度 1.79m，直接顶厚 3.71m；l_z 为外露长度，取 0.3m。

因此，锚索长度取为 6.5m，锚索排距取为 3.0m，按悬吊机理计算分析，$\sum h = 5.5$m，则锚索抗拉强度 R_t 为

$$R_t \geqslant \frac{Lb\sum(\gamma h)}{n} = 17.12b/n \tag{2}$$

煤矿常用的锚索为 $\phi 15.24$ 的钢绞线，其破断载荷为 260.7kN。每排布置两根锚索时，间距为 3.0m，分别布置在巷道顶板距巷帮 1/4 巷道宽处。

2.2 支护方案设计

设计支护方案为：顶板采用锚杆、锚索、网、钢带联合支护，共布置 4 根锚杆，锚固形式为端头锚固。锚杆间排距为 1100mm×1000mm。顶锚杆型号：$\phi 16$mm× 2100mm 的 A3 圆钢锚杆；树脂型号：CK 型 $\phi 23$mm×350mm。锚索布置 2 根/排，间排距均为 3000mm，锚索型号：$\phi 15.24$mm× 6500mm，树脂型号：CK 型 $\phi 23$mm× 500mm，采用三个超快锚固剂进行端锚。巷道支护断面图如图 2 所示。

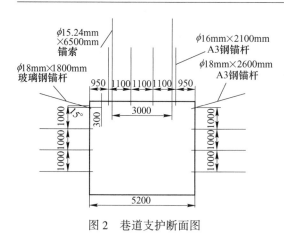

图 2　巷道支护断面图

3　数值模拟

由于 51203 工作面辅运巷道是受二次采动影响的巷道，因此可以根据所设计的支护参数，对一次采动和二次采动时辅运巷的顶板垂直应力和塑性变化进行模拟研究[7]，模拟先开采 51203 工作面，然后开采 51204 工作面。模拟步骤按照建立模型、定义材料模型及参数、加载及边界条件、开挖、求解，完成计算。分别对一次采动和二次采动后垂直应力及围岩塑性变化进行分析，如下：

图 3 为一次采动影响下巷道所受垂直应力和塑性区变化，一次采动后辅运巷道所受垂直应力为 5.0MPa，顶板塑性区高度为 1m，宽度为 5.2m。

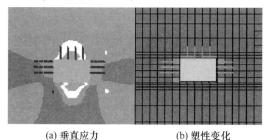

(a) 垂直应力　　　　(b) 塑性变化

图 3　一次采动影响下垂直应力和塑性区变化

图 4 为二次采动影响下巷道所受垂直应力和塑性区变化，二次采动后辅运巷道所受垂直应力为 5.0MPa，顶板塑性区高度为 1m，宽度为 5.2m。

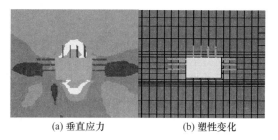

(a) 垂直应力　　　　(b) 塑性变化

图 4　二次采动影响下垂直应力和塑性区变化

一次采动和二次采动后应力变化不大，塑性区高度和宽度均没有太大变化。围岩和两帮的变形及破坏程度不明显，说明所设计的支护参数具有一定的可行性和合理性。

4　矿压监测

煤巷矿压显现不同于一般地下岩体工程和不受采动影响巷道。一般地下岩体。工程围岩只受由于开挖而引起的支承压力的作用，工程围岩附近没有煤巷那样的采空区，都是岩体；在很多情况下，工程位置可选择在地应力小、构造少、岩性好的地点，选择范围较大。而煤巷是直接为回采工作面服务的巷道，巷道的布置不可能远离工作面，因此，煤巷必然要受到工作面回采对其围岩产生的影响。生产实践表明，煤巷围岩的变形一般要经历五个阶段：（1）掘进影响阶段；（2）掘后稳定阶段；（3）第一次（上区段工作面）采动影响阶段；（4）采动后稳定阶段；（5）第二次（下区段工作面）采动影响阶段。根据对我国 10 多个矿区的 65 条煤巷围岩变形观测统计发现，煤巷围岩变形主要发生第（3）阶段和第（5）阶段。在第（3）阶段，巷道顶底板移近率占巷道总移近率的 66%，即煤巷 2/3 的围岩变形是在回采阶段产生的。

因此为研究工作面推进过程中超前巷道的变形规律，在 51203 辅运巷设置两个巷道变形观测站，1 号站设距工作面 80m，进行深基点位移和表面位移观测，顶板深基点距巷道顶板5.5m、3.0m、2.0m，正帮和负帮深基点距煤壁4.5m、2.0m、1.0m；2号站布置在距工作面90m位置，进行两帮深基点位移观测，正帮和负帮深基点距煤壁4.5m、2.0m、1.0m。观测站布置图如图5所示。

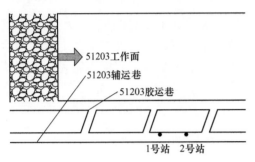

图5　51203辅运巷观测站布置图

4.1　深基点位移变化

1号站深基点位移观测结果分析表明（图6~图8）：

（1）随着工作面的推进，顶板各深基点的位移量逐渐增大，5.5m、3m、2m处位移值分别为10mm、7mm、6mm。

（2）随着工作面的推进，负帮各深基点的位移量逐渐增大，4.5m、2m、1m处位移值分别为8m、7m、5mm。

（3）随着工作面的推进，正帮各深基点的位移量逐渐增大，4.5m、2m、1m处位移值分别为10mm、8mm、4mm。

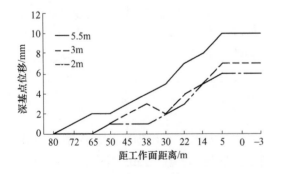

图6　顶板深基点位移变化

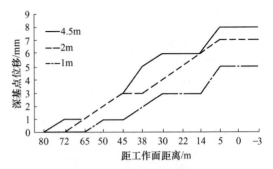

图7　负帮深基点移近变化

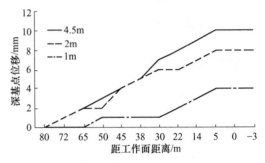

图8　正帮深基点移近变化

2号站深基点位移观测结果分析表明（图9、图10）：

（1）随着工作面的推进，负帮各深基点的位移量逐渐增大，4.5m、2m、1m处位移值分别为8mm、5mm、4mm。

（2）随着工作面的推进，正帮各深基点的位移量逐渐增大，4.5m、2m、1m处位移值分别为9mm、6mm、5mm。

深基点观测结果表明，顶板深基点位移最大为10mm，负帮深基点位移最大为4~8mm，正帮深基点位移最大为5~9mm，深基点位移变化小。

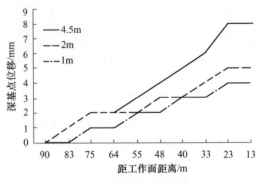

图9　负帮深基点移近变化

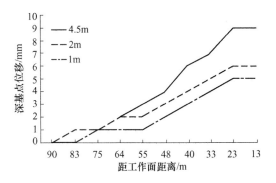

图 10　正帮深基点移近变化

4.2　巷道表面变形

图 11 为表面变形变化曲线，分析表明，顶板变形量为 17mm，平均下沉速度为 3.4mm/d。正帮移近量为 10mm，负帮移近量为 8mm，巷道变形量小。通过深基点位移监测和巷道表面位移观测，使支护设计方案在减小顶板离层，有效控制围岩的破坏等方面取得了良好的技术效益。

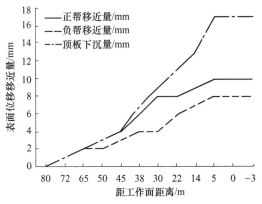

图 11　巷道表面位移变形变化曲线图

4.3　松动圈变化规律

松动圈布置测点图如图 12 所示。

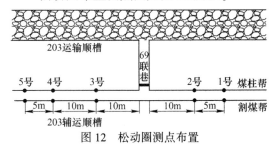

图 12　松动圈测点布置

4.3.1　一次回采过程中松动圈变化

一次回采过程中松动圈变化测试选择在 51203 工作面回风巷进行，共布置 3 个测站，每个测站测试正帮、负帮 2 个测孔，测量钻孔采用煤电钻打孔，钻孔方位基本与巷道垂直，钻头直径 42mm。

松动圈测试结果表明：

（1）距工作面距离越近，松动圈范围逐渐发展、增大，在工作面超前 30m 到 10m 范围内，负帮松动圈由 0.6m 增加到 1.2m，正帮松动圈由 0.8m 增加到 1.2m。

（2）正帮松动圈范围大于负帮松动圈范围。

4.3.2　二次回采稳定阶段松动圈变化

二次回采稳定阶段松动圈变化测试工作选在 51203 辅运顺槽。测点布置在 69 联巷两侧，共 5 个测站，分煤柱帮、割煤帮观测，测点结果如图 13 所示。在巷道二次回采稳定阶段，上帮松动圈范围为 1.5～2.1m，平均为 1.8m，下帮松动圈范围为 1.4～2.0m，平均为 1.76m。松动圈范围较大。

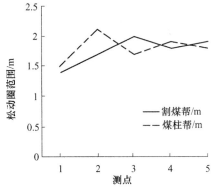

图 13　松动圈测试结果

5　结语

（1）上湾矿水平应力测试结果为 5.31MPa，是实测垂直应力的 1.48 倍，应力较大。

（2）针对 51203 工作面辅运巷道的围

岩及受力状况，及其现场实际条件，采用理论计算与数值模拟的方法，设计出合理的支护参数，有效地保障了巷道顶板安全及更大程度地提升了支护效率。

（3）通过后期在 51203 辅运巷道的矿压观测及收集、整理数据，验证了支护参数的可行性及其在现场的适用性，为后期巷道的掘进及支护参数设计方案提供了参考案例。

参 考 文 献

［1］刘洪涛，马念杰，王铁民，等．回采巷道冒顶隐患级别分析［J］.信息系统工程，2012（9）：144~147.

［2］马念杰，侯朝炯．采准巷道矿压理论及应用［M］.北京：煤炭工业出版社，1995.

［3］徐长磊，郭相参．矿山巷道锚杆支护参数的设计方法［J］.中国矿业，2012（S1）.

［4］杨玉亮．采动巷道支护参数优化设计研究［J］.煤炭技术，2011（3）.

［5］康红普，王金华，林健．煤矿巷道支护技术的研究与应用［J］.煤炭学报，2010，35（11）：1809~1814.

［6］孙永富，张伟，史晨昊，等．大断面回采巷道支护参数优化设计［J］.煤炭技术，2016，35（5）.

［7］谢文兵，陈晓祥，郑百生．采矿工程问题数值模拟研究与分析［M］.徐州：中国矿业大学出版社，2006.

石圪台矿回采巷道顶板支护参数优化

靳俊晓

（中国矿业大学（北京）资源与安全工程学院，北京 100083）

摘 要：石圪台煤矿 31203 主运顺槽支护参数强度过剩导致支护浪费，并且由于煤层顶板坚硬，工作面出现过液压支架压死现象，现有支护参数影响了煤矿生产的技术经济效益。本文在31203 主运顺槽的基础下，针对 31204 主运顺槽具体条件进行理论分析和数值模拟分析，了解回采巷道围岩变形规律，并且对巷道支护参数进行优化，取得了良好的效果。针对以上问题，对回采巷道支护参数进行优化调整，节约了支护成本，提高了掘进效率。

关键词：回采巷道；数值模拟；支护参数；优化

近年来，我国许多学者专家在对巷道支护方向做出许多研究成果。刘洪涛、马念杰、赵志强等[1~4]在冒顶高风险区域识别及级别分析、围岩变形机理及控制方法等方面做出许多理论方面的研究；宋海涛、张益东等[5,6]在锚杆支护现状及其发展上进行了研究；煤巷锚杆支护；侯朝炯、康红普[7,8]在煤巷锚杆支护方面取得了阶段性的研究成果；朱永建、马念杰、师皓宇等[9]对于煤巷顶板锚杆支护进行了危险性评价研究。

石圪台煤矿 31203 主运顺槽支护参数强度过剩导致支护浪费，并且由于煤层顶板坚硬，工作面出现过液压支架压死现象，现有支护参数影响了煤矿生产的技术经济效益。本文在 31203 主运顺槽的基础下，针对 31204 主运顺槽具体条件进行理论分析和数值模拟分析，了解回采巷道围岩变形规律，并且对巷道支护参数进行优化，取得了良好的效果。

1 工程概况

石圪台煤矿井田地层走向基本为北北西，倾向南西西，地层倾角平缓，总体 1°左右，近于水平状态，呈一向西倾斜的单斜构造。井田内没有发现大中型断层，有数条小正断层，沿走向与倾向煤层底板有波状起伏现象，煤层正常，总观井田构造简单。该煤矿 31203 主顺槽沿煤层底板掘进，底板标高为：1096~1101m，煤层直接顶岩性为深灰色泥岩、灰白色细粒砂岩，灰色粉砂岩；老顶岩性为灰白色中粒砂岩、灰色粉砂岩，浅灰色细粒砂岩；直接底岩性为浅灰色中、细粒砂岩、浅灰色粉砂岩。如表1所示。

表 1 煤层顶底板情况

顶板	厚度/m	岩石名称	岩 性 特 征
老顶	$\dfrac{6.3\sim19.5}{13.6}$	粉砂岩、泥岩、细粒砂岩	老顶岩性为泥岩：呈水平层理状，褐黑色，其下部夹有薄煤线。粉砂岩：波状层理，上部夹细粒砂岩薄层，上部含泥岩夹碳屑。细粒砂岩：由长石、石英组成，灰白色，局部钙质胶结

续表1

顶板	厚度/m	岩石名称	岩 性 特 征
直接顶	$\dfrac{4.1 \sim 10.3}{8.9}$	粉砂岩、中粒砂岩	直接顶岩性为粉砂岩：灰色，具水平层理，下部含泥岩，含黄铁矿结核，夹镜煤条带。中粒砂岩：灰白色，钙质胶结为主，致密坚硬，局部泥质胶结
直接底	$\dfrac{3.4 \sim 9.2}{7.3}$	砂质泥岩、细粒砂岩、粉砂岩	直接底岩性为砂质泥岩：显水平层理，含植物根化石及煤包体，泥质胶结。细粒砂岩：灰白色，显水平层理，钙质胶结，致密坚硬。粉砂岩：浅灰色，含泥岩，底部为煤透镜体

2 原工作面支护参数

石圪台采用一次采全高综合机械化采煤方法，回采工作面推进速度快，开采强度大，长度为355m的采煤工作面推进速度可达8m/天。为了解决矿井的运输问题，石圪台矿回采巷道采用"三巷式"布置方式，即主、辅运顺槽和回风巷，工作面顶板随采随落，主运顺槽服务期间经历掘进影响、掘进影响稳定、一次采动影响及影响稳定阶段，上工作面的辅运顺槽将作为下工作面的回风巷，受二次采动影响。

巷道布置如图1所示。

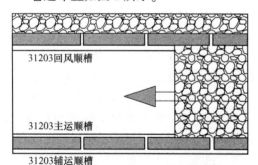

图1　31203工作面巷道布置图

31203主运顺槽断面形状为矩形，掘进断面尺寸5500mm×3400mm，掘进断面18.7m²，支护方式为锚杆+锚索+冷拔丝网进行支护，锚杆采用螺纹钢 ϕ18mm×2100mm×5，间排距（1000~1400）mm×1000mm，锚索采用 ϕ17.8mm×6500mm×2，间排距2000mm×3000mm。

巷道支护平面断面如图2所示。

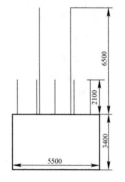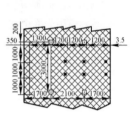

图2　主运顺槽断面图

石圪台矿回采巷道在受到采动影响之前，巷道围岩变形量较小，顶板及两帮几乎没有发生大的变形，主运顺槽及辅运顺槽在受一次采动影响时，依然没有发生大的变形和破坏，巷道断面平整，支护效果良好。上工作面的辅运顺槽作为本工作面的回风顺槽受本工作面的二次采动影响时，巷道变形有所增加，但变形量不大。由于煤层顶板坚硬，工作面出现过液压支架压死现象，因此不得不对已支护好的回采巷道进行减弱支护强度，将部分锚杆锚索从顶板中拔出，这严重影响了回采工作面的顺利推进和安全高效生产。

通过观测，主运顺槽和辅运顺槽在受一次采动影响下，松动圈和锚杆受力都有所增加，但增加的数值不大，顶板支护强度远高于巷道的需求，出现支护过剩。但因辅运顺槽将作为下一工作面的回风顺槽受二次采动影响，因此针对主运顺槽的支护过剩进行支护优化。

3 主运顺槽支护参数优化研究

3.1 锚杆支护参数计算

悬吊理论认为：巷道开挖后会出现应力重新分布，当围岩比较软弱时将会产生松动破坏，然后在巷道上部形成自然平衡拱，锚固支护就是将下面的破坏松动岩层悬吊在上面的自然平衡拱上。

（1）锚杆长度计算

$$L \geqslant KH + L_1 + L_2$$

式中，L 为锚杆长度，m；H 为最大冒落高度，根据上一工作面，取为 1.3m；K 为安全系数，一般 $K = 1.2$；L_1 为锚杆锚入稳定岩的深度，一般按经验取 0.4m；L_2 为锚杆在巷道中的外露长度，不超过 0.05m。

则有 $L \geqslant 1.3 \times 1.2 + 0.4 + 0.05 = 2.01$m。

根据地质资料，31204 主顺槽直接顶为泥岩、细粒砂岩、粉砂岩厚度为 1.35 ～ 12.34m，老顶为粉砂岩、中、细粒砂岩，胶结较好，厚度为 7.6～23.88m。

所以，选用 $\phi 18$mm × 2100mm 螺纹钢锚杆。

（2）锚杆间排距计算：设计时令悬吊面积为 A

$$A = \frac{Q}{KHR}$$

式中，A 为悬吊面积，m^2；Q 为锚杆设计锚固力，49kN/根；H 为冒最大冒落高度，取 1.3m；R 为被悬吊粉砂岩的重力密度，取 23kN/m^3；K 为安全系数，一般 $K = 1.5$。

则有 $A = \dfrac{49}{1.5 \times 1.3 \times 23} \approx 1.1$m²。

因此，所选用的锚杆支护参数必须满足支护密度要求，即锚杆密度小于 1.1m²。

3.2 锚索支护参数计算

基于理论分析及数值模拟计算的锚杆支护参数可以很好的将巷道顶板的不稳定岩层悬吊在上覆稳定岩层中，确保巷道的正常服务，但由于地下地质环境复杂多变，可能遇到地质构造等其他情况，为防止顶板锚杆锚固层的整体失稳垮落，应对巷道进行锚索支护。根据悬吊理论，锚索的作用是利用其强抗拉能力将巷道顶板浅部的锚杆锚固层悬吊在深部坚硬的岩层中，防止顶板因锚杆锚固层的整体失稳而垮落。计算锚索长度时，不仅要根据巷道顶板煤层的厚度，也要考虑煤层上方稳定岩层的厚度，这样才能充分发挥锚索的支护作用。

（1）锚索长度计算

$$X \geqslant X_1 + X_2 + X_3$$

式中，X_1 为锚索外露长度，取 0.3m；X_2 为潜在不稳定岩层高度，m，由数值模拟分析最大为 1.8m；X_3 为锚索锚固长度，取 3.56m。

则有 $X \geqslant X_1 + X_2 + X_3 = 0.3$m + 1.8m + 3.56m = 5.66m。

结合实际经验，锚索长度选取 6.3m。

（2）锚索间排距计算：锚杆加固的"组合梁"整体悬吊于坚硬岩层中，校核锚索间距，冒落方式按最严重的冒落高度大于锚杆长度的整体冒落考虑。在忽略岩体粘结力和内摩擦力的条件下，取垂直方向力的平衡，可用下式计算锚索间距

$$L = \frac{nF_2}{BH\gamma - \left(\dfrac{2F_1 \sin\theta}{L_1} \right)}$$

式中，L 为锚索间距，m；B 为巷道最大冒落宽度，5.5m；H 为巷道塑性区最大高度，按最严重高度 1.8m；γ 为岩体容重，2.35t/m^3；L_1 为锚杆排距，3.0m；F_1 为锚杆锚固力，5t；F_2 为锚索极限承载力，取 33.7t；θ 为锚杆与巷道顶板的夹角，90°；n 为锚索排数，取 2。

则有

$$L = \cfrac{2 \times 337000}{5.5 \times 1.8 \times 23500 - \cfrac{2 \times 50000 \times 1}{3}}$$

$$\approx 5.1$$

针对原支护方案的支护过剩问题，以支护设计理论分析为基础，通过对 31204

主运顺槽在不同测压系数和支承压力情况下的数值模拟，现提出新的支护方案：螺纹钢锚杆 $\phi18mm \times 2100mm \times 5$，间排距（1000~1400）mm×1000mm；锚索 $\phi17.8mm \times 6500mm \times 1$，排距 3000mm。

优化后的巷道平面、断面如图 3 所示。

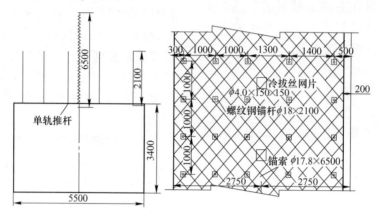

图 3　优化方案支护图

3.3　数值模拟

通过对石圪台煤矿 3 号煤层现场进行取样，将样品带回实验室进行检测，对检测的各岩石数据进行修正后，得出各岩层的物理力学参数。各岩层的力学参数如表 2 所示。

表 2　煤岩物理力学参数

岩性	密度/kg·m⁻³	弹性模量/MPa	抗压强度/MPa	泊松比	抗拉强度/MPa	内聚力/MPa	内摩擦角/（°）
2 号粉砂岩	2286	7150	32.3	0.22	1.5	6.9	32
中粒砂岩	2132	4900	30.1	0.18	1	4.3	38
砂质泥岩	2350	7100	23.5	0.19	0.9	5.3	30
3 号煤	1450	6800	14.7	0.25	1.1	1.3	25
1 号粉砂岩	2359	7200	29.1	0.22	1.1	3.9	35

根据表 2 的岩石力学参数，对石圪台煤矿 31204 主运顺槽建立模型，从下往上依次分成五组，分别为粉砂岩 17m、3 号煤 4m、砂质泥岩 0.4m、中粒砂岩 3.6m、粉砂岩 6.6m。模拟采用摩尔-库仑模型，边界条件为：四周位移边界，底部位移边界，上部为自由边界。31204 回采工作面埋深约 150m，铅直应力约为 5MPa，水平应力约为

7.5 MPa。在计算完成后，对巷道围岩的塑性区支护前后进行对比，如图 4 和图 5 所示。

由图 4 和图 5 对比可知，优化后的支护方案，能够有效地改善巷道围岩中的应力，其中巷道径向切应力明显减小，环向切应力明显增加，有效地对主运顺槽进行支护，且效果明显。

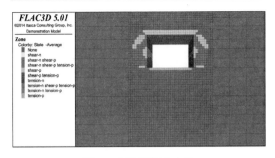

图4 主运顺槽未支护

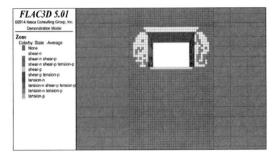

图5 主运顺槽优化支护

4 工业试验

为了检测石圪台煤矿 31204 主运顺槽支护参数优化后的效果，在 31204 工作面主运顺槽进行顶板离层监测，监测工作面回采时期 31204 主运顺槽的顶板位移情况，检测主运顺槽支护优化后在困难时期下的支护效果。本次监测布置 2 个测点，测点一、二分别距离回采工作面 90m 和 100m，随着工作面的推进，两侧点分别监测巷道顶板的位移情况。顶板深基点采用 1m、1.8m、4m、8.0m，根据读数算出各点相对位移量，对支护优化后的主运顺槽进行困难时期的效果监测。

根据测点一深基点位移观测数据绘制顶板位移曲线图，如图6所示，监测初期，工作面距离测点较远，工作面的回采对巷道顶板位移影响较小，顶板位移也较小，随着工作面距离测点一越来越近，采动影响越来越大，顶板位移也显著增加，从第7天即距离工作面42m开始，在超前支承压力和原岩应力的共同作用下，顶板

位移开始迅速增加，到第 10 天距离工作面 20m 时，顶板下沉量达到 30mm，仍在合理范围，说明新方案的支护参数可以很好地满足支护需求。

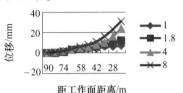

图6 测点一顶板位移曲线

根据测点二深基点位移观测数据结果绘制顶板位移曲线图，如图7所示，与测点一相似，监测初期，工作面的回采对巷道顶板位移影响较小，顶板位移也较小，从第7天即距离工作面44m开始，随着工作面距离测点一越来越近，采动影响越来越大，顶板位移也显著增加，在超前支承压力和原岩应力的共同作用下，顶板位移开始迅速增加，到第10天，即距离工作面30m左右，顶板下沉量达到26mm，仍在合理范围，说明采用新的方案可以很好地满足支护需求。

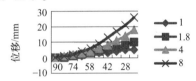

图7 测点二顶板位移曲线图

综上所述，通过对主运顺槽回采期间进行顶板深基点的位移监测，从 2 个测试点所测得数据可以看出，随着工作面距离测点越来越近，试验巷道顶板总体下沉量为 26~31mm，仍在合理范围，新方案的支护参数在巷道受一次采动影响到巷道报废时期，能够满足支护需求。

5 结论

（1）矿方支护方案中主运顺槽支护强度过剩导致支护浪费，巷道支护优化采用

锚杆+锚索+冷拔丝网支护，优化后的支护参数减少工程量，更有利于取得整体效益。

（2）以 31204 主运顺槽为计算模型，巷道开挖后，采用优化方案进行模拟计算。研究表明，优化后的围岩塑性区和垂直位移都在合理范围内，显然优化后的支护方案更加符合设计要求。

（3）对优化支护后的主运顺槽进行顶板深基点的位移监测，对新的支护方案进行检测。从 2 个测试点所测得数据可以看出，随着工作面距离测点越来越近，试验巷道顶板总体下沉量为 26~31mm，在合理范围。因此，新方案满足主运顺槽的支护强度且优于原方案。

参 考 文 献

［1］刘洪涛，马念杰. 煤矿巷道冒顶高风险区域识别技术 ［J］. 煤炭学报，2011 （12）：2043~2047.

［2］刘洪涛，马念杰，王建民，樊龙，陶晗. 回采巷道冒顶隐患级别分析 ［J］. 煤炭科学技术，2012 （3）：6~9，104.

［3］刘洪涛，樊龙，宋高峰，赵海啸，汤达，韩斌. 浅部岩层冒顶隐患级别的数值模拟研究 ［J］. 煤炭工程，2012 （5）：76~78，81.

［4］赵志强. 大变形回采巷道围岩变形破坏机理与控制方法研究 ［D］. 北京：中国矿业大学（北京），2014.

［5］宋海涛，张益东，朱卫国. 锚杆支护现状及其发展 ［J］. 矿山压力与顶板管理，1999（1）：3~5，89.

［6］王金华. 我国煤巷锚杆支护技术的新发展 ［J］. 煤炭学报，2007，32 （2）：113~118.

［7］康红普. 煤巷锚杆支护成套技术研究与实践 ［J］. 岩石力学与工程学报，2005，24 （21）：161~166.

［8］侯朝炯，郭励生，勾攀峰. 煤巷锚杆支护 ［M］. 徐州：中国矿业大学出版社，1999.

［9］朱永建，马念杰，师皓宇，等. 煤巷顶板锚杆支护危险性评价研究 ［J］. 煤矿安全，2006（3）：1~3.

深部大断面切眼围岩控制技术

冯泽康[1]，赵力[1]，乔顺兴[2]

（1. 中国矿业大学（北京）资源与安全工程学院，北京 100083；
2. 冀中能源股份有限公司邢东矿，河北邢台 054001）

摘 要：针对邢东矿2127工作面深部大断面切眼出现的围岩支护难题，本文通过理论分析与现场实测相结合的方法，在分析深井巷道和大断面切眼围岩变形情况及破坏特征的基础上，提出采用一次成巷施工工艺，并采用高预应力锚杆、锚索联合支护方式进行深部大断面切眼的围岩支护。实践表明，此种支护方案有效控制了深部大断面切眼的围岩控制难题，保持了切眼的稳定，为设备安装及现场施工提供了安全保障。

关键词：深井大断面切眼；破坏特征；一次成巷；联合支护

切眼是煤矿采煤工作面相关设备安装并开始回采的场所。随着矿山大型机械化程度日趋提高，切眼断面相应增大以满足大型设备的运输和安装需要。近年来，随着深部煤层的开采，大埋深、大采高、大跨度的切眼是目前发展的趋势。矿井进入深部开采阶段后，受"三高一扰动"（高地应力、高渗透压、高温度梯度、开采扰动）的影响，巷道围岩稳定性难以控制，易出现顶板大幅下沉，两帮剧烈收敛，底鼓变形严重等非线性大变形动力破坏现象[1]，造成支护难度加大。与此同时，巷道断面越大，围岩变形的控制难度也相应增加[2-5]。大断面切眼通常为矩形断面形状且跨度较大，如何解决这类工程的围岩稳定性问题，国内专家和技术人员提出了多种支护理论及围岩控制方案。袁亮等提出了基于"应力状态恢复改善、围岩增强、破裂固结与损伤修复、应力峰值转移与承载圈扩大"4项基本原则的深部岩巷的围岩

稳定控制理论[6]。康红普等提出的"高预应力、强力支护理论"是通过大幅度提高支护系统的初期支护刚度与强度，从而保持围岩的完整性，减少围岩强度降低[7]。王卫军等提出了"加固两帮控制深井巷道底鼓"来控制两帮及底板变形[8]。何富连等通过分析深井联络巷底板破坏情况，并结合现场实践提出的提出顶帮"锚网梁索"和底板"U型钢反底拱+底板锚杆+混凝土回填"的联合控制技术，有效解决了底鼓问题[9]。

本文基于以上对深部巷道支护的研究，将对邢东矿2127工作面大埋深、大断面切眼在高地应力影响下的围岩变形及破坏机理进行分析，并提出合理的支护方案。

1 矿井概况

邢东矿2127工作面位于吕家屯村南约1公里处，是二水平一采区第四个生产工作面，工作面位于F19断层和主暗斜井延伸

资助项目：国家自然科学基金资助项目（5123005，51504259）。

作者简介：冯泽康（1996—），男，河北保定人。E-mail：20759442@qq.com。

之间，西 2123 工作面 650m 处，运输巷紧靠矿区边界线，工作面南侧有两条巷道，即二水平轨道下山和皮带下山，且该工作面周围无采动情况。2127 工作面倾斜长度 141m，走向长度 583m，切眼长度 145m。该工作面主采煤层为 2 号煤，其埋深 1300m，结构简单，厚度稳定，平均煤厚 4.5m，倾角 6°，煤层顶底板情况见表 1。工作面水文地质条件简单，2 号煤顶板砂岩水尚未得到疏放，在掘进过程中主要受到 2 号煤顶板砂岩水的影响。

表 1　煤层顶底板情况

顶板	岩石名称	厚度/m	岩性特征
老 顶	细砂岩	14.96	灰白色、细砂粒中厚层状、发育互层层理
直接顶	砂质泥岩	13.08	深灰色、中厚层状砂泥质结构含丰富植物化石碎片
伪 顶	泥岩	0.08	白色，硬度很小，手抓成团
直接底	粉砂岩	4.65	深灰色、中厚层状、富含根部化石
老 底	细砂岩	38.88	细砂岩，灰色泥质胶结、发育少量裂隙

2　围岩变形与破坏机理分析

根据现场观测，邢东矿超千米深矿井的巷道变形破坏主要表现在以下方面：

（1）埋深大，地应力高。2127 工作面埋藏深度达 1300m，属于超深矿井，地应力水平高，其垂直应力可达到 29～32MPa，且水平应力随埋深增加，也表现得尤为突出。国内外的地应力观测结果表明水平地应力通常是垂直应力的 1.25～2.5 倍，即此时水平应力在 43.5～64MPa[10]。切眼开挖后，高应力将重新分布，切眼周围将出现

较高的支撑压力，且在应力向围岩深部转移过程中围岩表面不断开裂，裂隙进一步向深部发育，造成围岩塑性区范围扩大，容易造成锚杆、锚索锚固点失效。

（2）煤层裂隙发育，稳定性差。煤体的裂隙随着开挖扰动不断向两帮深部发展，且在大埋深情况下形成的支撑压力较高，易造成的巷道两帮煤体破碎，片帮现象不断增加，使得顶板稳定性相应的降低。

（3）高应力和高渗透压耦合作用下，造成围岩裂隙高度发育。2127 工作面开采之前 2 号煤顶板砂岩水尚未得到疏放，随着切眼开掘后，由于开挖扰动和高应力造成围岩裂隙发育，造成砂岩水释放，导致围岩浅部裂隙中水头压力大大降低，围岩结构开始产生应力集中，表面裂隙向围岩深部扩展，围岩的完整性受到破坏。裂隙自身的扩展增大了水的流速和流量，导致围岩深处孔隙压力降低，有效应力进一步增大，使得围岩由表及里裂隙的迅速扩展，岩体强度降低，围岩的自身承载能力也相应的降低。

（4）支护强度不足，围岩裂隙不断向深部发育。在高地应力和高渗透压双重作用下，岩体裂隙的启裂、扩展、贯通以及分支裂纹的产生等劣化行为均有加剧趋势，裂隙的高度发育造成浅部稳定性降低，易使锚杆、锚索锚固点失效。

根据现场数据监测可知，破坏巷道围岩的顶底板和两帮移近速度达 300mm/d 左右，顶底板移近量最大达 1500mm，其底鼓占有超过 70% 以上。

3　切眼稳定性控制对策

3.1　一次成巷技术

本文结合实际情况将采用一次成巷技术，一方面一次成巷可有效加快掘进速度，另一方面可快速对围岩进行支护，有效控

制围岩变形。结合相关经验，2127工作面开切眼掘进方式采用中导硐超前一次开挖，施工工艺为：中间导硐掘进→导硐顶板支护→退综掘机→左侧刷大→左侧顶板支护→左侧帮部支护→右侧刷大→右侧顶板支护→右侧帮部支护。

3.2　支护方案

2127综采工作面地质条件稳定，水文地质条件简单，但针对深井大采高大断面切眼，支护难度相对较大。传统的切眼断面支护方式大多采用锚杆或锚索支护，但无法满足大跨度大采高的切眼支护强度。根据通风安全、行人、工作面装备安装及现场施工经验，确定2127综采面开切眼断面为7.0m×3.5m，净断面积24.5m²。现采用高预应力锚杆、锚索对顶板及两帮进行联合支护设计，使用钢筋梁，穹形钢托盘及菱形金属网配合支护，如图1所示。

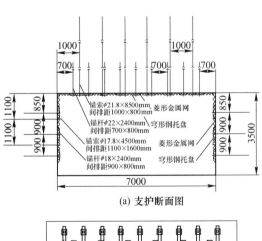

(a) 支护断面图

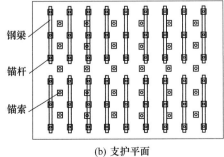

(b) 支护平面

图1　切眼支护图

（1）顶板支护：顶板采用ϕ22mm×2400mm螺纹钢高强锚杆，每孔分别使用S2360和Z2360树脂锚固剂各一卷锚固，使用ϕ14mm钢筋梁，配合穹形钢托盘及菱形金属网，间排距700mm×800mm。顶板采用1×19股钢绞线锚索加强支护，锚索规格为ϕ21.8mm×8500mm，排距1000mm×800mm，每孔分别使用一卷S2360和两卷Z2360树脂锚固剂锚固。

（2）两帮支护：两帮帮锚杆采用ϕ18mm×2400mm硅锰钢螺纹锚杆，每孔分别使用S2360和Z2360树脂锚固剂各一卷锚固，使用ϕ14mm钢筋梁，配合穹形钢托盘及菱形金属网，间排距900mm×800mm。帮上距顶板1.1m和2.2m处分别打设两排ϕ17.8mm×4500mm顺巷锚索加强支护，每孔分别使用S2360树脂锚固剂一卷和Z2360树脂锚固剂两卷锚固，间距1600mm，三花眼布置，配合200mm×200mm钢托盘和ϕ14mm钢筋梁使用；煤帮（工作面推进帮）采用ϕ16mm×1800mm圆钢帮锚杆，每孔使用一卷Z2360树脂锚固剂锚固，使用ϕ12mm钢筋梁，配合穹形钢托盘及菱形金属网，间排距900mm×900mm。

4　支护效果分析

2127工作面开切眼采用一次成巷技术，与该矿井以往的二次成巷技术预期时间缩短20天，确保了工作面的正常接替。

根据现场观测，在开挖初期，围岩变形剧烈，顶底板移近量达到了150mm，两帮移近量迅速增加到100mm，随着锚杆、锚索支护的作用使得两帮移近速度逐渐趋缓，顶板下沉速度逐渐降低，但顶底板移近量仍以较高的速度持续增长。在开挖8天后顶板下沉速度和两帮移近速度趋缓，顶板下沉量在100mm左右，两帮移近量在140mm左右，顶底板移近量达到250mm左右仍有增长的趋势。在开挖半个月之后，两帮移近量基本稳定在 170mm，顶板下沉量稳定在 135mm 左右，顶底板移近速度趋缓，移近量处于 320mm 左右。在 20 天之后，顶底板移近量为 350mm。

现场施工期间和液压支架的安装过程中没有出现明显的切眼变形和冒顶等事故，矿井生产实现安全回采。

5　结论

（1）根据实际分析，邢东矿深井巷道破坏主要受高地应力与高渗透压的耦合作用，造成裂隙的高度发育，导致围岩稳定性变差，自身承载能力降低。

（2）深井大断面开切眼采用一次成巷施工工艺既提高了掘进速度、保证了围岩稳定，同时也降低了材料的消耗，节省了吨煤成本。

（3）通过对 2127 工作面大断面切眼使用高预应力锚杆、锚索联合支护的方案，工作面开切眼开始施工至综放设备全部安装完毕，顶底板移近量 350mm，两帮移近量 170mm，有效控制了大埋深切眼的大变形状况。

参 考 文 献

[1] 姜耀东，赵毅鑫，刘文刚，等．深部开采中巷道底鼓问题研究 [J].岩石力学与工程学报，2004，23（7）：2396~2401.

[2] 杜丙申．千米深井大断面煤巷多维主动控制技术 [J].煤炭科学技术，2010，38（11）：32~36.

[3] 张银海，孟祥瑞，赵光明，等．大断面软岩巷道 U 型钢桁架锚索支护技术研究 [J].煤炭技术，2011，38（11）：32~36.

[4] 何富连，杨绿刚，杨洪增，等．千米深井大跨度煤巷顶帮桁架联合控制技术 [J].中国矿业，2011，20（3）：65~69.

[5] 罗立强，王卫军，余伟健，等．高应力软岩巷道预应力桁架锚索支护技术 [J].湖南科技大学学报，2012，27（1）：17~22.

[6] 袁亮，薛俊华，刘泉声，刘滨．煤矿深部岩巷围岩控制理论与支护技术 [J].煤炭学报，2011，36（4）：535~543.

[7] 康红普，王金华，林健．高预应力强力支护系统及其在深部巷道的应用 [J].煤炭学报，2007，32（12）：1233~1238.

[8] 王卫军，冯涛．加固两帮控制深井巷道底鼓的机理研究 [J].岩石力学与工程学报，2005，24（5）：808~811.

[9] 何富连，张广超，谢国强，等．千米深井煤巷底鼓特性及控制研究 [J].煤矿开采，2013，28（3）：50~53.

[10] 周维垣．高等岩石力学 [M].北京：水利电力出版社，1990.

高地应力大断面泵房围岩控制技术优化研究

魏树群

（山西冀中能源矿业有限责任公司万峰矿，山西孝义　032300）

摘　要：基于邢东矿高地应力巷道围岩难以控制的问题，分析了高应力采场巷道稳定性的主控影响因素及破坏机理，在巷道原有支护条件下，对锚杆（索）参数和底板支护形式进行优化设计，介绍了该综合控制技术施工工艺的重要参数设计，并结合数值模拟进行合理性研究。应用结果表明：巷道两帮最大移近量为 233mm，最小为 165mm，顶板最大下沉量为 90mm，最小为 74mm，最大底鼓量为 110mm，最小为 95mm，围岩的变形保持在可控制的范围内，保证了巷道变形稳定后的断面符合使用要求。

关键词：高地应力；巷道围岩；破坏机理；数值模拟；综合控制技术

随着矿井开采深度的不断加大，在高地应力条件下，巷道围岩强度达到其破坏极限，呈现出高应力软岩特征，表现为高地压、大变形、难维护的特点，为矿井安全生产带来极大难题。近年来，国内外很多学者对深井巷道围岩控制进行了大量的研究，特别在深井回采巷道以及深井岩巷控制技术方面进行了较为系统的研究，由于各个矿井地质条件的差异性，研究变形机理与支护措施应遵从施工现场实际情况。为此，根据 −980m 水平大断面泵房变形特征及机理分析，提出了帮底注浆锚杆+锚索+底板反拱+喷射混凝土支护的综合治理技术，该技术在邢东矿区应用效果显著，为深井巷道控制技术探索提供借鉴。

1　工程概况

邢东矿二水平下部车场泵房位于 −980m 水平，地面标高在 +53.74 ～ +57.30m 之间，埋深约 1040m，泵房设计为半圆拱形，断面净宽 6100mm，净高 5950mm。泵房穿过岩层以黑色粉砂岩为主，裂隙发育，泥质胶结。通过地质资料和实地调查，泵房附近已掘的暗斜井变形量很大，且影响泵房变形的断层有 F_{22}、F_{x-8}、SF_{17} 以及 F_{x-9} 断层。泵房断面大，深度在 1000m 以上，围岩承受较大的地压，两帮、顶底板收缩量分别最大达到 1340mm 和 870mm，已经严重影响了安全生产的需求。

2　泵房围岩稳定性影响因素及破坏机理分析

2.1　稳定性影响因素

（1）地质条件。二水平泵房位于 2 号煤层底板岩层中，其围岩多为砂质泥岩，受 F_{22}（$H=0 ～ 45m$，$\angle 59°$）、SF_{17}（$H=0 ～ 17m$，$\angle 67°$）以及 F_{x-8} 和 F_{x-9} 主要断层的影响。

（2）赋存环境。该地区巷道顶板砂岩

资助项目：国家自然科学基金资助项目（5123005，51504259）。

作者简介：魏树群（1968—），男，河北省邢台市人，高级工程师，E-mail：281231962@qq.com。

含少量水，有沿锚索钻孔淋水现象，后期淋水减弱或消失。在断层带附近淋水较大；泵房周围地质构造复杂，断层纵横交错，垂直应力与水平应力比例系数1.1，属于典型高地应力软岩巷道。

（3）工程因素。泵房原采用无底拱普通锚喷支护，开挖后泄压迅猛，初期变形速率很大，同时深部巷道围岩具有显著的流变性，故其变形又具有明显的时效性；巷道底鼓现象普遍存在并相当严重。

2.2 泵房变形破坏机理分析

由于泵房处在断层带，受构造运动的影响，巷道围岩较松散破碎，松动圈影响范围大，围岩强度条件较差；在构造应力作用下，水平应力不断增加，两帮向巷道内发生纵向移动。同时，巷道围岩松动圈不断向深部转移扩大，当水平应力与垂直应力比大于1的情况下，巷道两帮的塑性区域发育范围变小，同时，塑性区又会向顶板与底板两角迅速扩展，最终造成巷道失稳；由于巷道底板穿过粉砂岩岩层，含泥质胶结成分，裂隙发育，顶板断层带附近淋水较大，底板遇水膨胀，在底板未进行支护作用下，膨胀松散岩体极易向巷道内部自由空间扩张，发生剧烈剪切变形破坏。

3 优化支护方案设计

根据泵房围岩破坏机理分析，采用强力锚杆锚索协调支护对泵房进行优化支护，最大限度地提高围岩的强度，结合注浆加固提高锚杆的锚固性能，进一步提高破碎岩体的强度；在围岩稳定的基础上，采用浇筑混凝土，实现主动支护和被动支护的结合。本着节约资源，提高施工效率的原则，在原有支护形式基础上对锚杆（索）参数和底板支护形式进行优化设计，即实施帮底注浆锚杆+锚索+底板反拱+喷射混凝土支护（见图1）。

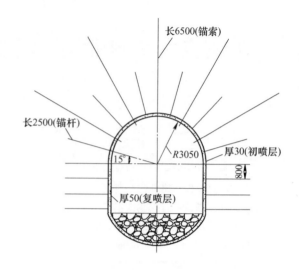

图1 -980m水平泵房优化支护方案

选用左旋无纵筋高强螺纹钢锚杆，其规格为 φ22mm×2500mm 和小孔径预应力锚索，索体直径 17.8mm，破断载荷大于 35.3kN，延伸率为4%，根据泵房地质剖面地质资料，设计长度为6500mm，锚索间排距2100mm。

4 泵房支护数值模拟分析

4.1 数值模拟方案设计

为便于对比分析，采用三种不同支护方案：裸巷无支护状态，帮与顶板锚喷支护以及注浆锚杆锚索+底板反拱全断面支护，与此同时，在巷道岩体内部布置监控测线，1-1测线沿垂直方向布置，2-2测线沿水平方向布置，3-3线与1-1和2-2线成45°夹角。

4.2 数值模拟结果分析

4.2.1 应力分析

对上述三种不同支护方案进行数值模拟，整理数据后，对最大主应力进行分析（见图2）。

（1）顶底板1-1测线主应力峰值范围。

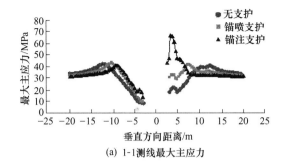

(a) 1-1测线最大主应力

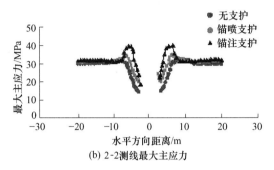

(b) 2-2测线最大主应力

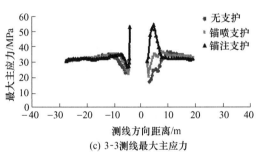

(c) 3-3测线最大主应力

图 2　不同测线最大主应力

未支护时，底板最大主应力 42.47MPa，距巷道表面 9.487m，顶板最大主应力 39.91MPa，距巷道表面 7.32m；帮与顶板锚喷支护时，底板最大主应力 42.82MPa，距巷道表面 7.37m，顶板最大主应力 42.04MPa，距巷道表面 4.79m；注浆锚杆锚索+底板反拱全断面支护时，底板最大主应力 41.02MPa，距巷道表面 6.21m，顶板最大主应力 66.04MPa，距巷道表面 0.77m。可以看出，随着支护强度加大，最大主应力峰值向巷道浅部围岩移动，巷道顶底板围岩松动范围减小。总的说来，底板相比较顶板，围岩松动圈范围要明显偏大，应力峰值出现在巷道深部区域。

（2）水平测线 2-2 最大主应力应力峰值范围：未支护时，左帮最大主应力 32.03MPa，距巷道表面 5.65m，右帮最大主应力 32.30MPa，距巷道表面 5.59m；帮与顶板锚喷支护时，左帮最大主应力 34.4MPa，距巷道表面 3.62m，右帮最大主应力 34.81MPa，距巷道表面 3.61m；注浆锚杆锚索+底板反拱全断面支护时，左帮 39.52MPa，距巷道表面 2.41m，右帮最大主应力 39.44MPa，距巷道表面 2.42m；可以得出，采用注浆锚杆锚索+底板反拱全断面支护后，两帮最大主应力峰值向巷道浅部围岩移动了 3m 多，两帮变形得到明显控制，主应力差也说明了同样的问题。

（3）斜角测线 3-3 发现，未支护时底脚最大主应力 34.65MPa，距巷道表面 4.39m，拱肩最大主应力 35.87MPa，距巷道表面 3.78m；帮与顶板锚喷支护时，底脚 34.82MPa，距巷道表面 2.09m，拱肩 36.53，距巷道表面 1.96m；注浆锚杆锚索+底板反拱全断面支护时，底脚 35.11MPa，距巷道表面 1.09m，拱肩最大主应力 54.58MPa，距巷道表面 0m；说明采用注浆锚杆锚索+底板反拱全断面支护后，最大主应力峰值向巷道浅部围岩移动了 3.79m，拱肩变形得到有效控制。拱肩处喷混凝土应力较高，虽然破坏不严重，但应是重点监控的部位。

（4）采用注浆锚杆锚索+底板反拱全断面支护时，对巷道帮与顶板而言，与其他两种方案比较，应力峰值和主应力差值的峰值均向巷道浅部围岩发生转移，巷道围岩受力情况得到明显改善。但是，由于采用混凝土反拱，底板帮角处应力集中情况仍未减弱，后期应加强管理。

4.2.2　位移分析

巷道在无支护状态下，底鼓量达到了 342.59mm，这对硐室内机电设备固定安置产生严重威胁，势必影响设备正常运装；

巷道的拱顶表面位移达到 212.38mm，两帮位移达到 133.48mm，巷道两帮必须加强支护措施。

由于硐室底板为泥岩，遇水强度明显转弱，帮与顶板锚喷支护时仅仅对顶帮与两帮进行加固，底板成为应力集中自由区域，因此底鼓量仍然较大；而两帮与拱顶表面位移也明显偏高。说明帮与顶板锚喷支护不能有效的维护硐室变形。

注浆锚杆锚索+底板反拱全断面支护时，由于对硐室底板实施了注浆加固、钢筋混凝土浇铸处理，顶帮采用锚索加强支护，锚杆采用全长锚固的高强锚杆。最终，硐室拱顶表面位移 13.99mm，两帮表面位移 21.14mm，底鼓量 110.27mm。与帮与顶板锚喷支护时相比，围岩位移量大大减小，底鼓量减小。说明联合支护方式有效地控制了围岩的表面变形。

从监测线可知（见图3），采用注浆锚杆锚索+底板反拱全断面支护后，硐室底板深部、两帮以及拱部位移均显著减小，支护效果得到明显改善。

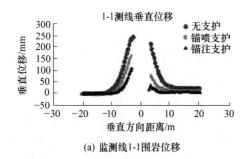

(a) 监测线1-1围岩位移

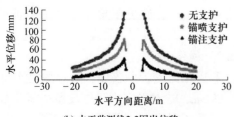

(b) 水平监测线2-2围岩位移

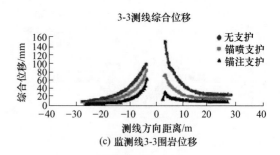

(c) 监测线3-3围岩位移

图3　不同监控测线岩体深部位移

5　工程应用效果

邢东矿−980m 水平泵房支护的工业性试验结果表明，泵房围岩仍有一定的变形，两帮的最大移近速率为 0.2mm/d，顶板最大下沉量为 90mm，最小为 74mm，泵房顶板下沉速率为 0.3mm/d 左右，最大底鼓量为 110mm，最小为 95mm，泵房底鼓速率为最大 0.3mm/d，最小 0.21mm/d，已经基本稳定。但由于采用了预留断面，围岩的变形保持在可控制的范围内，保证了泵房变形稳定后的断面符合使用要求。

6　结论

（1）由于泵房埋藏较深，巷道顶板砂岩含大量淋水，存在明显底鼓，泵房周围地质构造复杂，根据地应力实地测量发现，垂直应力达到 26.38MPa，水平应力达到 29MPa。

（2）巷道受构造运动的影响，巷道围岩较松散破碎，围岩强度条件较差。采用注浆锚杆锚索+底板反拱全断面支护后，硐室底板深部、两帮以及拱部位移均显著减小，支护效果得到明显改善。

（3）工业性试验结果表明，采用新的支护方案后，两帮的最大移近速率为 0.2mm/d，顶板最大下沉量为 90mm，巷道顶板下沉速率为 0.3mm/d 左右，最大底鼓量为 110mm，巷道底鼓速率为最大 0.3mm/d，变形已经基本稳定。围岩的变形保持在可控制的范围内，保证了巷道变形稳定后的断面符合使用要求。

参 考 文 献

［1］何满潮. 中国煤矿软岩巷道支护理论与实践［M］. 徐州：中国矿业大学出版社，1996.

［2］吕明，Grove，Dahleh，等. 高地应力岩体特殊照明峒室围岩支护设计［J］. 岩石力学与工程学报，2008，27（1）：35～41.

［3］谢生荣，谢国强，何尚森，等. 深部软岩巷道锚喷注强化承压拱支护机理及其应用［J］. 煤炭学报，2014，39（3）：404～409.

［4］袁亮，薛俊华，刘泉声，等. 煤矿深部岩巷围岩控制理论与支护技术［J］. 煤炭学报，2011，36（4）：535～543.

［5］贾存华. 不同预紧力锚杆锚索对围岩支护应力场影响研究［J］. 煤炭技术，2014，33（6）：115～116.

［6］王襄禹，柏建彪，陈勇，等. 深井巷道围岩应力松弛效应与控制技术［J］. 煤炭学报，2010，35（7）：1072～1077.

［7］李常文，周景林，韩洪德. 组合拱支护理论在软岩巷道锚喷设计中应用［J］. 辽宁工程技术大学学报，2004，23（5）：594～596.

［8］冯周卫，崔健井，张宏伟，等. 软岩巷道支护方式的选择与应用［J］. 煤炭技术，2006，25（10）：69～70.

［9］康红普，王金华，林健. 煤矿巷道锚杆支护应用实例分析［J］. 岩石力学与工程学报，2010，29（4）：649～664.

［10］邹永德. 巷道支护三级控制技术在张双楼煤矿的应用［J］. 煤炭开采，2012，（2）：73～74，77.

邢东矿远距离输送地面注浆技术应用

邢世坤，吴俊

（冀中能源股份有限公司邢东矿，河北邢台　054001）

摘　要：邢东矿井下围岩加固壁后注浆工程量大，传统井下注浆加固工艺受水泥运输和注浆泵泵送能力限制，具有严重的滞后性，严重影响了加固效果。在此情况下，邢东矿试验了由地面注浆站制浆直接对井下注浆地点进行壁后注浆的方案，试验效果显著，极大地提高了注浆效率并降低了成本。

关键词：远距离输送；壁后注浆；围岩加固

邢东矿由于井深大地压大，巷道普通锚网支护效果不理想，主要运输行人巷道均采用了钢管混凝土支架作为二次支护，钢管混凝土支架支护的最后一道工序为壁后围岩注浆，将浅部围岩与深部围岩加固成一个整体，这道工序对延长钢管混凝土支架的使用寿命至关重要，而壁后注浆的注浆量可达4~6t/m，传统井下注浆加固工艺为采用注浆泵在施工现场就近注浆[1]，受水泥运输和注浆泵泵送能力限制，注浆加固具有严重的滞后性，且运输成本极高，常常造成支护完成后壁后注浆不及，导致部分支护地点支架发生形变，严重影响了支护效果，为彻底解决运输不便造成壁后注浆不及时问题，在邢东矿试验了由地面注浆站制浆对井下注浆地点进行远距离输送壁后注浆加固的研究工作，提高了注浆效率，确保了巷道围岩稳定性，对解决深井围岩注浆加固的运输问题起到了很好的借鉴作用。

1　工程概况

首次远距离输送地面注浆试验地点选在邢东矿主暗回风四联巷，主暗回风四联巷为联接主暗斜井和回风斜井的第四条联络巷，该巷道主要作用是矸石充填巷道的出煤通道和运料通道，巷道埋深接近900m，地压极大，且为永久巷道，服务年限长。为降低巷道整修率，提高服务年限，巷道支护方式选择锚网支护加钢管混凝土支架联合支护，钢管混凝土支架规格为直径4.1m圆箍，巷道全长50m，预计注浆量达300t，如果使用传统井下注浆工艺注浆，按照邢东矿正常井下注浆能力需要50天，这将使得围岩加固错过最佳时间[2]，为此，选择在这一联巷试验远距离输送地面注浆工艺，提高围岩加固效果具有极大的必要性。

2　远距离注浆工艺简介

远距离输送地面注浆使用地面制浆、管路输送、井下打眼注浆的工艺，将制浆与注浆分离，采用重力给压的方式实现远距离的浆液输送及施工地点注浆给压[3]，与传统注浆工艺对比有三个明显的优点：（1）节省了电机车及绞车运输水泥的步骤，

作者简介：邢世坤（1983 —），男，河北隆尧人，采矿工程师。

节约了大量的运输和时间成本；（2）避免了施工现场制浆造成的人力消耗和扬尘带来的作业环境污染；（3）重力给压自流注浆的方式避免了泵送能力受限的缺点，注浆能力达到了 ZBY2.1/21-22 注浆泵的 7 倍以上。注浆工艺流程对比如图 1 所示。

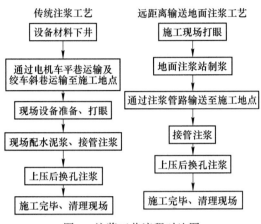

图 1　注浆工艺流程对比图

3　远距离输送地面注浆工艺流程

整套远距离输送地面注浆工艺分为地面制浆系统、管路输送系统、井下注浆系统三个部分。

3.1　地面制浆系统

地面注浆系统由地面注浆站完成，注浆站选址在矿区南部，为整个矿区井田边界的中心，占地面积约 800m²，注浆站使用三个 50t 立式水泥仓存储水泥，造浆系统由皮带输送机、高位水池、NL20 型制浆机、粗浆池、液下多用泵、除砂器、精浆池、搅拌机等组成，最大制浆能力可达 12m³/h，制浆控制系统由工业控制微机、质量流量计、压力变送器、液（料）位计、变频调速螺旋机、计量螺旋机、变频调速控制柜、射流造浆器等组成。根据设定的注浆密度、注浆流速和注浆压力，通过对现场有关参数的采集处理，实现对造浆、注浆过程的跟踪控制，整套系统可实现井下 24h 不间断注浆。地面水泥注浆站工艺流程如图 2 所示。

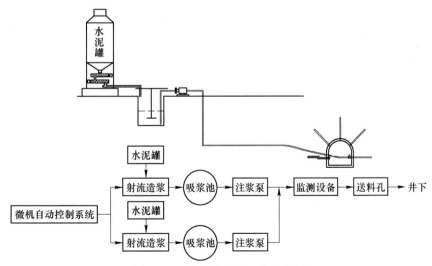

图 2　地面水泥注浆站工艺流程图

3.2　管路输送系统

由于注浆地点埋深达 900m，考虑注浆压力不小于 5MPa，注浆管路输送系统全程采用抗压能力不小于 12MPa 的高压管路，布置线路为注浆孔 A、B→注浆孔通道→1122 运料巷→1122 边眼→1122 运输巷→1123 边眼→主暗斜井→主暗回风四联巷。铺两趟 $\phi76$ 高压钢管，管路全长 1200m，使用 20 号钢材质，壁厚 8mm，抗压能力不低于 12MPa，所有变坡拐弯地点设专用阀门及压力表，检测管路压力，并便于及时卸压。井下注浆管路布置如图 3 所示。

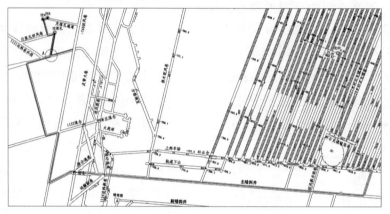

图 3　井下注浆管路布置图

3.3　井下注浆系统

为确保浅部围岩及深部围岩加固效果，采用浅、深孔交错布置、多次注浆的方式，考虑到一次注浆量大、注浆压力大的特点，注浆孔布置间排距较普通注浆大。顶板及两帮采用深浅交叉式排式布置，浅孔孔深 3m，深孔孔深 8m，排距均为 5m（深浅孔之间的排距为 2.5m），每排 5 个注浆孔，间距均为 1.7m，注浆孔布置为顶板 1 个，巷中垂直顶板；两帮各 2 个，最下注浆孔距底板 1m，具体布置如图 4 所示。

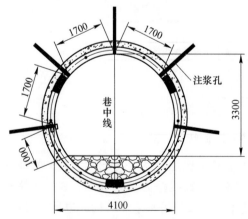

图 4　主暗回风四联巷浅、深注浆孔布置方式图

施工时要求打孔顺序为先浅孔后深孔，浅孔注浆完成后方可进行深孔打眼；打眼后下四分管，套管长度 1500mm，注浆管下管外露不得大于 50mm；下管前要确认注浆管口丝扣处是否干净、完好，注浆管是否通畅，下完管固管时封孔深度不得小于 500mm，采用棉丝、水泥、固化液封孔，要做到严密、结实，固管后管口处耐压不得低于 5MPa。

由于现场吃浆能力有限，为确保注浆压力不大于 12MPa，避免堵管，设计井下注浆方案为：地面注浆站每 30min 制一次浆，一次制浆 4m³，采用重力自流方式经注浆管路及分流器（含 6 个分管及一个卸浆口，均安装压力表）至支箍段壁后注浆，另备两个 2.5m³ 的注浆桶，若跑浆或上压则将管路中的浆液卸至注浆桶中，并同时通知注浆站停止下浆，再用 ZBY2.1/21-22 注浆泵将桶中的水泥浆注完，待处理完毕后方可通知注浆站继续下浆。地面注浆站每次注浆完毕，需要用 5m³ 清水冲洗管路，并将废浆注进孔中。

4　现场工业性试验

试验地点在主暗回风四联巷，先试注

一个班，共试注 30t，试注各项参数见表 1。

表 1 试注参数表

编号	参 数	实际能力
1	地面注浆站最大制浆能力	12m³/h
2	地面注浆站最大下浆能力	15m³/h
3	注浆现场出浆流速	5m/s
4	注浆现场出浆流量	12m³/h
5	注浆现场出浆压力	0~13.5MPa
6	注浆现场吃浆能力	9m³/h

试注后，针对注浆系统存在的问题，我们对注浆工艺进行了改进：

（1）水泥浆水灰比控制在 1∶0.8 左右，若再高容易在运输管路中形成较多沉淀。

（2）浅孔注浆压力不低于 3MPa，深孔注浆压力不低于 5MPa；由于管路抗压能力有限且为了避免压力过大出现堵管情况，地面注浆站每 20min 制一次浆，一次制浆 4m³，制浆完毕后需与井下注浆地点确认是否下浆以及下浆方数，下完浆后继续制浆等待井下通知下次下浆。

（3）井下注浆地点在巷道喷浆情况良好且孔为新注的前提下可让地面注浆站连续 2 次下浆，每次不超过 3m³，让注浆管路保持不超过 5MPa 压力注浆，待压力下降至 0 时继续下 2 次浆，让注浆管路达到 5MPa 左右压力，若连续 2 次下浆使管路压力超过 5MPa 则立即打开泄浆阀将浆液排至搅拌桶内同时通知地面停止下浆，之后根据管路压力逐次调整下浆量。

（4）井下注浆地点需时刻关注压力表以及巷道跑浆情况，若跑浆严重封堵不及或上压则打开泄浆阀将管路中的浆液卸至注浆桶中，并同时通知注浆站停止下浆，再用 ZBY2.1/21-22 注浆泵将桶中的水泥浆注完，待处理完毕后方可通知注浆站继续下浆。

（5）每次注浆前需用 4m³ 水冲洗管路及检查管路是否漏水，每次注浆完毕，需要用 10m³ 清水冲洗管路，并将立管处存留

的废水排空。

改进后的工艺更利于实际现场操作，杜绝了堵管现象和注浆终压不合格现象，保障了注浆质量，改进后的最大注浆能力达到了浅孔 6t/h，相比传统袋装运料注浆有了极大的提高，极大地提高了注浆效率。

试注后在主暗回风四联巷连续注浆 4 天，完成了主暗回风四联巷的全部深、浅孔注浆工程，极大地缩短了注浆工期。经检验，注浆效果良好，由于注浆时间极短，围岩未发生形变，对钢管混凝土支架的稳定性起到了极大的辅助作用。

5 结论

远距离输送壁后注浆工艺较传统注浆工艺相比，具有明显的优越性。在邢东矿在主暗回风四联巷的工业性试验顺利实施，成功注浆 50m，将注浆工期由传统注浆方式的 50 天缩短至 4 天，极大地提高了注浆效率，确保了巷道围岩稳定性，对解决深井围岩注浆加固的运输问题起到了很好的借鉴作用。此外，远距离输送壁后注浆加固的方式将注浆人工费用由 800 元/t 降低为 20 元/t（如表 2 所示），在煤炭形势日趋严峻的当前，具有更加实用的推广应用前景。

表 2 不同注浆方式的对比分析

注浆方式	注浆能力	注浆成本
传统注浆工艺	6t/天	800 元/t
远距离输送地面注浆	90t/天	20 元/t

参 考 文 献

[1] 姜玉松，鲍维，孙勇. 现代注浆技术的开拓应用及发展方向 [C]. 第四届中国岩石锚固与注浆学术会议论文集，2007.

[2] 惠冰. 注浆作用下围岩变形规律与控制技术研究 [D]. 济南：山东大学，2013.

[3] 刘磊，王伟峰. 远距离注浆管路超压保护系统设计 [J]. 工矿自动化，2014（3）.

大采高工作面超长一体式充填液压支架撤出技术研究

杨军辉，周艳青

（冀中能源股份有限公司邢东矿，河北邢台　054001）

摘　要：邢东矿大采高 11212 超高水充填工作面末采阶段首先采用锚网支护控制顶板，撤架时先就位掩护架，利用掩护架保证撤架空间安全，利用移架平台撤出剩余支架，随支架撤出打密闭墙进行高水充填阻止顶板垮落，提高了工作效率，取得了宝贵的技术经验和良好的经济效益。

关键词：大采高；锚网支护；移架平台；掩护支架

通常情况下，末采及撤支架期间压力集中，引起煤壁片帮，顶板下沉，支架压死，甚至冒顶[1]。通过对邢东矿 11212 超高水充填工作面回采期间的矿压观测得知，该煤层原岩应力高，巷道围岩变形速度较快，表现为底鼓严重、顶板下沉大，因此采用合理的顶板管理措施是保证安全的必要条件。末采时采用了锚网支护方式增加顶板围岩自承能力[2]，防止冒落，并利用掩护支架保证撤架工作安全进行。

1　工作面概况

邢东矿 11212 工作面井下标高 −812～−721m，工作面西临 −760 轨道大巷，东临 2223 工作面，水文地质条件简单。工作面直接顶为 4.25m 的粉砂岩，老顶为 5m 的细砂岩，顶板属于 2 类 Ⅱ 级顶板，煤层平均厚度 4.5m，直接底为 1.2m 的粉砂岩。11212 工作面走向长 505.6m，推进长度 455m，切眼 101m，可采地质储量 23.9 万吨。工作面回采工艺为超高水材料充填回采法，平均采高 4.3m，后退式回采。工作面采用整体式充填液压支架支护顶板，液压支架顶梁总长度约 9.3m，前探梁伸平时支架支护顶板跨度为 11.5m，底座长度 4.8m（支架技术参数见表 1），采用追机及时移架支护，煤壁片帮时超前支护，随工作面向前推进，当支架达到充填距离后对支架后部充填工序进行操作；上下巷 20m 内进行超前支护。

表 1　充填液压支架技术特征表

项目	内容	单位	规格
支架特征	型号		ZC5160/30/50
	工作阻力	kN	5160（$P=42.2MPa$）
	支架高度	mm	3000～5000
	支架宽度	mm	1430～1600
	初撑力	kN	3878（$P=31.5MPa$）
	支护强度	MPa	0.66
	运输尺寸（长×宽×高）	mm	9325×1430×3000
	重量	kg	48000

资助项目：国家自然科学基金资助项目（5123005，51504259）。

作者简介：杨军辉（1979—），男，河北邢台人，副高级工程师，现任冀中能源股份有限公司邢东矿副总工程师。

2 末采及撤支架期间施工技术

2.1 末采期间锚网支护

2.1.1 锚网支护位置

11212 工作面末采期间，改变原有的上网上绳方式，为加强顶板管理采用了锚网支护的主动支护方式。工作面末采扩帮从停采线以里 17m 至停采线，对整个工作面顶板进行锚网支护。11212 工作面开始锚网支护位置和停采线位置如图 1 所示，到达锚网支护位置处，随工作面推进对顶板进行锚网支护，直到扩帮线处，进入锚网支护位置调整工作面采高不低于 4.0m。

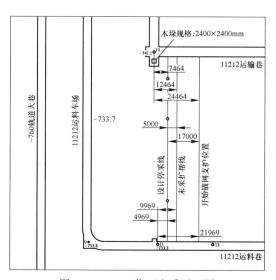

图 1 11212 工作面末采平面图

2.1.2 支护方式

顶板支护均使用 φ22mm×2400mm 螺纹钢高强锚杆，每孔使用一卷 S2360 树脂锚固剂和一卷 Z2360 树脂锚固剂锚固，使用 φ12mm 钢筋梁，配合穿形钢托盘、φ6mm 冷拔丝金属网等，间排距 800mm×800mm；顶板采用 φ21.8mm×8500mm19 股钢绞线锚索加强支护，每孔分别使用 S2360 树脂锚固剂一卷和 Z2360 树脂锚固剂两卷锚固，迈步交叉式布置，间排距 1600mm×

1000mm，配合 2.6m 的 14 号槽钢、木垫板等。

末采扩帮后煤壁支护采用 φ20mm×2100mm 全螺纹锚杆，每孔分别使用 S2360 和 Z2360 树脂锚固剂各一卷锚固，使用 φ12mm 钢筋梁，配合钢托盘和菱形金属网等，间排距 900mm×900mm；末采扩帮前先在 11212 出煤联巷与运输巷交叉口处绞车硐室巷中排 1 组木垛，木垛规格为 2400mm×2400mm，采用两边见锯的板梁排列，板梁厚度为 160mm，具体位置见图 1。

2.2 移架平台设计

为提高工作效率，降低回收成本，到井下现场分析支架撤出的过程及行走路线，测量空间尺寸，设计了一种可以快速移架的装置。图 2 为移架平台装配示意图。

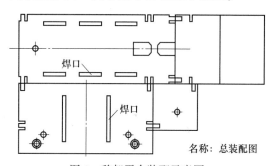

图 2 移架平台装配示意图

本移架装置的设计及应用主要可以实现支架的整体移动、拐弯、上滑道的效果，不用外力作用，仅靠平台本身千斤顶及支架推移杆伸缩，便可达到自移效果。结构简单，并且可以拆卸，使用起来方便，效率高，省时、省力、省工。

该移架装置自身设计多个悬挂点，便于支架推移杆悬挂；另外平台上设置一根推移千斤顶，且有多处支点，用于支架的拐弯工作，支架在推移千斤顶的作用下，依靠支点进行调头；本平台主体由四部分组成，可以自由拆卸，并且调节左右面，可适用于井下各种环境。分别对支架的抗压性、抗扭性等进行计算校验，确定该平台可以承受高水充填支架的整架重量。

传统支架拆除工作一个班由 8 个人仅撤出一台支架，使用移架平台后，一个班 4 个人便可撤出两台支架，大大提高工作效率及安全系数。

2.3 工作面整架运输校验

撤架时工作面安装 2 台 JM-14 型绞车，绞车最大牵引力 140kN。整架运输时使用动滑轮机构，运输长度 101m，最大坡度为 10°，使用钢丝绳型号：6×19S-28（直径为 28mm，最小破断拉力 530kN，重量 q = 2.83kg/m），每次运输整架重 48t。钢丝绳最大静张力计算公式为

$$P = \omega g(\sin\alpha + f_1\cos\alpha) + qLg(\sin\beta + f_2\cos\beta)$$

式中，P 为钢丝绳最大静张力，N；ω 为载重质量，kg；α 为斜坡中产生最大拉力处的倾角，取最大倾角 10°；f_1 为支架在轨道上运行时的阻力系数，整体滑道运输取 0.15；q 为钢丝绳单位长度重量，kg/m；L 为钢丝绳长度，m；β 为平均坡度，（°）；f_2 为钢丝绳运行时阻力系数，取 0.15。

一根钢丝绳受到的最大静张力为

$$P = 0.5[480000 \times (\sin10° + 0.15\cos10°) +$$
$$28.3 \times 101(\sin10° + 0.15\cos10°)]$$
$$\approx 76.533kN$$

安全系数 $M = 530/76.533 \approx 6.93 > 6.5$ 符合要求。

绞车最大牵引力 140kN 大于绞车所受最大静张力 76.533kN，符合要求。

2.4 撤架工艺

2.4.1 原定撤架方案

11212 工作面进入撤架阶段，取消原来撤架后挂袋充填的方式，变更为撤架后排木垛漫灌充填，具体如下：撤出液压支架后在原支架区域排木垛支护，每撤出 2 套支架后排木垛，三花眼布置，同时每撤出

10 架后在掩护支架后紧贴掩护支架排一组木垛，视顶板情况可适当增加木垛数量。木垛规格为 2600mm×2600mm，采用两边见锯的板梁排列，板梁厚度为 180mm。具体布置方式见图 3。要求木垛与巷道顶板接实，顶板不平处采用板坯垫平接顶，底板平整并接触到坚硬底板，每层木垛用扒钜扒牢。为保证顶板安全及撤架后充填效果，撤架后工作面建密闭墙，充填工作分批次完成。

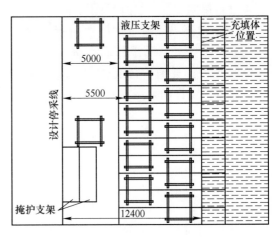

图 3 原撤架方案示意图

2.4.2 改进后撤架工艺

考虑到原定方案撤出液压支架后需排大量木垛支护，增加了成本，且没有专门的出架工具，出架人员的安全没有保障。故做出以下改进：将 7 架支架拉出作为掩护支架，撤架后不再用木垛支护；使用移架平台方便撤出支架。具体如下：

当充填支架顶梁距停采线 5m 位置时，进入撤架阶段，5m 的距离可以保证支架移动、调向旋转的空间。将 7 架充填支架拉出，拆除支架后顶梁，并经出架平台调整方向后，自煤壁向采空区充填体方向布置。利用掩护支架保证出架空间的安全，连接支架推移和出架平台，利用连接块和 40t 大链将支架推移和铁板连接，然后升抬底千斤顶，利用支架推移千斤顶将支架底座整体拉上移架平台，通过收转向千斤顶和绞

车调整支架方向，用绞车把调整后的支架沿滑道运至支架解体硐室。随后续支架撤出 1~7 架支架及出架平台向前移动。支架撤出要用单体配合时，送液必须用远方操作，单体顶支架时，单体底座必须支撑在牢靠的地方，防止单体滑脱。图 4 为改进后撤架工艺示意图。

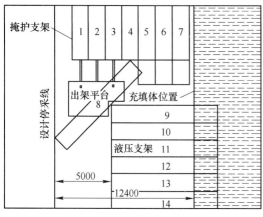

图 4　改进后撤架工艺示意图

撤架后工作面充填方式不变，撤出 10 架后，在工作面和运输巷口垒板墙密闭，密闭墙间使用超高水充填料漫灌充填接顶；之后每撤 10 架垒板墙密闭进行充填，要求充实接顶[3,4]，待支架全部撤完后，在运料巷垒墙密闭使用超高水充填料充填密实。

3　技术及经济效益分析

相对于以往超高水充填工作面末采时期上网上绳、撤支架空间采用排木垛支护及支架全部撤出后采用充填包高水充填的方式，11212 超高水充填工作面顶板控制的对策采取主动支护与被动支护相结合，锚网支护提高顶板整体性，采用掩护支架支护保证了工作人员的人身安全，充填支架每

撤出 15m 距离对撤架空间进行一次高水漫灌充填，最终采空区顶板下沉量最大 300mm，顶板完整不垮落。在经济效益方面，按照 100m 的工作面切眼来算，省去排木垛板梁费用 36 万元、排木垛人工费用 3 万元和充填包费用 2.16 万元，共计 41.16 万元。

4　结论

（1）末采时期顶板采用锚网支护增加了围岩自承能力，提高顶板整体性，与高水充填的被动支护相结合有效控制了顶板下沉。

（2）采用掩护支架替代排木垛支护，增强了支护强度，既保证了出架人员的安全[5,6]，又节省了排木垛所需的材料费和人工费。

（3）移架平台的使用使得支架的整体式转移工作非常顺利，不仅大大提高了安全系数，且降低了工人的劳动强度，提高了工作效率。

参 考 文 献

[1] 曹建波．大采高工作面末采施工方法的探讨[J]．煤矿支护，2010（4）.

[2] 康红普．煤矿深部巷道锚杆支护理论与技术研究新进展[J]．煤矿支护，2007（2）.

[3] 冯光明．超高水充填材料及其充填开采技术研究与应用[D]．徐州：中国矿业大学，2009.

[4] 孙春东．超高水材料长壁充填开采覆岩活动规律及其控制研究[D]．徐州：中国矿业大学，2012.

[5] 齐高连．综采工作面末采掩护式支架快速上网技术研究[J]．矿业工程，2009（6）.

[6] 曹忠格．综采工作面末采顶板支护方式技术研究[J]．煤矿开采，2008（10）.

深井沿空留巷充填体宽高比数值模拟研究

张英卓

（冀中能源股份有限公司显德汪矿，河北邢台　054001）

摘　要：基于深井开采矿压大、地质环境复杂的特点，通过对沿空留巷围岩控制机理与充填体工艺分析，确定选用具有凝固快、强度高的 GKCL 型新型高水速凝充填料构筑充填体，利用 FLAC³ᴰ数值模拟确定选择充填体的宽高比 0.86 为最优方案。结果表明：充填体能够有效地改善巷道围岩应力关系，工程实践取得了较好的应用效果。

关键词：充填体；巷旁充填；高水速凝材料；数值模拟；围岩应力

在采煤过程中，工作面回采过后，将该工作面运输巷进行保留和维护，待下一个工作面接续后，作为回风巷使用，作为一种无煤柱开采，沿空留巷技术是一种提高煤炭资源采出率的有效途径。在进行沿空留巷工艺设计时，充填体的宽高比是一个重要参数，选定合理的充填体宽高比，不仅能够保证巷旁支护的稳定性，而且对工人的劳动强度以及经济效益都有着重要意义。鉴于此，结合理论分析与 FLAC³ᴰ数值模拟手段进行沿空留巷充填体宽高比优化设计，并在实践中取得了较好的工程效果。

1　地质概况

峰峰集团某矿 1126 工作面主采 2 号煤层，地面标高 +56.5～+58.0m，井底标高 −736～−825m，工作面埋深达 900m 左右，属深部开采范畴；工作面走向长 1090m，煤层平均厚度 3.5m，平均倾角 2.3°，硬度系数 f 为 0.4～0.5，煤层结构简单，层位稳定。正常回采时，运输巷主要承担着 1126 工作面煤炭运输任务，为了解决矿井采掘失调问题，考虑施行沿空留巷技术，将运输巷进行巷旁袋式充填 GKCL 型新型高水速凝充填料构筑充填体墙；该工作面水文地质条件简单，由于该工作面 2 号煤顶板砂岩水尚未得到大面积疏放，回采过程中，主要受 2 号煤顶板砂岩水影响，回采正常涌水量 2m³/h，预计最大涌水量 20m³/h，其中，巷道顶底板岩性特征如表 1 所示。

表 1　1126 工作面运输巷顶底板岩性

顶底板名称	岩石名称	厚度/m	岩性特征
基本顶	细砂岩	4.3	灰色、泥质胶结、个别地方有风化现象
直接顶	细砂岩	0.5	黑灰色、含植物茎、枝，裂隙发育
伪顶	泥岩	0.1	白色、硬度小
直接底	粉砂岩	1.25	灰黑色、富含根部化石、裂隙发育
基本底	细砂岩	2.6	灰色、主要成分为石英长石暗矿物质

资助项目：国家自然科学基金资助项目（5123005，51504259）。

作者简介：张英卓（1965—），男，河北省柏乡县人，高级工程师，E-mail：zckzyz@163.com。

2 巷道围岩控制机理及技术

2.1 巷道稳定性机理分析

依据关键层理论，沿空留巷的关键层主要是指基本顶。随着回采工作面推进，基本顶将会发生破断形成砌体梁结构，破断岩层回转下沉，巷道煤壁一侧作为旋转支点，承受较为集中的支撑应力，逐渐导致煤壁一侧出现片帮和压裂破坏，如果巷道埋藏深，水平构造应力向底板转移，还会出现底鼓现象，随着破断岩层进一步下沉，造成的矿压显现将会更加严重。

从采场角度分析来看，沿空留巷煤壁一侧、充填体以及液压支架共同形成支撑顶板上覆岩层的支撑体。受工作面采动空间大、液压支架随回采面的推进以及采动周期长等因素影响，基本顶岩层下沉总的趋势不会因为充填体的留设而发生根本变化，仍会在煤壁与巷道顶底板边缘形成应力集中区域。应力集中区域会迫使巷道浅部围岩由弹性阶段转为塑性阶段，造成巷道、支架变形，顶板冒落、充填体压裂变形以及底鼓等现象的发生。鉴于此，合理优化设计充填体强度与宽高比，一定程度上能够抑制剧烈矿压显现，将巷道围岩变形控制在工程允许的范畴内，沿空留巷地质模型如图1所示。

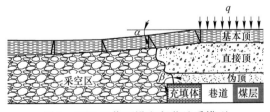

图 1 1126 工作面沿空留巷地质模型

2.2 巷旁充填支护技术

2.2.1 充填材料简介

决定巷旁充填效果关键在于充填体的性能，其直接决定着沿空留巷技术实施的成败。根据以往沿空留巷矿压显现规律分析，实施巷旁充填材料需有早期强度快速形成，后期强度高且稳定的特点，同时还需要有较好的残余变形以及密封性等性能，而 GKCL 型新型高水充填材料能够满足巷旁充填的需求（见图2）。

图 2 GKCL 型新型高水速凝充填料

GKCL 型新型高水充填材料主要包括 A、B 两种物料，其中，A 料主要是以铝土矿和石膏等物质混合研磨而成，并添加一定量的复合超缓凝剂；而 B 料主要是由石膏、石灰、悬浮剂以及复合速凝早强剂混磨而成，两种成分以质量比 1∶1 混合使用。GKCL 型新型高水材料凝结体变形小，凝结时间可根据实际情况进行调整，输送距离与方式基本不受井下环境影响，力学性能如表 2 所示。

表 2 GKCL 型新型高水充填材料力学性能

方孔筛余	胶凝时间 /min	抗压强度/MPa			
		2h	6h	24h	72h
≤10.0	7	≥1.9	2.8	4.1	10.2

2.2.2 高水充填材料巷旁充填技术

巷旁充填工艺主要包括充填站与充填区域两个部分，其工艺流程如图 3 所示。

一般情况下，在工作面检修班进行充填作业，利用改造后的充填液压支架抑制顶板下沉，同时构筑充填空间，迅速组织人员清理浮煤并安装充填袋等准备工作，与此同时，拆卸钢丝网，并将充填袋放置在钢丝网内，穿上对拉锚杆（见图4），打牢单体液压支柱，紧实钢丝网，根据矿井在 1126 工作面进行沿空留巷实际条件，决定选用直径为 20mm 左旋螺纹钢锚杆，配备 140mm×140mm 的锰钢托盘。

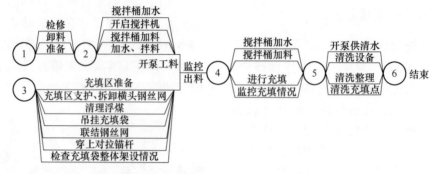

图 3　1126 工作面巷旁充填工艺流程图

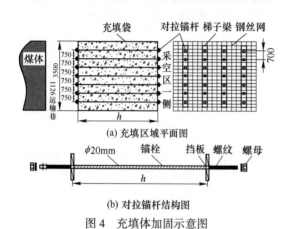

(a) 充填区域平面图

(b) 对拉锚杆结构图

图 4　充填体加固示意图

在进行充填过程中，尽可能地使充填袋接顶密实，不留缝隙。注浆接顶后，停止注浆，做好措施防止浆液外溢。同时，工作人员应马上进行冲洗混浆管，以免其被堵塞。

3　充填体宽高比模拟分析

沿空留巷围岩稳定性与巷旁充填体的强度和宽度有着密切联系。在确定了 GKCL 型新型高水充填材料和锚杆规格情况下，合理设计充填体宽度，成为沿空留巷成功的关键，下面依据 FLAC^{3D} 数值模拟进行分析。

3.1　建立模型

根据 1126 工作面运输巷顶底板岩性分布状况，模型共划分为 7 层，共 265000 个单元，模型尺寸长×宽×高分别为 300m×120m×30m，由于煤层倾角影响较小，模型中不再考虑，岩层物理力学参数如表 3 所示。

表 3　岩层物理力学参数

岩性	密度 /g·cm^{-3}	体积模量 /GPa	黏聚力 /MPa	泊松比	抗拉强度 /MPa
基本顶	2.8	8.6	3.5	0.22	12
直接顶	2.8	8.6	2.6	0.19	11
伪顶	2.4	4.3	3.3	0.25	2.3
煤层	1.4	2.6	1.8	0.34	1.3
直接底	2.5	6.5	2.5	0.18	9
基本底	2.6	8.2	2.7	0.21	9.6

3.2　数值模拟结果分析

留巷后，巷道断面尺寸设计为 3.5m×4.5m，在保持其他参数不变条件下，为了研究充填体稳定性，分别设计支护体宽度为 2.5m、3m 和 3.5m，在三种状态下，模拟巷道围岩垂直应力、水平应力和垂直位移、水平位移，其分布云图如图 5~图 8 所示。

3.2.1　垂直应力分布

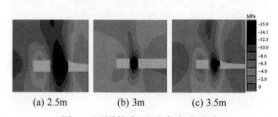

(a) 2.5m　　　(b) 3m　　　(c) 3.5m

图 5　不同状态下垂直应力分布

表4 不同支护条件下区域垂直应力值（MPa）

宽度	局部最大应力	平均应力	巷旁应力	顶底板应力
2.5m	15.9	11	5	3
3m	14.2	6	5	3
3.5m	14.1	6	4	2

充填体宽度越大，局部最大应力越小，承载覆岩能力越强。从垂直应力分布图和垂直应力值可以看出，垂直应力在充填体的深部形成了类似椭圆形的集中区，越向浅部应力越小，可以得知充填体的破坏形式是由内向外。随着充填体宽度增加，应力集中区最大应力值由15.9MPa降低至14.1MPa，降幅约为11.3%；当充填体宽度由3m增大到3.5m时，其最大应力值、平均应力值、巷旁应力以及顶底板应力变化并不明显。

3.2.2 水平应力分布

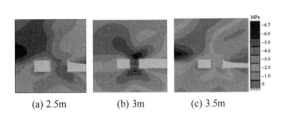

(a) 2.5m   (b) 3m   (c) 3.5m

图6 不同状态下水平应力分布

表5 不同支护条件下区域水平应力值（MPa）

宽度	最大应力	平均应力	巷旁应力	顶底板应力
2.5m	5	3	2	1
3m	4	2.4	0.8	0.5
3.5m	2	1	0.5	0.3

充填体宽度对充填体水平应力分布影响明显。随着三种支护宽度不断增加，充填体承载应力增强，充填体应力集中区最大应力值由5MPa降低至2MPa，应力集中系数由0.44降至0.36，巷道顶底板围岩中应力分布更加均匀；从垂直应力与水平应力分布图中比较局部最大应力可以看出，对充填体稳定性的影响，垂直应力相对水平应力更为明显。

3.2.3 垂直位移分布

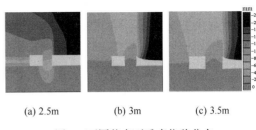

(a) 2.5m   (b) 3m   (c) 3.5m

图7 不同状态下垂直位移分布

进行巷旁充填并不能改变基本顶岩层运动形式。从图中得知，巷道围岩的垂直位移主要表现在顶板沉降，且充填体一侧顶板下沉明显高于煤壁一侧；随着充填体宽度不断增大，顶板最大下沉量由240mm减小至20mm，下沉量减小趋势明显。

3.2.4 水平位移分布

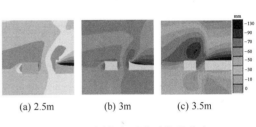

(a) 2.5m   (b) 3m   (c) 3.5m

图8 不同状态下水平位移分布

巷道围岩的水平位移主要体现在巷道两帮移近变形量上。煤臂最大移近量为30mm，充填体最大移近量130mm，两帮移近量累计为160mm，巷道变形较弱可以满足生产要求。可以看出，充填体强度能够满足工程要求，围岩变形控制效果显著；从巷道两帮收敛数据中还可以发现对巷道变形主要来自垂直位移的影响，水平位移的作用相对较小，这与应力分布图相吻合。

综上所述，通过对采场垂直、水平应力和位移的数值模拟分析，沿空留巷的变形破坏主要来自于垂直应力的变化，当充填体宽度为2.5m时局部应力值过大，因此，会造成局部巷道失稳，而当充填包宽度达到3m时，足以满足顶底板支护的需求，能够对巷道起到很好的支撑作用，考虑到经济效益与人工劳动强度，最终认为选定充填包的宽度为3m是最佳方案，即充填体宽高比为0.86。

4　工程实例

以峰峰集团某矿1126工作面为工程背景，其运输巷实施沿空留巷技术，根据数值模拟结果，设计充填体宽度为3m，随着工作面推进，对充填体纵向、横向位移与变形速率进行观测（见图9、图10）。

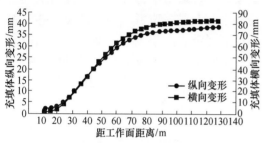

图9　随工作面推进充填体纵向、横向变形量

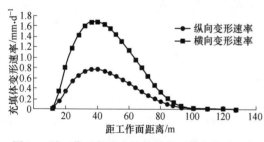

图10　随工作面推进充填体纵向、横向变形速率

从图中可以看出在构筑充填体早期阶段，一方面充填体具有较大早期强度，另一方面顶板覆岩移动未形成周期来压，导致充填体垂向、横向变形速率与位移量均较小；随着工作面继续推进，基本顶将会发生破断形成砌体梁结构，破断岩层回转下沉，巷道围岩活动明显增强，充填体承载应力急剧上升，在工作面推进40m左右时，巷道围岩活动最为剧烈；工作面继续推进，顶板覆岩运动明显减弱，充填体垂向、横向位移继续增长，但增长速率明显

减缓；当工作面推进90m后，充填体承受住了顶板来压，纵向最大位移量为38mm，横向最大位移量为84mm，数值模拟选定的充填体宽度达到较好使用效果，巷道围岩变形控制较理想。

5　结论

（1）在沿空留巷地质模型基础上，依据关键层理论，确定沿空留巷的关键层主要是指基本顶。

（2）从采场角度分析来看，合理优化设计充填体强度与宽高比，一定程度上能够抑制剧烈矿压显现，将巷道围岩变形控制在工程允许的范围内。

（3）沿空留巷围岩稳定性与巷旁充填体的强度与宽度有着密切联系。利用FLAC^{3D}数值模拟手段，确定了充填包宽度达到3m时，足以满足顶底板支护的需求，能够对巷道起到很好的支撑作用。

（4）工程实践表明：选定充填体宽度为3m后，发挥了充填体支撑顶底板，维护巷道稳定的作用，纵向最大位移量为38mm，横向最大位移量为84mm，达到良好控制效果。

参 考 文 献

[1] 柏建彪, 周华强, 侯朝炯, 等. 沿空留巷巷旁支护技术的发展 [J]. 中国矿业大学学报, 2004, 33 (4): 183~186.

[2] 张吉雄, 李 剑, 安泰龙, 等. 矸石充填综采覆岩关键层变形特征研究 [J]. 煤炭学报, 2010, 35 (3): 357~362.

[3] 吕文玉, 孟宪锐, 丁自伟, 等. 泵送混凝土沿空留巷技术研究 [J]. 煤炭技术, 2014, 33 (5): 151~154.

[4] 王佳喜, 秦涛, 冯俊杰, 等. 沿空留巷巷旁充填材料的配制 [J]. 煤炭技术, 2012, 31 (3): 91~93.

[5] 邢继亮, 李永亮, 李铮, 等. 大断面巷道沿空留巷巷旁充填体受力分析与加固 [J]. 中国

煤炭，2013，39（4）：60~62.

[6] 陈勇，柏建彪，徐莹，等.沿空留巷巷旁支护体宽度的合理确定 [J].煤炭工程，2012（4）：4~7.

[7] 张镇.深部巷道窄帮蠕变特征及其稳定性控制技术研究 [D].北京：煤炭科学研究总院，2011.

[8] 黄玉诚，孙恒虎.沿空留巷护巷带参数的设计方法 [J].煤炭学报，1997，22（2）：127~131.

[9] 李化敏.沿空留巷顶板岩层控制设计 [J].岩石力学与工程学报，2000，19（5）：651~654.

[10] 周保精，徐金海，倪海敏.小宽高比充填体沿空留巷稳定性研究 [J].煤炭学报，2010，35（增刊）：33~37.

[11] 张东升，缪协兴，冯光明，等.综放沿空留巷充填体稳定性控制 [J].中国矿业大学学报，2003，32（3）：232~235.

超长距离高瓦斯巷道快速掘进技术优化

杨杨[1]，刘琦[2]

（1. 中国矿业大学（北京）资源与安全工程学院，北京　100083；
2. 潞安矿业集团王庄煤矿，山西长治　046000）

摘　要：本文针对王庄煤矿8110工作面巷道掘进的现状，采用现场调查、理论分析相结合的综合研究方法，进行了8110工作面超长大断面巷道快速掘进的影响因素研究，并提出了解决方案。通过采用理论分析和现场施工观察，开展了施工工序优化分析，以达到提高掘进施工速度和节约工序时间的目的，并形成高瓦斯长距离条件下的巷道快速掘进技术设计方法和施工工艺技术。

关键词：超长距离大断面巷道；快速掘进；施工工序

目前，在煤矿岩石巷道掘进施工中中深孔爆破是较为有效的方法之一。岩石受中深孔爆破的作用炮孔周围会产生大量的裂纹和空隙，肖正学应用断裂力学及光弹实验对爆破过程中岩石产生裂纹的过程进行研究。美国Margolin等提出BCM断裂力学模型，Stnar Mchugh提出的ZaGFRAG模型认为岩石中原生裂隙在受爆炸应力波的作用下产生新的裂隙，爆炸产生的气体会促使原生裂隙扩张。中国矿业大学（北京）杨仁树、李清等人建立的爆炸加载动态焦散线测试系统，进行了有机玻璃材料的透射式动焦散线模型实验模拟节理岩体爆破。

为进一步探索高瓦斯条件下超长大断面巷道快速掘进技术，本文以王庄煤矿8110工作面为例，对超长距离大断面高瓦斯巷道快速掘进和瓦斯控制展开研究。该研究不仅可以保证超长高瓦斯巷道的安全快速掘进，确保矿井安全生产，而且可以减少工作面搬家次数，这对矿井的经济效益具有重要的理论意义和极大的应用前景。

1　工作面概况及一般施工方法

1.1　工作面概况

8110工作面位于+540水平81采区，所采煤层为3号煤，走向长度340m，倾斜长约3000m。赋存于二叠系山西组地层中，为陆相湖泊型沉积，煤层厚度稳定，煤层厚度6.03~7.0m，平均6.52m，全煤含夹矸最厚一层0.1m。煤层柱状图如图1所示。该工作面地面标高为903~932m，工作面标高为377~520m。该面属高瓦斯面，煤尘具有爆炸性，属不易自燃煤层，地温、地压正常。

1.2　一般施工方法

8110高抽巷平面布置如图2所示。

8110高抽巷岩巷部分，采用炮掘施工，耙装机配合皮带出矸。工艺流程：交接班、作业前检查→打眼、装药→设置放炮警戒、联线放炮（一炮三检）→吹炮烟、洒水防尘、接风筒→敲帮问顶（使用长把工具找凿顶帮）、临时支护→掌子面中间打设1根固定尾轮锚杆，两帮部打设固定导向轮锚

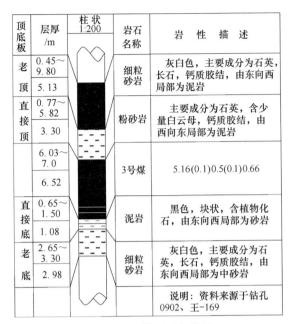

顶底板	层厚/m	柱状1:200	岩石名称	岩 性 描 述
老顶	0.45~9.80　5.13		细粒砂岩	灰白色，主要成分为石英，长石，钙质胶结，由东向西局部为泥岩
直接顶	0.77~5.82　3.30		粉砂岩	主要成分为石英，含少量白云母，钙质胶结，由西向东局部为泥岩
	6.03~7.0　6.52		3号煤	5.16(0.1)0.5(0.1)0.66
直接底	0.65~1.50　1.08		泥岩	黑色，块状，含植物化石，由东向西局部为砂岩
老底	2.65~3.30　2.98		细粒砂岩	灰白色，主要成分为石英，长石，钙质胶结，由东向西局部为中砂岩
				说明：资料来源于钻孔0902、王-169

图1　8110煤层赋存情况

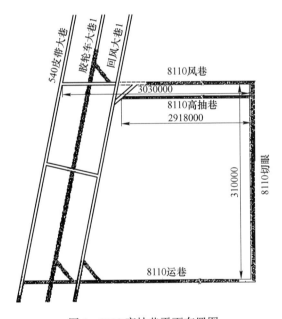

图2　8110高抽巷平面布置图

杆→延伸皮带机尾→出渣→顶帮永久支护及工作面其他作业→验收→下一循环。

8110高抽巷岩巷部分，炮掘采用三班作业，一次打眼一次装药一次起爆方式。炮眼布置严格按照设计爆破图表进行打眼。采用串、并联方式联线。按煤矿安全规程

规定封泥长度不小于500mm。8110高抽巷支护排距为1000mm，循环进尺为1000mm，掘进支护最大控顶距为1300mm，最小控顶距为300mm。

2　影响岩石巷道爆破效果的因素

岩石巷道快速掘进，概括地讲就是一次爆破深度大，并配套相应排矸能力的系统作业，因而爆破效果的提高是快速掘进的前提。以下是影响岩石巷道爆破效果的主要因素。

2.1　巷道所处位置决定的客观因素

这些客观因素包括岩性、巷道断面面积、岩石的强度、层理、破碎度等。通常，小断面的巷道爆破施工时比较难取得较好的效果，原因有以下几点：（1）小断面的巷道的卸压范围小，应力集中度高即夹制力大。（2）自由面积小，影响爆破的拉伸破坏。（3）抛渣困难，碎石脱离岩体的时间加重影响了自由面的形成。（4）相对掏槽面积增加，炸药也就增加。反之则不然。

2.2　掏槽布置形式

钻眼爆破中，掏槽的质量直接影响到爆破效果，因而，槽眼的合理布置是很重要的。中心眼与槽眼孔径相匹配的药卷直径对掏槽的有重要影响。

掏槽眼的直径及相应采用药卷的直径对掏槽效果也是有影响的。目前煤矿的许多矿井施工多推广"三小"施工，这对于巷道成型、小循环施工、减少炸药单耗都有其优越性。但在复杂岩性中，小断面夹制力大进行中深孔爆破，掏槽眼的孔径则以相对大的孔径较为合适，有利于增加单孔装药量。增大药包直径，提高了应力波的作用时间，更有利于破岩。随着柱状药包直径的加大，爆轰速度，波阵面后质点移动速度和压力都增大。

2.3　炸药因素

影响爆破效果的因素很多，但是，在探讨炸药与岩石匹配时应当选择能够综合反映这些因素的一个参数，岩石中的纵波速度就是具有这一特点的参数。而且纵波量测比较方便。岩石弹性波速度与强度、密度、弹性模量、孔隙度以及含水率之间都有规律性的联系，而且它较好地反映岩石的地质结构特征。此外炸药爆破除了使岩石破裂成碎块外，还要输出一定的能量使岩石碎块产生合适的位移，显然移动岩石碎块作功所消耗的能量大小与岩石的容重或密度有着密切的关系。

总的来说炸药爆炸传递给岩石的能量，正比于单位体积内炸药能量的集中度或者说正比于炸药的阻抗还和药包直径成正比。随着爆速增大，破碎程度也提高，也就是说有更多的能量用于破碎。在不太硬的岩石中，选用威力较低的炸药是经济的和适宜的，在坚硬的岩石中要选用高威力的炸药。

2.4　微差起爆与雷管段数的影响

井巷爆破岩体，一般只有一个与炮孔垂直的自由面，爆破时夹制力比较大，采用微差起爆主要目的是为下一圈炮孔提供第二自由面，微差时间合理与否，直接影响到爆破效果。因此关键确定掏槽眼与二次扩槽以及崩落眼与周边眼之间的时间，前者保证掘进深度，后者可确保断面轮廓完整。

2.5　丢炮与盲炮

丢炮主要是雷管电阻的问题，即当网路中最大与最小电阻的差值超过 0.3Ω 时，由于阻差大，阻值小的雷管发热小容易丢炮。盲炮的出现原因主要有先爆炮孔的产物对相邻炮孔的挤压作用和管道效应。

2.6　掏槽眼的正、反向起爆

若装药长度较大，正向起爆是在爆轰未结束前，由起爆点产生的应力波到达上部自由面后，产生向岩石内部传播的反射波可能越过起爆点，反射波产生的裂隙将使炮眼内气体逸出，导致炮眼下部岩石破碎条件的恶化和炮眼利用率的降低。反向起爆时，爆轰产物在炮眼底部存留的时间较长，由炮眼底部产生的应力波超前于爆轰波传播，能加强炮眼上部应力波的作用，因此，反向起爆不仅能提高炮眼利用率，而且也能加强岩石的破碎。无论是正向起爆，还是反向起爆，岩体内的应力分布都是很不均匀的，但若相邻炮眼分别采用正、反向起爆，就能改善这种状况。而高瓦斯矿井爆破安全规程规定应采用正向起爆。

3　爆破方案优化

3.1　原爆破方案

通过现场试验，对原爆破方案进行了调研，原爆破方案炮眼布置情况如图3所示，具体爆破参数详见表1。通过现场应用发现存在如下问题：

（1）掏槽方式较为单一，只采用了单楔形掏槽的方式，导致炮眼利用率不高，

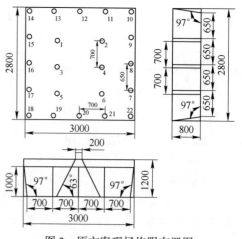

图3　原方案现场炮眼布置图

表1 原方案爆破参数

炮眼名称	编号	眼深/m	角度/(°)		每孔装药量		总装药量/kg	起爆顺序		连接方式
			水平	垂直	卷数	kg		段别	编号	
掏槽眼	1~6	1.2	63	90	1	0.4	2.4	1	1~6	串并联
帮眼	7~9 15~17	1.0	97	90	1	0.4	2.4	2	7~9 15~17	
顶眼	10~14	1.0	90	97	1	0.4	1.6	3	10~14	
底眼	18~22	1.0	90	97	1	0.4	1.6	4	18~22	
总计	22						8			

爆破进尺较小；

（2）辅助眼数量较少，不能有效地扩大槽腔，提供岩石破碎的临空面和自由面，导致爆破碎石块度较大，二次破碎时间最多占用2h；

（3）穿越岩层岩性变化较大，以砂岩为主，岩石较硬，现场采用的单耗却偏小，炸药能量不足，导致爆破效果不理想；

（4）当存在破碎带时，周边眼眼间距过大，巷道周边成型不理想，超欠挖现象较为严重。

3.2 爆破参数优化一

针对上述问题，通过理论计算和工程对比法，对原爆破方案参数进行了优化，对原掏槽眼的间距、深度和角度进行了调整，增加了9个辅助眼，周边眼原间距为650mm，现调整为400mm，原方案炸药单耗为0.95kg/m³，现场巷道顶板多为砂岩，炸药单耗过小，新方案将炸药单耗提高到1.5kg/m³，有利于岩石破碎。爆破参数优化后的炮眼布置图详见图4，其爆破参数详见表2。

调整的思路是加强掏槽眼的爆破效果，然后辅助眼继续扩大槽腔和加强岩石破碎，周边眼控制周边成型及加强岩石破碎，其最终效果将会使得破碎岩石大块度明显减少，周边成型规整，超欠挖现象得到改善，同时提高围岩的承载能力，保护围岩的稳定性。

3.3 爆破参数优化二

在上述优化方案的基础上，针对岩性

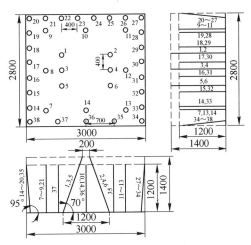

图4 方案一优化后的炮眼布置图

较硬，进尺要求较高的问题，提出如下爆破方案，爆破参数优化后的炮眼布置图详见图5，该方案将爆破单循环进尺增加到1.5m，爆破参数见表3。

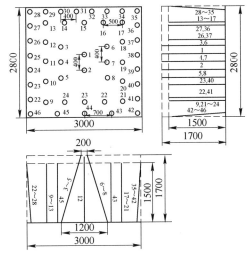

图5 方案二优化后的炮眼布置图

表 2　方案一爆破参数

炮眼名称	编号	眼深/m	角度/(°)		每孔装药量		总装药量/kg	起爆顺序		连接方式
			水平	垂直	卷数	kg		段别	编号	
掏槽眼	1~6	1.4	70	90	1	0.4	2.4	1	1~6	串并联
辅助眼	7~14	1.2	90	90	1	0.4	3.2	2	7~14	
周边眼	14~33	1.2	90	95	1	0.4	8.0	3	14~33	
底眼	34~38	1.2	90	97	1	0.4	2.0	4	34~38	
总计	38						15.6			

表 3　方案二爆破参数

炮眼名称	编号	眼深/m	角度/(°)		每孔装药量		总装药量/kg	起爆顺序		连接方式
			水平	垂直	卷数	kg		段别	编号	
中心眼	1~2	1.7	90	90	1	0.4	0.8	1	1~2	串并联
掏槽眼	3~8	1.7	74	90	2	0.8	4.8	1	3~8	
辅助眼	9~24	1.5	90	90	1	0.4	6.4	2	9~24	
周边眼	22~41	1.5	90	94	1	0.4	8.0	3	22~41	
底眼	42~46	1.5	90	94	1	0.4	2.0	4	42~46	
总计	46						22			

新的优化方案应考虑现场的实际情况，结合施工设备和施工组织进行选择，优化后的方案综合考虑了炸药单耗、爆破进尺、周边成型及围岩稳定等主要因素，对解决目前该巷道存在的问题具有可行性。

3.4　方案对比

为了进一步说明，现将原方案和优化方案进行对比分析，以便于根据现场实际情况进行选择。表 4 为原方案和优化方案对比情况。

表 4　原方案与优化方案对比

方案	炮眼数目	炸药量/kg	进尺/m	二次破碎时间/h	打眼时间/h	围岩稳定性
原方案	22	8	1.0	2	2	较为破碎
优化一	38	15.6	1.2	—	2.5	较好
优化二	46	22	1.5	—	3	较好

从表 4 可以看出：

较原方案，优化方案一增加了 0.5h 的打眼时间，但二次破碎节省了 2h，进尺增加了 20%，且围岩稳定性得到了改善，炸药增加了约 8kg，增加了 80~100 元。

较原方案，优化方案二增加了 1h 的打眼时间，但二次破碎节省了 2h，进尺增加了 50%，且围岩稳定性得到了改善，炸药增加了约 14kg，增加了 110~120 元。

可以看出，忽略炸药成本增加的情况下，优化方案将爆破单循环进尺增加了 20%~50%，免去了二次破碎岩石的时间，加快了施工速度，且保护了围岩的稳定性。

因此优化方案在成本几乎不增加的情况下，加快了施工进度，节约了时间成本，提高了施工质量。

4 总结

通过岩石巷道的钻眼爆破实验，可以得出岩巷道钻爆法施工的几点经验：

（1）掏槽眼是决定爆破循环进尺的关键因素，尤其对于小断面巷道爆破掘进，岩石夹制力比较大，掏槽方式显得尤为重要，当岩石硬度较大时，可采用优化方案二中的楔直复合掏槽技术，即增加超深的中心眼，以辅助掏槽眼把破碎的岩石抛出，为后续爆破提供较大的临空面。当排矸和支护能力不能满足三班爆破作业时，可采用优化方案一中掏槽形式，这种方式由于单循环进尺相对小，便于支护和排矸。

（2）辅助眼的数量不容忽视，辅助眼的作用是为了进一步扩大槽腔，为周边眼的爆破提供自由面，并且辅助眼对爆破块度影响显著，当辅助眼较少时，就会产生现场块度较大的问题。

（3）周边眼爆破建议尺寸不宜过大，应本着多打眼、少装药的原则进行施工，这样才能保证周边成型效果，减少超欠挖现象。

（4）在忽略炸药成本增加的情况下，优化方案将爆破单循环进尺增加了20%~

50%，免去了二次破碎岩石的时间，加快了施工速度，保护了围岩的稳定性，提高了施工质量。

参 考 文 献

[1] 王卫军，侯朝炯，柏建彪，等．综放工作面过空巷高水速凝材料充填试验［J］．中国矿业，2001，10（5）：59~63.

[2] 任东元．综采工作面过空巷连续采煤的可行性探讨［J］．山西煤炭，2000，20（2）：24~26.

[3] 任建峰．大采高工作面过空巷时的支承压力分布规律数值模拟［J］．山西煤炭，2009，29（3）：17~19.

[4] 柏建彪，侯朝炯．空巷顶板稳定性原理及支护技术研究［J］．煤炭学报，2005，30（1）：8~11.

[5] 冯来荣，梁志俊．注浆加固技术在综采面过空巷中的应用［J］．煤矿开采，2009，14（1）：67~68.

[6] 白晓生．新柳煤矿大断面切巷过空巷技术研究［J］．煤炭工程，2010（5）：35~37.

[7] 郭金刚．综采放顶煤工作面高冒空巷充填技术［J］．中国矿业大学学报，2002，31（6）：626~629.

[8] 张天军．富含瓦斯煤岩体采掘失稳非线性力学机理研究［D］．西安：西安科技大学，2009.

[9] 钱鸣高，缪协兴，何富连．采场"砌体梁"结构的关键块分析［J］．煤炭学报，1994，19（6）：557~563.

综放工作面液压支架支护强度
的弹性力学计算分析

袁友桃，孙波，朱梦楠，解丰华

（中国矿业大学（北京）资源与安全工程学院，北京　100083）

摘　要： 液压支架的选型是应用回采工作面液压支架支护技术的关键，以布尔台42013放顶煤工作面液压支架选型为背景，分析工作面后方采空区岩层结构与综采放顶煤工作面液压支架-围岩关系。基于力矩平衡关系，建立工作面支护强度力学模型；采用基本顶位态方程对工作面变形进行预计，通过降低煤体弹性模量运用弹性力学计算工煤壁的承载力及液压支架合理工作阻力，从而进行综放工作面液压支架的选型。研究结果对综放工作面液压支架选型具有参考意义。

关键词： 采矿工程；液压支架选型；综采放顶煤工作面

液压支架是综采工作面内对顶板进行支撑的装置，其具有支护顶板、隔离采空区防止矸石进入回采空间、推移输送机等作用，能够有效确保回采空间的安全。工作面液压支架合理支护强度的确定，是液压支架的选型以及应用液压支架进行工作面顶板支护技术的关键。对于工作面液压支架支护而言，若所选支架强度过大，容易造成资源浪费，增加井下运输成本；若所选支架强度偏小，极易发生挤架或者压架事故，如山东某矿因所选液压支架支护强度偏小，造成支架不能推移不得不将其升井[1~5]。

目前，我国液压支架支护强度的确定主要方法有基于顶板结构进行分析的估算法、基于顶板类型的支架强度的计算方法、基于现场实测数据进行回归计算的回归公式计算法、基于支架与围岩的相互作用关系进行数值模拟的计算方法等。

本文以布尔台42103工作面液压支架选型为背景，在分析综放面岩层结构及工作面液压支架-围岩关系的基础上，建立确定工作面液压支架合理支护强度力学模型，并成功应用于实践，以期为工作面液压支架支护理论的完善提供一定的基础。

1　综采面岩层结构分析

1.1　综采采场上覆岩层结构特征

对于综采面，自开切眼开始推进一个初次来压步距时，基本顶产生"O"型断裂。首先，在基本顶的中央及两长边形成相对平行的断裂线1和2，随后在两短边处形成断裂线3。断裂线2和3相互贯通，最后，基本顶岩层沿断裂线2和3回转，形成断裂线4，分别出现了4个结构块Ⅰ、Ⅰ、Ⅱ、Ⅱ。此后，基本顶形成了悬臂顶板，随后当工作面再向前推进一个周期来压步距时，基本顶会再一次发生破断，长边形成断裂线2，短边形成断裂线5，此时会出现新的结构块Ⅲ。随着综采工作面继续向前推进，基本顶将会产生周期性的破断，一次出现断裂线2、5，基本顶绕着周边断裂线回转形成周期性的垮落，如图1所示。

将采场上方岩层断裂后形成的结构特征及断裂线形状特征作为一体系，成为采场覆岩空间结构[6]。

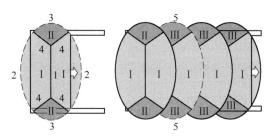

图1 基本顶初次破断与周期破断

1.2 首采面上覆岩层结构特征

综采面上覆岩层结构特征是确定综采工作面液压支架合理支护强度的基础。布尔台矿井首采面割煤高度3.7m，随着煤层采出直接顶跨落后基本充满采空区，基本顶则形成外表似梁实质是拱的裂隙体梁的平衡关系，如图2所示。

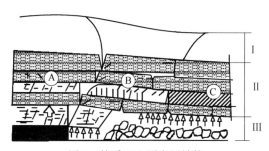

图2 综采面上覆岩层结构

2 综采面液压支架-围岩关系

液压支架的作用是协助实体煤一起控制工作面顶板下沉。支架、实体煤一起作为承载体与直接顶及基本顶岩层组成的载荷体相互作用。基本顶岩层回转角与液压支架的支护强度有关。支架强度越大，基本顶岩层的下沉量越小，其回转角越小，工作面实体煤变形量越小。可见，在"承载体-荷载体"相互关系中，液压支架作为承载的主体控制着顶板的下沉。因此，可以将工作面液压支架-围岩关系概述为承载体-荷载体相互作用关系。

承载体-荷载体相互作用关系是工作面液压支架选型的依据。液压支架选型的步骤为：

（1）基于力矩平衡关系，建立力学模型；

（2）基于围岩变形控制要求，利用位态方程反推岩层回转角；

（3）建立工作面实体煤受力模型，计算煤壁支撑力；

（4）计算液压支架支护响度，进行选型。

3 综采工作面液压支架合理支护强度的确定

3.1 工程概况

42103综放工作面最小煤层平均煤厚度3.23m，最大煤层平均煤厚度6.70m，倾角1°~3°，工作面沿煤层走向推进，沿煤层底板回采，采高一般控制在3.5~3.7m，遇地质条件变化时，适当调整。采用走向长壁后退式综合机械化放顶煤采煤方法开采，全部垮落法管理顶板。工作面平均煤厚6.7m，采高3.7m，平均放煤高度3.0m，采放比为1：0.811。

顶底板特征：根据以往资料，42103综放工作面煤层上覆松散层厚3.2~34.82m，与22煤层间距35~77m，煤层底板的最低处在切眼附近，标高为926.0m，煤层底板高程由切眼向回撤通道方向逐渐变高，在回撤通道附近煤层底板标高为1002.2m，回采总体呈正坡推进。

工作面老顶为粉砂岩，平均厚度9.35m；直接顶为泥岩，平均厚度4.75m。结合地质条件和以往开采经验，工作面顶板管理采用全部垮落法管理，采用支撑掩护式液压支架支撑工作面顶板。其中42103

综放面煤层顶底板特征、区段综合柱状图如图3所示。

柱状	煤层	累深/m	层厚/m	岩石名称及岩性描述
		321.02	$\dfrac{1.50\sim25.32}{11.79}$	砂质泥岩:灰色-深灰色,波状层理,断口平坦状及参差状,含丰富植物化石碎片,夹泥岩薄层
	22	324.14	$\dfrac{2.51\sim3.83}{3.12}$	煤:黑色,黑褐色条痕,弱沥青光泽,参差状断口,以脆煤亮煤为主
		329.44	$\dfrac{2.17\sim12.94}{5.30}$	砂质泥岩:灰色,见波状及脉状层理,断口平坦,含植化碎片,局部含煤屑
	22下	330.07	$\dfrac{0.15\sim1.48}{0.63}$	煤:黑色,条带状结构,层状构造,参差状断口,暗淡光泽,夹亮煤条带,含植化石
		338.39	$\dfrac{2.93\sim13.13}{8.32}$	细粒砂岩:灰白色,均匀层理,波状层理,填隙物为泥质,底部含少量不完整植化石
		353.40	$\dfrac{5.15\sim21.25}{15.01}$	砂质泥岩:灰色,参差状断口,泥质结构
		371.42	$\dfrac{9.30\sim32.35}{18.02}$	细粒砂岩:灰白色,以石英长石为主,含云母碎片及煤屑,见均匀层理及平行层理,泥质填隙
		385.95	$\dfrac{5.21\sim22.14}{14.53}$	砂质泥岩:深灰色,中厚层状,泥质结构,参差状断口,含不完整植物化石
	31 42上	391.97	$\dfrac{3.23\sim7.60}{6.02}$	煤:黑色,黑褐色条痕,弱沥青光泽,参差状断口,以脆煤亮煤为主,含少量黄铁矿结核
		423.30	$\dfrac{6.34\sim17.32}{10.79}$	砂质泥岩:深灰色,水平层理,波状层理,断口平坦,含植物化石碎片

图3　42103综放工作面区段综合柱状图

3.2　力学模型

基于力矩平衡关系,且不考虑岩块之间的铰接关系,建立综采工作面液压支架支护强度计算的力学模型,如图4所示。AB为顶板岩层触矸线,点O为顶板岩层力矩作用点;θ为顶板岩层回转角;H为综采面割煤厚度;M为直接顶岩层厚度;B为基本顶岩层厚度;a为液压支架控制顶板的宽度;s为工作面实体侧煤柱宽度;R为工作面液压支架对顶板提供的支撑力;R_1为工作面实体侧煤柱对顶板的支撑力。

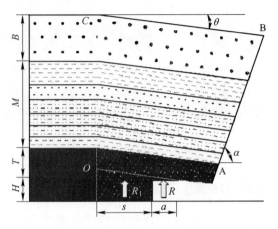

图4　力学模型

根据力矩平衡的关系,有

$$M_T + M_B = M_R + M_{R1} \qquad (1)$$

式中,M_T、M_B分别为直接顶与基本顶产生的力矩;M_R、M_{R1}分别为液压支架、实体侧煤壁产生的力矩。根据图4中几何关系有

$$M_R = R\,(s + a/2)\,,\ M_{R1} = R_1 s/2 \qquad (2)$$

$$M_T = \frac{(l_{T1} + l_{T2})^2 T}{8}\rho_T g \qquad (3)$$

$$M_B = \frac{(l_{B1} + l_{B2})^2 T}{8}\rho_B g \qquad (4)$$

$$M_Z = \frac{\rho_i g}{8}\sum_{i=1}^{n}(l_i + l_{i+1})^2 M_i \qquad (5)$$

其中

$$l_{T1} = D/\cos\theta$$

$$D = s + a$$

$$l_{T2} = l_{T1} + T\tan(90° - \alpha - \theta)$$

$$l_{i+1} = l_i + M_i\tan(90° - a - \theta)$$

$$l_{B1} = l_{T1} + (T + M)\tan(90° - \alpha - \theta)$$

$$l_{B2} = l_{B1} + B\tan(90° - \alpha - \theta)$$

式中,ρ_B为基本顶的密度;n为直接顶岩层的层数;M_i为直接顶岩层当中第i层岩层的厚度;ρ_i为直接顶岩层当中第i层岩层的密度;g为重力加速度。

3.3　合理支护强度的确定

3.3.1　岩层回转角 θ 的确定

岩层回转角 θ 与工作面顶底板允许变形量有关。假设老顶岩层在工作面后采空区内触矸点处的下沉量为 E、在工作面实体煤以里断裂距为 s'，工作面顶底板高度为 b，老顶顶板悬跨长度为 $2C$，其中 C 为周期来压步距。隐去直接顶，建立围岩变形预计模型如图 5 所示。

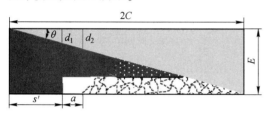

图 5　采空区围岩变形预计模型

根据图 5 中集合关系，有

$$d_1 = s\tan\theta, \quad d_2 = (s+a)\tan\theta \quad (6)$$

假定工作面围岩变形来自煤层厚度变化及扩容，如图 6 所示，则有

$$S_C = kS_A, \quad S_D = kS_B \quad (7)$$

式中，S_A、S_B、S_C、S_D 分别为图 6 中 A、B、C、D 区的面积；k 为煤体扩容系数。

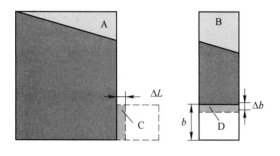

图 6　围岩变形量计算模型

根据图 6 中几何关系有

$$\begin{cases} S_A = d_1 s/2 \\ S_B = (d_1 + d_2)a/2 \\ S_C = \Delta Lb \\ S_D = \Delta ba \end{cases} \quad (8)$$

由式（5）~式（7）得

$$\Delta L = \frac{ks^2\tan\theta}{2b} \quad (9)$$

$$\Delta b = \frac{k(2s+a)\tan\theta}{2} \quad (10)$$

使用液压支架支撑工作面顶板时，应避免工作面煤壁扩容量过大造成挤架。因此，工作面煤壁扩容量 ΔL 应该满足

$$\Delta L \leqslant a - h \quad (11)$$

式中，h 为支架宽度。

由式（10）可得

$$\theta \leqslant \arctan\frac{2b(a-h)}{ks^2} \quad (12)$$

根据宋振骐[7]的研究 $D = C$，因此 $s = c - a$。

3.3.2　工作面煤壁支撑力计算

由于老顶的刚度大于工作面煤壁和直接顶的刚度，所以认为，工作面煤壁上边界施加给定变形的边界，下边界可认作为固定边界；煤壁内一定距离可认为固定边界；作用于工作面煤壁的支撑阻力为 p。建立工作面煤壁力学模型如图 7 所示。

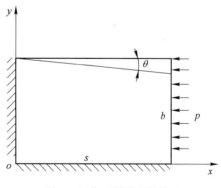

图 7　工作面煤壁力学模型

将该问题为平面应变问题处理，在平面应变问题中，用位移分量表示的形变势能 U 表达式[8]为

$$U = \frac{E}{2(1+\mu)}\iint\left[\frac{\mu}{1-2\mu}\left(\frac{\partial\mu}{\partial x}+\frac{\partial v}{\partial y}\right)^2+\right.$$
$$\left.\left(\frac{\partial u}{\partial x}\right)^2+\left(\frac{\partial v}{\partial y}\right)^2+\frac{1}{2}\left(\frac{\partial v}{\partial x}+\frac{\partial u}{\partial y}\right)^2\right]\mathrm{d}x\mathrm{d}y$$
$$(13)$$

式中，E 为煤体的弹性模量；μ 为煤体的泊松比。

如果弹性体的位移分量 u 与 v 发生了边界条件所允许的微小的变化 δu 与 δv，则拉格朗日位移变分方程为

$$\partial U = \iint (X\partial u + Y\partial v)\,\mathrm{d}x\mathrm{d}y + \int (\overline{X}\partial u + \overline{Y}\partial v)\,\mathrm{d}s \tag{14}$$

式中，X、Y 为体力分量；$\overline{X}$、$\overline{Y}$ 为面力分量。

设位移分量 u、v 为

$$\begin{cases} u = u_0 + \sum_m A_m u_m \\ v = v_0 + \sum_m B_m v_m \end{cases} \tag{15}$$

式中，A_m、B_m 为待定的系数；u_0、v_0 为设定的满足边界条件的位移函数；u_m、v_m 为在边界上等于 0 的函数。

将式（14）代入式（13）可得

$$\begin{cases} \dfrac{\partial U}{\partial A_m} = \iint Xu_m\,\mathrm{d}x\mathrm{d}y + \int \overline{X}u_m\,\mathrm{d}s \\ \dfrac{\partial U}{\partial B_m} = \iint Yv_m\,\mathrm{d}x\mathrm{d}y + \int \overline{Y}v_m\,\mathrm{d}s \end{cases} \tag{16}$$

根据工作面煤壁力学模型设定边界条件：

（1）体力分量（不计体力）：$X = 0$，$Y = 0$。

（2）面力边界条件：$x = s$ 时，$\overline{X} = 0$，$\overline{Y} = 0$。

（3）位移边界条件：$x = 0$ 时，$u = v = 0$；$y = 0$ 时，$u = v = 0$；$y = b$ 时，$v = -x\tan\theta$。

采用位移变分法求解，设位移分量表达式

$$\begin{cases} u = A_2 \dfrac{x}{s}\dfrac{y}{b} \\ v = -x\dfrac{y}{b}\tan\theta + B_2\dfrac{x}{s}\dfrac{y}{b}\left(1 - \dfrac{y}{b}\right) \end{cases} \tag{17}$$

式中，A_2、B_2 均为待定系数。

由式（15）及该问题的边界条件得

$$\begin{cases} \dfrac{\partial U}{\partial A_2} = 0 \\ \dfrac{\partial U}{\partial B_2} = 0 \end{cases} \tag{18}$$

将式（16）代入式（12），并分别对待定系数 A_2、B_2 求导可得

$$\begin{cases} \dfrac{\partial U}{\partial A_2} = \dfrac{E}{2(1+\mu)}\left[\dfrac{\mu}{1-2\mu}\left(\dfrac{2bA_2}{3s} - \dfrac{s\tan\theta}{2} - \dfrac{B_2}{6} \right) + \dfrac{2bA_2}{3s} + \dfrac{sA_2}{3b} - \dfrac{s\tan\theta}{4} + \dfrac{B_2}{12} \right] \\ \dfrac{\partial U}{\partial B_2} = \dfrac{E}{2(1+\mu)}\left[\dfrac{u}{1-2\mu}\left(\dfrac{2sB_2}{9b} - \dfrac{A_2}{6} \right) + \dfrac{2sB_2}{9b} + \dfrac{bB_2}{30s} - \dfrac{b\tan\theta}{12} + \dfrac{A_2}{12} \right] \end{cases} \tag{19}$$

联立式（18）、式（19）可得到 A_2、B_2 表达式，将其代入式（17），可得位移分量表达式。

根据弹性力学，工作面煤壁上任意一点的垂直应力为

$$\sigma_y = \dfrac{E}{1+\mu}\left[\dfrac{\mu}{1-2\mu}\left(\dfrac{\partial u}{\partial x} + \dfrac{\partial v}{\partial y} \right) + \dfrac{\partial v}{\partial y} \right] \tag{20}$$

再将位移分量的表达式代入式（19），可得工作面煤壁上任意一点的垂直应力计算公式。取工作面煤壁上平均垂直应力为

$$\overline{\sigma_s} = (\sigma_{y|x=0,\,y=b} + \sigma_{y|x=s,\,y=b})/2 \tag{21}$$

则工作面煤壁的支撑力 R_2 为

$$R_2 = \overline{\sigma_s} = s(\sigma_{y|x=0,\,y=b} + \sigma_{y|x=s,\,y=b})/2 \tag{22}$$

3.3.3　工作面液压支架合理支护强度的计算

首采面实际采高随地质条件变化在 3.5~3.7m 区间变化，工作面平均煤厚 6.7m，采高 3.7m，平均放煤高度 3.0m，采放比为 1∶0.811，考虑不可预见的因素，取采高为 4m。直接顶岩层厚度为 5m，基本

顶厚度为10m。再根据布尔台矿42103工作面的岩层赋存条件以及开采相关条件，取 $T=3m$, $M=5m$, $B=10m$, $\alpha=72°$, $b=4m$, $s=7m$, $a=6m$, $P=0$, $\mu=0.3$, $k=1.6$, $E=18MPa$，需要说明的是由于工作面后方为采空区，工作面煤壁煤体已经屈服，应认为是塑性力学问题，而本文通过降低煤体的弹性模量，将其转化为弹性力学问题来进行近似求解。

$\rho_T=2800kg/m^3$, $\rho_B=1440kg/m^3$。取液压支架长度 $h=5m$，则由式（11）得到岩层回转角 $\theta\leqslant5.8°$，取 $5.8°$。

将上述具体数据代入式（3）~式（5）、式（17）~式（22）可得 $M_T=8.53×10^6N\cdot m$, $M_Z=14.24×10^6N\cdot m$, $M_B=5.28×10^6N\cdot m$, $R_1=3.67×10^6N\cdot m$。将计算结果代入式（1）、式（2）可得 $R=6.65×10^3kN$。根据支架长度为5m，得合理支护强度为1.33MPa。

基于上述计算结果，布尔台42103工作面支护选用ZFY12500/25/39D液压支架。所选液压支架具体参数为：支撑高度为2500~3900mm，工作阻力位12500kN，支护强度为1.35MPa。

4 结论

（1）支护方式与支护阻力是对顶板进行支护的主要因素，并且回采工作面是生产与安防设备的重要区域，为保证该区域的安全，因此采用液压支架进行顶板支护。

（2）针对布尔台煤矿的实际情况，本文采用弹性力学方法，计算得出保障综放面在回采过程中稳定的支架最小支护强度为1.33MPa，最终确定42103综采放顶煤工作面采用设计支护强度为1.35MPa的ZFY12500/25/39D型液压支架进行顶板支护是合理的。

参 考 文 献

[1] 董继先，郭媛，马安强．综采液压支架发展回顾与前瞻［J］．煤矿机械，2004，12：1~2.

[2] 张健东．自移式超前支架应用及分析［J］．煤炭科学技术，2013，41：136~137.

[3] 薛挺．综放工作面液压支架合理支护强度研究［J］．中州煤炭，2015（11）：67~70，74.

[4] 邓金亮．综放工作面液压支架选型分析［J］．山东煤炭科技，2013（4）：26~27.

[5] 王广帅，蔡秀凡，李洪彪．超长综放工作面液压支架适应性分析［J］．山东煤炭科技，2013（1）：116~118.

[6] 姜福兴，张兴民，杨淑华，等．长壁采场覆岩空间结构探讨［J］．岩石力学与工程学报，2006（5）：979~984.

[7] 宋振骐．实用矿山压力与控制［M］．北京：中国矿业大学出版社，1988：94~95.

[8] 徐芝纶．弹性力学［M］．北京：高等教育出版社，1990：354~355.

大断面巷道交叉点锚网索联合支护技术

鲁永祥

（神东煤炭集团有限责任公司布尔台煤矿，内蒙古鄂尔多斯 017209）

摘 要： 大断面巷道支护技术的发展取得了长足的进步，但是在大型综放面开切眼与顺槽巷道连接的交叉点处由于巷道顶板悬空面积增大，给围岩控制带来了安全与技术难题。针对神东集团布尔台煤矿的现场生产地质条件，详细分析交叉点处原有支护设计方案存在的问题并提出支护方案的改进方向，然后在原有开切眼和顺槽支护设计方案的基础上提出了保护交叉点处顶板安全的新联合支护对策，在现场应用的结果表明新方案取得了安全高效的效果。

关键词： 厚煤层；大断面；锚索支护

随着煤矿企业集约化生产，越来越多的宽度超过 9.0m 以上的特大断面巷道得到应用，在此期间，与其相对应的巷道支护技术也得到了快速发展，主要有全断面锚杆索支护技术，桁架锚索联合控制技术和锚杆索与工字钢棚联合支护技术等，与之相配套的锚杆锚索支护材料和支护工艺等也得到了开发和应用，这些技术对于提高巷道稳定性和安全性发挥了重要作用。但是在特大断面开切眼与顺槽巷道的交叉点处，存在顶板无煤体承载区域面积大、巷道顶板下沉量大和支护方式缺乏针对性等围岩控制难题，而且由于此类区域范围较小，具有针对性的研究还不多见。

本文在分析神东煤炭集团有限责任公司布尔台煤矿 42105 综放面开切眼与运输平巷交叉点处的地质和生产条件的基础上，对原有支护技术对巷道顶板控制的适应性以及控制策略和手段等方面开展研究并取得良好效果。

1 现场工程条件

布尔台煤矿 42105 综放工作面位于 42 煤层一盘区，工作面按煤层倾斜方向布置，倾斜长度为 230m，走向回采长度 5231.1m。煤层为 31 煤与 42 煤复合区，煤层煤厚 5.9～7.3m，平均 6.7m。42 煤顶底板特征表见表 1。

表 1 42 煤顶底板特征表

顶、底板类型		岩石名称	厚度/m	岩性特征
煤层顶底板情况	老 顶	细粒砂岩	$\frac{15\sim38}{25}$	灰白色，粒状结构，巨厚层状，泥质胶结，以石英长石为主，分选性好，磨圆度中，硬度中
	直接顶	砂质泥岩	$\frac{6\sim15}{10}$	灰色，泥质结构，层状构造，水纹层理，断口较平坦，含粉砂质，与煤层过渡接触，硬度中
	直接底	砂质泥岩	$\frac{12\sim14}{13}$	灰色，半坚硬，参差状断口，泥质结构，水平层理

作者简介：鲁永祥（1989—），内蒙古鄂尔多斯市人，毕业于中国矿业大学（北京），助理工程师，一直从事煤矿采掘设计及施工管理工作。

由于本综采面属于大型设备，需要有大型的开切眼与之相适应，设计42105胶带平巷宽度为5.6m，高度为3.9m，开切眼宽度为9.0m，高度为3.9m，在开切眼与胶带运输平巷的交叉点处还将设置端头支架架窝，架窝长×宽×高分别为10.0m、1.5m、3.9m，如此在回风平巷与开切眼的交叉点处将形成至少10.5m×5.6m = 5.8m² 的无煤体承载区，且向四个方向均有巷道通过，交叉点处巷道布置图，见图1所示，此区域为设备安装的通行必经之地，其面积大，承载体少，支护全靠锚杆锚索，是42105综放面巷道控制最困难的区域。

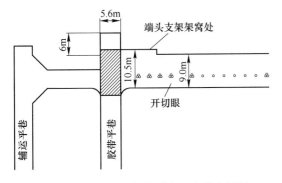

图1　42105开切眼与巷道交叉点处布置图

2　无煤体承载区域支护存在的问题与支护改进方向

通过对现场地质条件和生产条件的调研和国内外支护成果的检索，发现在42105综放面开切眼与胶带运输平巷的交叉点处巷道支护存在如下问题：

（1）胶带平巷和开切眼断面面积大，形成的顶板无煤体支护区域面积超大，在顶板压力的作用下，板结构下沉量大，控制难度高。

（2）交叉点处四个角部承载围岩煤体，地质资料显示，本区域为42煤和31煤的合层区，煤体性质差别大，脆性强，造成围岩承载力低。

（3）本工作面为综放开采，巷道沿底板掘进，交叉点处顶板有将近3m的煤顶，煤体顶板强度低，切夹矸多，造成巷道支护难度大。

（4）本区域为大型巷道交叉区域，在弯角煤体承载区承载力大，而且由于巷道高度大，煤壁片帮可能性大，因此，此区域易于出现剪切应力集中，造成承载区域的剪切破坏。

（5）由于设备从回风平巷开始安装，因此，本区域为设备安装的最后区域，巷道空顶时间长，巷道变形可能性大。

（6）原有设计支护方式沿用巷道和开切眼支护方案，没有在本区域进行加固设计，因此安全性系数低。

通过以上分析可知，42105综放面开切眼与胶带运输平巷的交叉点处巷道围岩控制面临着无煤体承载区面积大，围岩强度低、变形时间长和支护方案安全系数低等问题，迫切需要进行支护加固设计。巷道加固设计的主要方向应该针对以上可能存在问题进行有针对性的改进：

（1）巷道顶板无煤体承载区范围内要充分利用锚索的支护作用，在区域内补打锚索以增加顶板浅部顶煤的稳定性。

（2）在交叉点帮角处的有煤体承载处，要对承载煤体的煤壁施加特殊的加固和维护，以保障此应力集中区的稳定性，防止因出现片帮而造成煤柱失稳。

（3）在交叉点帮角处的顶板内，由于转弯而造成的空顶区增加，不但需要锚杆及时支护，而且在此区域应该及时补打锚索加强支护。

（4）原有支护设计中，开切眼顶板锚杆选用直径18mm、长度1800mm的圆钢锚杆，而运输平巷内选用的为直径22mm、长度2200mm的左旋螺纹钢锚杆，在交叉点处出现不同直径和不同长度的锚杆交界区域，如此则会形成支护强度的差异区，容易发生不协调变形，应该在此区域将锚杆统一换成直径 22mm、长度 2200mm 的左旋螺纹钢锚杆以达到支护同质化。

3　开切眼与运输巷交叉点处方案设计

3.1　设计方案的改进点

根据上节开切眼与运输巷交叉点处支护改进方向的分析可以制定如下方案设计的改进点。

（1）将切眼与运输巷交叉点拐弯处的直角转角改成圆角转角，以防止应力集中对煤壁作用导致煤体塑性变形、承载力降低和失稳破坏，具体来说是将两个转角分别设计为直径 4.0m 的圆角设计。

（2）在交叉点处采用圆角设计后，顶板空顶范围进一步增加，此时应该在拐弯处增加设计锚索支护，以减小空顶范围。具体设计为拐弯处顶板空顶区增加一组三根锚索支护，三根锚索用 π 型钢带连接，间距为 2100mm，中间锚索距离转弯煤壁距离不超过 500mm。

（3）在巷道帮部设计方面，由于巷道高度大，设计在巷道帮部增加一排帮锚杆，同时合理调整帮锚杆间距。具体来说，巷道帮部设计锚杆为五根，最上部锚杆距离顶板距离为 250mm，锚杆间距为 800mm，两帮设计间排距一样。

（4）由于本处为端头支架架窝，因此切眼部分跨度为 10500mm，比切眼设计宽度增加 1500mm，在顶板设计中相应增加锚杆和锚索支护。其中顶板锚杆由每排 9 根增加到每排 11 根。锚索沿切眼轴向增加一排，间排距布置为排距为 2000mm，用 π 型钢带连接。

（5）在交叉点处的切眼范围内，采用增加锚索加强支护顶板。具体为在切眼开口前，运输巷顶板处增加一排六根锚索，锚索三根一组，每组内锚索间距为 2100mm，两组锚索间 700mm；开口后，按照相同间距在切眼内继续布置四排锚索，排距为 1000mm。

3.2　交叉点处详细设计方案

布尔台矿 42105 综采面开切眼与运输平巷交叉点处支护方案采用锚杆索联合支护技术总体设计，在原有开切眼支护方案和运输平巷支护方案的基础上，采用开切拐弯处圆角设计，巷帮加强支护，顶板补打锚索的补强方案，最终设计出完整的支护设计方案。

从运输平巷往开切眼方向的设计方案剖面图见图 2，交叉点处顶板支护的平面图见图 3。

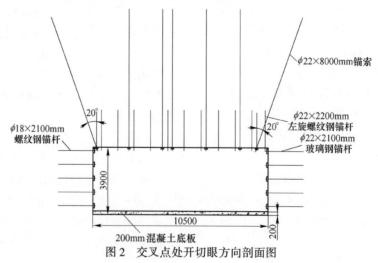

图 2　交叉点处开切眼方向剖面图

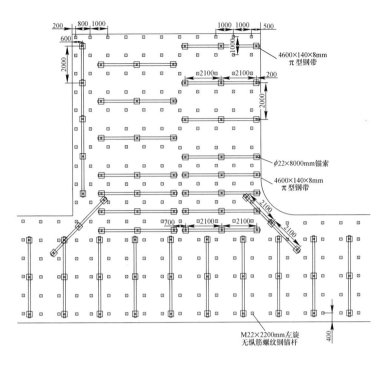

图 3　交叉点处支护设计平面图

在交叉点处顶板锚杆设计选用直径 22mm，长度为 2200mm 的左旋螺纹钢锚杆，每根锚杆配合一根直径 23mm，长度 600mm 的树脂锚固剂，锚杆间距和排距均为 1000mm，预紧力设计为 200N·m。

顶板锚索设计选用直径 22mm，长度为 8000mm 的 7 丝钢绞线，每根钢绞线配合三根直径 23mm，长度 600mm 的树脂锚固剂使用，在顶板加强支护区沿切眼断面方向每排布置 2 组 6 根，每组三根，组内锚索间距为 2100mm，两组锚索间距为 700mm，共布置锚索四排。在巷道拐弯处顶板锚索加强支护分别设计一组三根，锚索规格与加强支护区相同，要求中间锚索距离巷帮小于 500mm。每组锚索配合一根长度为 4600mm 的 π 型钢梁使用，锚索预紧力设计不低于 150kN。

巷帮支护分靠采空区侧永久支护和靠工作面处临时支护两种。在靠采空区侧，锚杆选用直径 18mm，长度 2100mm 的左旋螺纹钢锚杆 5 根，每根锚杆配合一根直径

23mm 长度 600mm 的树脂锚固剂使用；最上位锚杆距离顶板 250mm，五根锚杆间距均为 800mm，最下位锚杆距离底板距离为 450mm，锚杆预紧力设计不低于 150N·m。在靠工作面侧煤帮锚杆选用直径 22mm，长度 2100mm 的玻璃钢锚杆，锚杆间排距布置方式与永久支护侧相同，锚杆预紧力设计不低于 150N·m。

4　现场实施与矿压观测

42105 综采面开切眼与运输平巷交叉点处方案设计完成后，针对现场情况设计了相应的现场施工技术措施和安全注意事项，并在现场进行实施，本次实施分两次成型，导硐设计断面为宽度 5000mm，高度 3900mm，剩余部分二次扩刷完成。

施工完成后对巷道顶板下沉量进行观测，接近三个月的观测结果见图 4，矿压观测数据表明，在开切眼与运输巷交叉点处施工完成后到开切眼完成安装的 5 个月时

间内，巷道顶板下沉量最大为 216mm，满足了服务期内的安全控制需要。

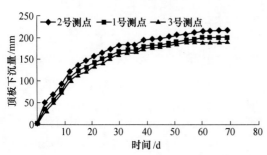

图4　开切眼与交叉点处顶板下沉量观测图

5　结论

特大断面开切眼与运输巷道的交叉点处由于无煤体承载区域面积大，变形量大等难点，需要设计专门补强支护，通过分析现场存在的问题，提出了加强煤帮支护和顶板支护的双重补强支护方案，其中，特别要针对交叉点内偏向开切眼一侧实施具有针对性的锚索支护，设计出了相应的支护设计方案，现场实施结果表明，本联合支护技术取得了良好的效果。

参 考 文 献

[1] 孟益平，祝金龙，郭家标. 复杂条件下交叉点巷道支护技术研究 [J]. 地下空间与工程学报，2015 (S2)：585～590.

[2] 赵瑞平. 大断面煤层巷道交叉点支护技术研究 [J]. 煤炭与化工，2014 (12)：54～55，61.

[3] 严红，何富连，王思贵. 特大断面巷道软弱厚煤层顶板控制对策及安全评价 [J]. 岩石力学与工程学报，2014 (05)：1014～1023.

[4] 武立文. 大采高特大断面开切眼一次成巷技术 [J]. 煤矿开采，2012 (06)：65～68.

[5] 杨永康，康天合，柴肇云，高鲁，王东. 层状碎裂围岩特大断面换装硐室施工性态及稳定性分析 [J]. 岩石力学与工程学报，2010 (11)：2293～2303.

[6] 王景义，孙亮. 锚索二次支护技术在大巷交叉点中的应用 [J]. 煤炭工程，2010 (09)：37～39.

[7] 韩贵雷，贾玉琴. 大断面巷道交叉点破坏机理分析及支护研究 [J]. 矿业研究与开发，2009 (04)：27～30.

[8] 何满潮，李国峰，刘哲，蔡健. 兴安矿深部软岩巷道交叉点支护技术 [J]. 采矿与安全工程学报，2007 (02)：127～131.

近距离下煤层顶板控制技术选择与工艺

李政，解广瑞，彭潇，孟祥超

（中国矿业大学（北京）资源与安全工程学院，北京 100083）

摘　要：我国近距离煤层群分布广泛，近距离煤层的开采与单一煤层开采相比，其矿压显现规律、顶板覆岩运动特征都有显著区别。当两煤层间距较小时，上煤层开采形成的采空区必然会对下煤层工作面造成显著影响，导致下煤层工作面顶板管理困难，矿压显现规律异常。本文以乌达矿区五虎山煤矿 10 号煤层为主要研究对象，通过查阅文献、建立力学模型等进行分析，得出煤层顶板有效控制受煤层间距、顶板破碎等因素的影响。通过研究破碎顶板研究的现状和比较不同技术之间的优缺点，选择马丽散注浆加固，并制定施工工艺。

关键词：近距离煤层；破碎顶板；顶板力学模型；马丽散注浆加固

我国近距离煤层群分布广泛，煤层间距最小甚至只有零点几米。随着开采强度的加大，越来越多的煤矿开始开采下部煤层，随之遇到了难以解决的难题[1~3]。其一，当相邻两煤层间距较小时，上部煤层开采形成的采空区必然会对下煤层工作面造成显著影响，导致下煤层工作面顶板管理困难，矿压显现规律异常；其二，上部煤层的多次采动使得其底板多为裂隙块体结构，而且上部的遗留煤柱在底板容易形成集中压力，破坏原岩应力状态，使得底板应力重新分布，使得下部煤层的顶板完整性受到影响[4~6]。本文以研究虎山煤矿 1001 综采工作面为工程背景，通过对近距离下煤层顶板的分析，提出马丽散注浆加固的方法来进行顶板加固，取得了显著的效益。

1　工程背景

1001 工作面所采煤层为 10 号煤层，煤层为近水平煤层，厚度 0.89 ~ 3.84m，平均为 2.00m，煤层厚度变化无显著规律、结构简单；仅局部含 1~2 层夹矸。10 号煤层直接顶为砂质泥岩，平均厚 2m，上部就是 9 号煤

层采空区。上部 9 号煤层平均厚度为 3.14m，煤层平均倾角 7°，该煤层稳定，结构简单，夹矸 1-2 层，煤层顶板直接顶为灰色和黑色砂质黏土泥岩，局部含有粉砂岩，平均厚度为 3.5m，基本顶为细砂岩，平均厚度为 4.8m，煤层直接底为砂质泥岩，厚度不均匀，平均厚度为 2.0m。如图 1 所示。

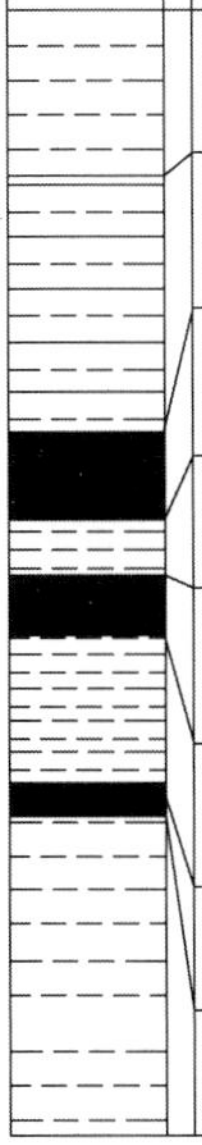

柱状	岩石名称	厚度	岩性特征
	中砂岩	3.23~7.61 / 6.0	以粉砂岩，细砂岩为主，顶部有一层薄煤，可为8号，9号煤层之间的一辅助标志层
	泥岩	5.14~13.19 / 9.4	一般为灰色，中夹有黄褐色薄层钙质砂岩和铁质结核
	9号煤	1.19~4.61 / 3.2	9号煤层结构简单，裂隙较发育，属较稳定煤层，平均厚度3.2m
	炭质泥岩	0.45~5.02 / 2.0	以灰黑色炭质泥岩为主，以胶结疏松、分选磨圆差、局部含砾和云母含量较多为主要特征
	10号煤	2.03~2.56 / 2.2	10号煤层结构简单，裂隙较发育，平均厚度2.2m，煤层走向近南北，倾向近东西
	粉砂岩	2.39~6.63 / 5.4	以粉砂岩，细砂岩为主，顶部有一层薄煤，细砂岩一般为灰色，中夹有黄褐色薄层钙质砂岩和铁质结核
	11号煤	0.11~1.15 / 0.8	11号煤层，煤层走向近南北，倾向近东西
	中砂岩	7.92~12.49 / 10.9	中粒砂岩:灰白-白色在区内，由北向南颗粒变细以南渐被粉砂岩代替

图 1　煤层综合柱状图

2　顶板稳定性分析

近距离下煤层顶板的有效控制会受到煤层间距的直接影响。下面通过对 10 号煤层顶板的力学分析和数值模拟，来分析以上因素对顶板控制的影响。图 2 所示为 1001 工作面开切眼布置图，由图可知，随采空时间的延长，采空区内垮落岩体会逐步被压密，并恢复开采前的垂直应力，老顶岩梁也趋于稳定。

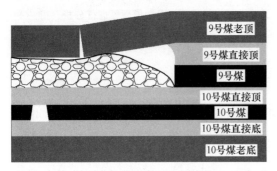

图 2　1001 工作面开切眼布置图

建立 1001 综采面采空条件下顶板受力的空间力学模型如图 3 所示。

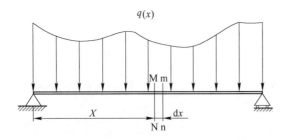

图 3　顶板力学模型

对顶板进行受力分析[7~9]，取截面 M—N，m—n，如图 3 所示梁中取出长为 dx 的一段，再以平行于中性层且距离中性层为 y 的一个平面从这段梁中截出一部分，如图 4 所示。随着离中性轴的距离 y 的增大，τ 逐渐减小。当 $y = h/2$ 时，此时取得最大弯曲正应力，且两者大小相等方向相反。

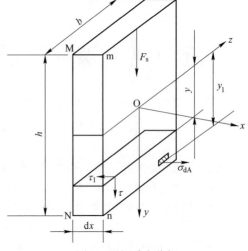

图 4　顶板受力分析

由力学知识可知

$$\frac{M_{\max,\,y}}{I_Z} = \frac{ql^2}{8} \times \frac{h}{2} \div \frac{bh^3}{12} = \frac{3ql^2}{4bh^2}$$

由上式可知，在其他条件不变时，梁的横截面所受的最大弯曲正应力与顶板厚度的平方成反比，即顶板厚度越薄，则顶板下端部所受的弯曲正应力越大，更容易发生断裂。由于实际生产中，10 号煤直接顶厚度平均厚度在 2m 左右，局部甚至在 0.5m 左右，则顶板更容易发生断裂。

煤层层间距大小对开采的影响程度存在显著影响，尤其是当煤层层间距过小，上层煤的采动会使底板的煤层和围岩更加破碎，显著影响下层煤的巷道支护和工作面的布置，下部煤层顶板结构与单一煤层开采时具有极大的不同，随采空时间的延长，采空区内垮落岩体会逐步被压密，并恢复开采前的垂直应力，使巷道的支护变得困难[10~13]。所以，注浆加固成为了破碎顶板控制的有效选择。

3　破碎顶板巷道围岩加固方法与选择

3.1　破碎顶板巷道围岩加固方法

目前，破碎围岩加固方法主要有水泥

类材料加固和化学类材料加固两类。

水泥类材料包括单液水泥类浆液，水泥黏土类浆液和水泥水玻璃类浆液三大类[14,15]。每一类材料的特点和性能如下：

（1）单液水泥类浆液是指以水泥为主，添加一定量的附加剂，用水调制而成，采用单液方式注入岩土层的浆液。单一水泥浆具有材料来源丰富、价格低廉、结石体强度高、抗渗性能好、注入方式单一、工艺简单、操作方便等优点。但是，由于水泥是颗粒性材料，可注性较差，难以注入中细砂、粉砂层和细小的裂隙岩层；且水泥浆存在凝固时间长、容易流失、造成浆液浪费等缺点。

（2）水泥黏土类浆液是指在单液水泥浆液内掺入黏土增加浆液的亲水性来提高浆液的稳定性的一种技术。黏土的粒径一般极小（0.005mm），而比表面积较大，遇水具有胶体化学特性。由于黏土的分散性高，亲水性好，因面浆液的沉淀析水性较小，稳定性大大提高。

（3）水泥—水玻璃浆液亦称 CS 浆液。它是以水泥和水玻璃为主剂，两者按一定的比例采用双液方式注入，必要时加入速凝剂或缓凝剂所组成的注浆材料。它的优点是浆液材料来源丰富，价格较低；对环境及地下水无毒性污染。但有 NaOH 碱溶出，对皮肤有腐蚀性；结石体易粉化，有碱溶出，化学结构不够稳定。

高分子化学加固材料——马丽散[16]是由两种组分组成（树脂和催化剂）的高分子化学产品，用于煤岩体的加固。产品的高度黏合力和良好的机械性能与煤岩体产生高度黏合，良好的柔韧性可以承受地层压力的长期作用，并且具有强抗渗性能、抗磨、抗冲击性能和抗老化性能，从而达到长久稳固煤岩体的目的。马丽散最大优点是能够发生膨胀，产生浆液在煤岩体裂隙中的二次渗透压力。

3.2　1001 工作面围岩加固技术的选择

针对于 1001 综采工作面的实际情况，顶板分布不均匀，预计最薄处只有 0.5m，而且顶板岩体节理裂隙发育，岩体块度小，易于发生失稳冒漏，所以要对顶板薄弱破碎区域进行加固，防止出现顶板破坏冒漏事故。因此，对顶板加固要满足以下几点：

（1）能将顶板岩体形成一个整体，使之能形成有效的结构，从而降低顶板的冒漏危险，实现巷道快速安全掘进。

（2）加固后岩体不但要具有完整性，而且还要具有一定的长期强度，保证在切眼服务期间不能发生破坏。

（3）加固技术易于掌握，加固施工工艺简单，易于推广。

由于普通水泥浆液类的材料结石体虽然抗压强度高，但其抗剪、抗拉强度低，黏结力差，具有腐蚀性，而且需要凝固时间长，在注浆期间浆液流失较多，浪费较为严重，操作工艺步骤多，不方便井下工人操作；而马丽散等化学材料固结体在抗压、抗剪、抗拉强度等方面均能满足现场的需要，而且其对岩石材料体具有较强的黏结性和渗透性，能在较短的时间内将破碎岩石体较快的固结在一起，形成统一的整体，操作工艺简单，对周边的作业环境要求低，适合大部分井下作业环境。结合上述几种材料的性能及用途作比较，故选用马丽散作为加固顶板的首选材料。

4　马丽散注浆工艺与参数

4.1　施工设备及材料参数

马丽散 N；气动注浆泵（ZQBS-8.4/12.5）；环向膨胀式封孔器（FKJ-38/5.5）；双枪注射混合枪；专用注浆管，注浆锚杆。其中，马丽散的性能参数如表 1、表 2 所示。

表1　马丽散N双组分浆液性能

序号	项目	浆液性能	
		树脂	催化剂
1	外观	无色透明液体	深棕色油状液体
2	浆液密度/g·cm⁻³	1.010~1.040	1.220~1.240
3	初始黏度/MPa·s	130~260	240~359
4	混合体积比	1	1
5	反应开始时间 (20℃)/s	65~90	65~90
6	反应结束时间 (20℃)/s	110~150	110~150

表2　马丽散N固化物性能

序号	项目	固化物性能
1	抗压强度/MPa	≥60
2	抗拉强度/MPa	≥35
3	拉伸剪切强度/MPa	≥12
4	黏结强度/MPa	≥4.5
5	膨胀倍数	≥1.2~2.5
6	反应温度/℃	≤140

4.2　注浆工艺图

注浆工艺如图5所示。

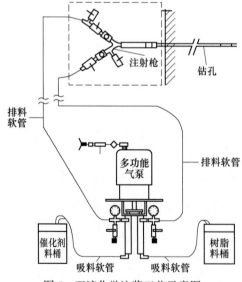

图5　双液化学注浆工艺示意图

5　结论

（1）通过对顶板进行力学分析，得出

直接顶的厚度会直接影响顶板破坏的情况。当直接顶厚度较小时，顶板更容易发生破断。

（2）采用马丽散化学注浆加固技术，能有效改善顶板力学性能，提高煤岩体的稳定性和承载能力，从而起到有效控制顶板的作用。

参考文献

[1] 朱涛，张百胜，冯国瑞，张绪言，康立勋. 极近距离煤层下层煤采场顶板结构与控制 [J]. 煤炭学报，2010，02：190~193.

[2] 张百胜. 极近距离煤层开采围岩控制理论及技术研究 [D]. 太原理工大学，2008.

[3] 梁文义. 四老沟矿极近距离煤层下分层工作面顶板控制技术应用 [J]. 科技情报开发与经济，2009，08：218~220.

[4] 汤朝均. 极近距离煤层超前探梁注浆加固技术 [J]. 煤炭技术，2014，11：76~78.

[5] 崔旭东. 近距离煤层群下组煤开采工作面支护参数及顶板控制研究 [J]. 山东煤炭科技，2015，01：68~69，72，74.

[6] 王方田，屠世浩，张艳伟，宋启，闫瑞龙，段超华. 冲沟地貌下浅埋煤层开采矿压规律及顶板控制技术 [J]. 采矿与安全工程学报，2015，06：877~882.

[7] 钱鸣高，石平五. 矿山压力及岩层控制 [M]. 徐州：中国矿业大学出版社，2008：14~19.

[8] 王作棠，周华强，谢耀社. 矿山岩体力学 [M]. 徐州：中国矿业大学出版社，2008：14~19.

[9] 刘鸿文. 材料力学Ⅰ第五版 [M]. 高等教育出版社，2010：139~141，147~149.

[10] 何富连，刘志阳，王欢，殷帅峰，张广超. 近距离下位煤层大断面开切眼顶板加固技术 [J]. 煤矿安全，2013，12：100~103.

[11] 何希林，王发达. 极复杂构造煤层工作面端面顶板控制技术 [J]. 山东煤炭科技，2006，06：36~37.

[12] 陈彦军. 复杂围岩条件极近距离薄煤层群开采相关技术研究 [D]. 山东科技大

学，2010.

[13] 卫修君，丁开舟. 平顶山八矿己组煤层顶板围岩控制技术研究 [J]. 煤炭科学技术，2002，04：57~59.

[14] 李鹏，王刚. 综放工作面破碎顶板注浆加固技术研究 [J]. 煤炭工程，2014：37~38.

[15] 付文刚，张宝泰，王直亚，等. 马丽散加固技术在破碎顶板工作面的应用 [J]. 煤炭科技，2010（1）：64~65.

[16] 许家林，钱鸣高. 覆岩注浆减沉钻孔布置研究 [J]. 中国矿业大学学报，1998（3）：276~278.